智能交互设计与数字媒体类专业丛书

智能人机交互技术及应用

主　编　赵凤怡

副主编　张晓媛　杨　坡　侯延涛

U0304005

北京邮电大学出版社
www.buptpress.com

内 容 简 介

随着人工智能和人机交互技术的飞速发展,智能人机交互技术带领我们开启了全新的 AI 时代。本书深入浅出地探讨并解读了智能人机交互技术,包括智能人机交互的研究内容、交互设备、交互技术、界面设计、移动交互设计、游戏交互设计及智能交互设计实战等。

本书各章(除第 8 章)均附有习题,实验案例配有翔实的实验指导和步骤。本书可作为智能交互设计、智能科学与技术、人工智能、计算机科学与技术、数字媒体技术等专业本科生、研究生的教材,也可作为从事界面设计、交互设计、游戏设计、人工智能应用开发等相关行业人员的参考书。

图书在版编目(CIP)数据

智能人机交互技术及应用 / 赵凤怡主编 . -- 北京 : 北京邮电大学出版社,2023.7 (2025.4 重印)
ISBN 978-7-5635-6949-6

Ⅰ. ①智… Ⅱ. ①赵… Ⅲ. ①人-机系统—研究 Ⅳ. ①TP18

中国国家版本馆 CIP 数据核字(2023)第 129827 号

策划编辑:马晓仟 责任编辑:孙宏颖 责任校对:张会良 封面设计:七星博纳

出版发行:北京邮电大学出版社
社 址:北京市海淀区西土城路 10 号
邮政编码:100876
发 行 部:电话:010-62282185 传真:010-62283578
E-mail:publish@bupt.edu.cn
经 销:各地新华书店
印 刷:保定市中画美凯印刷有限公司
开 本:787 mm×1 092 mm 1/16
印 张:19
字 数:496 千字
版 次:2023 年 7 月第 1 版
印 次:2025 年 4 月第 2 次印刷

ISBN 978-7-5635-6949-6 定价:49.80 元

· 如有印装质量问题,请与北京邮电大学出版社发行部联系 ·

前　言

随着高等教育改革的不断推进,一大批新型教学方式浮出水面,这些新型教学方式不再拘泥于某一单项的固化思维,也不再拘泥于某一专业的壁垒划分,采用灵活的方式调节学习内容和学习方式,在不同的应用背景下不断更新知识体系结构,做到随需随学、随学随用。当前中国发展步伐加快,要想成为世界范围的科技领跑者,必须重视高等教育的良性发展和科技发展的多领域融合。

本书注重如何把相关知识更加有效地传达给读者,深入浅出地探讨并解读了智能人机交互技术,包括智能人机交互的研究内容、交互设备、交互技术、界面设计、移动交互设计、游戏交互设计及智能交互设计实战等,充分体现了"智能 ＋ 交互"。

第 1 章主要对人机交互进行概述及介绍智能交互技术的基础知识;第 2 章讨论认知心理学对于交互设计的影响;第 3 章介绍传统和智能化交互设备;第 4 章介绍基本交互技术及比较有代表性的自然交互技术;第 5 章介绍人机界面的设计方法;第 6 章讲解移动交互设计及其案例实现;第 7 章讨论游戏交互设计,最后通过实践案例讲解游戏中的交互及AI 设计;第 8 章重点介绍基于 Python 的人工智能案例。

本书具有以下特色。

1. 以国家教学标准为依据,以学科核心素养为主线,遵循学生认知规律

本书精选培养德才兼备、通专融合的人机交互领域高素质技能人才所必需的基本知识和基本技能作为教学内容,精心设计面向新一代人工智能国家发展战略和产业发展需要,符合学生认知规律的呈现形式和编排方式,并积极探索智能人机交互技术,使知识活起来,使学科美起来,使学生动起来,帮助教师教好、学生学好。

2. 将党的二十大精神融入教材内容之中,德育为先

教材强则教育强,教育强则国家强。本书可帮助学生树立科学的马克思主义观,使学生在个人成长成才过程中坚定理想信念,不断坚定"四个自信",可帮助学生将习近平新时代中国特色社会主义思想入脑入心,以落实立德树人根本任务的坚决行动和实际成效推动党的二十大精神落地生根。

3. 紧跟当下研究热点，内容深入浅出，案例丰富

本书的内容深入浅出，包含的内容新颖，案例较为丰富，可帮助学生了解智能交互领域目前的研究内容，亲身实践此类应用的设计方法，掌握简单的人工智能开发方法。

本书由天津滨海职业学院智能物流技术专业的赵凤怡、南开大学滨海学院计算机科学系张晓媛、天津商务职业学院信息技术学院杨坡和联合运输（天津）有限公司 IT 总监侯延涛共同编写，赵凤怡负责全书统稿。第 1、2 章由赵凤怡编写；第 3、5、6、7 章由张晓媛编写；第 4 章由赵凤怡、侯延涛共同编写；第 8 章由杨坡编写。在本书的编写过程中，作者参考了大量的文献资料及网络资源，引用了一些专家学者的研究成果和案例资料，在此对这些文献的作者和相关公司表示崇高的敬意及诚挚的谢意。本书的编写得到了天津滨海职业学院商贸物流学院副院长陆清华教授、南开大学滨海学院计算机科学系副院长姬秀娟副教授、联合运输（天津）有限公司尹顺生总经理的悉心指导和帮助，在此表示衷心的感谢。

本书得到了全国高等院校计算机基础教育研究会计算机基础教育教学研究项目"基于人工智能的交互技术实践教学资源建设"（项目编号：2021-AFCEC-059）的资助。

由于智能人机交互技术仍然在不断发展，编者水平有限，时间仓促，本书中欠妥和纰漏之处在所难免，恳请读者和同行不吝指正，在此深表谢意！

编　者
2023 年元月 12 日

目 录

第1章 绪论 ⋯⋯⋯⋯⋯⋯⋯⋯⋯⋯⋯⋯⋯⋯⋯⋯⋯⋯⋯⋯⋯⋯⋯⋯⋯ 1

1.1 人机交互概述 ⋯⋯⋯⋯⋯⋯⋯⋯⋯⋯⋯⋯⋯⋯⋯⋯⋯⋯⋯⋯⋯⋯ 1

1.1.1 人机交互的定义 ⋯⋯⋯⋯⋯⋯⋯⋯⋯⋯⋯⋯⋯⋯⋯⋯⋯⋯ 1

1.1.2 人机交互的主要发展阶段 ⋯⋯⋯⋯⋯⋯⋯⋯⋯⋯⋯⋯⋯ 2

1.1.3 智能交互的发展概况 ⋯⋯⋯⋯⋯⋯⋯⋯⋯⋯⋯⋯⋯⋯⋯ 11

1.2 智能人机交互标准化研究 ⋯⋯⋯⋯⋯⋯⋯⋯⋯⋯⋯⋯⋯⋯⋯ 12

1.2.1 人机融合智能 ⋯⋯⋯⋯⋯⋯⋯⋯⋯⋯⋯⋯⋯⋯⋯⋯⋯⋯ 12

1.2.2 智能人机交互标准化进展 ⋯⋯⋯⋯⋯⋯⋯⋯⋯⋯⋯⋯⋯ 13

1.2.3 人机交互未来发展方向 ⋯⋯⋯⋯⋯⋯⋯⋯⋯⋯⋯⋯⋯⋯ 14

1.3 智能人机交互与相关学科 ⋯⋯⋯⋯⋯⋯⋯⋯⋯⋯⋯⋯⋯⋯⋯ 14

1.3.1 智能交互技术与数字技术 ⋯⋯⋯⋯⋯⋯⋯⋯⋯⋯⋯⋯⋯ 14

1.3.2 智能交互技术与自主机器人软件工程 ⋯⋯⋯⋯⋯⋯⋯ 15

1.3.3 智能交互技术与交互设计 ⋯⋯⋯⋯⋯⋯⋯⋯⋯⋯⋯⋯⋯ 16

1.3.4 智能交互技术与设计心理学 ⋯⋯⋯⋯⋯⋯⋯⋯⋯⋯⋯⋯ 16

习题 ⋯⋯⋯⋯⋯⋯⋯⋯⋯⋯⋯⋯⋯⋯⋯⋯⋯⋯⋯⋯⋯⋯⋯⋯⋯⋯⋯ 17

思政园地 ⋯⋯⋯⋯⋯⋯⋯⋯⋯⋯⋯⋯⋯⋯⋯⋯⋯⋯⋯⋯⋯⋯⋯⋯⋯ 17

第2章 感知和认知基础 ⋯⋯⋯⋯⋯⋯⋯⋯⋯⋯⋯⋯⋯⋯⋯⋯⋯⋯⋯⋯ 19

2.1 感知 ⋯⋯⋯⋯⋯⋯⋯⋯⋯⋯⋯⋯⋯⋯⋯⋯⋯⋯⋯⋯⋯⋯⋯⋯⋯ 19

2.1.1 视觉与视觉感知 ⋯⋯⋯⋯⋯⋯⋯⋯⋯⋯⋯⋯⋯⋯⋯⋯⋯ 19

2.1.2 听觉与听觉感知 ⋯⋯⋯⋯⋯⋯⋯⋯⋯⋯⋯⋯⋯⋯⋯⋯⋯ 23

2.1.3 触觉与触觉感知 ⋯⋯⋯⋯⋯⋯⋯⋯⋯⋯⋯⋯⋯⋯⋯⋯⋯ 24

2.1.4 嗅觉与嗅觉感知 ⋯⋯⋯⋯⋯⋯⋯⋯⋯⋯⋯⋯⋯⋯⋯⋯⋯ 27

2.2 认知 ⋯⋯⋯⋯⋯⋯⋯⋯⋯⋯⋯⋯⋯⋯⋯⋯⋯⋯⋯⋯⋯⋯⋯⋯⋯ 29

2.2.1 记忆与学习 ⋯⋯⋯⋯⋯⋯⋯⋯⋯⋯⋯⋯⋯⋯⋯⋯⋯⋯⋯ 29

2.2.2 注意 ⋯⋯⋯⋯⋯⋯⋯⋯⋯⋯⋯⋯⋯⋯⋯⋯⋯⋯⋯⋯⋯⋯ 29

2.2.3 遗忘 ⋯⋯⋯⋯⋯⋯⋯⋯⋯⋯⋯⋯⋯⋯⋯⋯⋯⋯⋯⋯⋯⋯ 29

2.3 知觉的特性 ⋯⋯⋯⋯⋯⋯⋯⋯⋯⋯⋯⋯⋯⋯⋯⋯⋯⋯⋯⋯⋯⋯ 30

2.4　认知与交互设计原则 …………………………………………………………… 31

2.4.1　常见的认知过程 ………………………………………………………… 31

2.4.2　认知过程与交互界面设计原则 ………………………………………… 32

2.5　分布式认知 …………………………………………………………………… 33

习题 ……………………………………………………………………………………… 36

思政园地 ………………………………………………………………………………… 36

第3章　交互设备 …………………………………………………………………………… 37

3.1　输入/输出设备 ………………………………………………………………… 37

3.1.1　文本输入设备 ……………………………………………………………… 37

3.1.2　图像/视频输入设备 ……………………………………………………… 39

3.1.3　三维输入设备 ……………………………………………………………… 41

3.1.4　指点输入设备 ……………………………………………………………… 46

3.1.5　输出设备 …………………………………………………………………… 48

3.1.6　语音交互设备 ……………………………………………………………… 54

3.2　可穿戴式智能设备 …………………………………………………………… 55

3.2.1　头戴式智能产品 …………………………………………………………… 57

3.2.2　身着式智能产品 …………………………………………………………… 61

3.2.3　手带式智能产品 …………………………………………………………… 62

3.2.4　其他穿戴式智能产品 ……………………………………………………… 65

3.2.5　智能穿戴与机器人 ………………………………………………………… 66

3.3　增强现实交互 ………………………………………………………………… 67

3.3.1　显示技术 …………………………………………………………………… 68

3.3.2　其他关键技术 ……………………………………………………………… 71

3.4　VR/AR互动体感设备 ………………………………………………………… 73

3.4.1　空间定位设备 ……………………………………………………………… 73

3.4.2　沉浸感显示设备 …………………………………………………………… 74

习题 ……………………………………………………………………………………… 78

思政园地 ………………………………………………………………………………… 78

第4章　交互技术 …………………………………………………………………………… 81

4.1　基本交互技术 ………………………………………………………………… 81

4.1.1　数据交互 …………………………………………………………………… 81

4.1.2　图像交互 …………………………………………………………………… 81

4.1.3　行为交互 …………………………………………………………………… 82

4.2　手势识别技术 ………………………………………………………………… 85

4.2.1　手势识别按照手势输入方式分类 ……………………………………… 85

4.2.2　基于计算机视觉的手势识别的主要研究内容 ………………………… 86

　　　4.2.3　手势识别技术的应用领域 ……………………………………………… 87

　　　4.2.4　手势识别技术的发展前景 ……………………………………………… 87

　4.3　表情识别技术 …………………………………………………………………… 88

　　　4.3.1　表情识别流程 …………………………………………………………… 88

　　　4.3.2　人脸表情数据集 ………………………………………………………… 89

　　　4.3.3　表情识别技术的应用领域 ……………………………………………… 90

　　　4.3.4　表情识别技术的发展前景 ……………………………………………… 91

　4.4　语音交互技术 …………………………………………………………………… 92

　　　4.4.1　语音识别技术的变迁 …………………………………………………… 92

　　　4.4.2　语音识别技术的发展趋势 ……………………………………………… 94

　　　4.4.3　语音识别技术的应用领域 ……………………………………………… 94

　　　4.4.4　语音识别技术的发展前景 ……………………………………………… 95

　4.5　多点触控技术 …………………………………………………………………… 95

　　　4.5.1　多点触控技术的概念及原理 …………………………………………… 96

　　　4.5.2　多点触控的交互方式——手势 ………………………………………… 96

　　　4.5.3　多点触控技术的应用领域 ……………………………………………… 97

　　　4.5.4　多点触控技术下的自然人机交互方式的发展 ………………………… 97

　4.6　眼动跟踪技术 …………………………………………………………………… 98

　　　4.6.1　眼动的基本概念 ………………………………………………………… 98

　　　4.6.2　眼动跟踪的测量方法 …………………………………………………… 98

　　　4.6.3　眼动跟踪技术的应用前景 …………………………………………… 101

　习题 ………………………………………………………………………………… 101

　思政园地 …………………………………………………………………………… 101

第5章　界面设计 …………………………………………………………………… 103

　5.1　界面设计的原则 ……………………………………………………………… 103

　　　5.1.1　图形用户界面的主要思想 …………………………………………… 105

　　　5.1.2　图形用户界面设计的一般原则 ……………………………………… 107

　5.2　以用户为中心的界面设计 …………………………………………………… 108

　　　5.2.1　以用户为中心的设计原则 …………………………………………… 108

　　　5.2.2　以用户为中心的设计流程 …………………………………………… 109

　5.3　桌面系统应用界面设计原则 ………………………………………………… 113

　　　5.3.1　桌面系统界面设计原则与标准 ……………………………………… 113

　　　5.3.2　桌面系统应用界面的布局设计 ……………………………………… 115

　5.4　桌面系统应用交互设计技术 ………………………………………………… 122

　　　5.4.1　C++ …………………………………………………………………… 123

　　　5.4.2　C# ……………………………………………………………………… 123

　　　5.4.3　Java …………………………………………………………………… 123

　　　5.4.4　Objective-C ……………………………………………………… 124

　　　5.4.5　富客户端 ………………………………………………………… 124

　　　5.4.6　Web ………………………………………………………………… 124

　　5.5　Web 界面设计 …………………………………………………………… 125

　　　5.5.1　Web 界面及相关概念 ……………………………………………… 125

　　　5.5.2　Web 界面设计原则 ………………………………………………… 126

　　　5.5.3　Web 界面要素设计 ………………………………………………… 132

　　　5.5.4　Web 界面设计技术 ………………………………………………… 147

　　习题 …………………………………………………………………………… 150

　　思政园地 ……………………………………………………………………… 151

第 6 章　移动交互设计 …………………………………………………………… 152

　　6.1　移动设备与交互方式 …………………………………………………… 152

　　　6.1.1　移动设备 …………………………………………………………… 152

　　　6.1.2　交互方式 …………………………………………………………… 153

　　6.2　移动界面设计 …………………………………………………………… 158

　　　6.2.1　移动界面设计原则 ………………………………………………… 158

　　　6.2.2　Android 应用界面要素设计 ……………………………………… 161

　　　6.2.3　iOS 应用界面要素设计 …………………………………………… 176

　　6.3　实验:手机 App 原型设计 ……………………………………………… 181

　　　6.3.1　实验设计概述 ……………………………………………………… 181

　　　6.3.2　实验过程 …………………………………………………………… 182

　　6.4　实验:H5 轻应用交互 …………………………………………………… 186

　　　6.4.1　H5 轻应用的定义 ………………………………………………… 186

　　　6.4.2　HTML5 春节贺卡制作案例 ……………………………………… 186

　　习题 …………………………………………………………………………… 202

　　思政园地 ……………………………………………………………………… 202

第 7 章　游戏交互设计 …………………………………………………………… 204

　　7.1　游戏交互设计原则 ……………………………………………………… 204

　　　7.1.1　游戏交互的特点 …………………………………………………… 204

　　　7.1.2　目标引导 …………………………………………………………… 205

　　　7.1.3　情景化设计 ………………………………………………………… 207

　　　7.1.4　过程化控制 ………………………………………………………… 208

　　　7.1.5　强调情绪共鸣 ……………………………………………………… 208

　　　7.1.6　灵活反馈 …………………………………………………………… 208

　　7.2　XR 交互设计 …………………………………………………………… 209

　　　7.2.1　XR 交互设计关键技术 …………………………………………… 209

7.2.2　XR 交互设计原则 ･･･････････････････････････････････ 211

7.2.3　XR 交互设计中的 UI 设计 ･･･････････････････････････ 214

7.3　游戏交互设计案例分析 ･････････････････････････････････････ 216

7.3.1　游戏交互设计流程 ･････････････････････････････････ 216

7.3.2　游戏界面功能区域设计 ･････････････････････････････ 217

7.3.3　角色交互控制 ･････････････････････････････････････ 219

7.3.4　辅助功能设计 ･････････････････････････････････････ 222

7.4　游戏人工智能 ･･･ 222

7.4.1　人工智能和游戏 ･･･････････････････････････････････ 222

7.4.2　游戏中常见的 AI 技术 ･･････････････････････････････ 223

7.4.3　简单的游戏 AI 项目体验 ･････････････････････････････ 230

习题 ･･･ 239

思政园地 ･･･ 240

第 8 章　智能交互设计实战 ･･･････････････････････････････････････ 241

8.1　运行环境搭建 ･･･ 241

8.1.1　编程语言选择 ･････････････････････････････････････ 241

8.1.2　安装 Python ･･････････････････････････････････････ 241

8.1.3　PyCharm 编辑器 ･･･････････････････････････････････ 244

8.2　使用 k-means 算法对鸢尾花数据集进行聚类 ･････････････････ 249

8.2.1　实验目的和类型 ･･･････････････････････････････････ 249

8.2.2　实验内容 ･･･ 249

8.2.3　实验环境 ･･･ 249

8.2.4　实验步骤 ･･･ 249

8.2.5　实验注意事项 ･････････････････････････････････････ 251

8.2.6　实验结果 ･･･ 251

8.2.7　本实验案例的全部代码 ･･････････････････････････････ 252

8.3　使用感知器算法进行分类 ･･･････････････････････････････････ 254

8.3.1　实验目的和类型 ･･･････････････････････････････････ 254

8.3.2　实验内容 ･･･ 254

8.3.3　实验环境 ･･･ 254

8.3.4　实验步骤 ･･･ 254

8.3.5　实验注意事项 ･････････････････････････････････････ 256

8.3.6　实验结果 ･･･ 256

8.3.7　本实验案例的全部代码 ･･････････････････････････････ 257

8.4　搭建神经网络模型识别手写数字 ･････････････････････････････ 259

8.4.1　实验目的和类型 ･･･････････････････････････････････ 259

8.4.2　实验内容 ･･･ 260

8.4.3 实验环境 ……………………………………………………………………… 260

8.4.4 实验步骤 ……………………………………………………………………… 260

8.4.5 实验注意事项 ………………………………………………………………… 262

8.4.6 实验结果 ……………………………………………………………………… 262

8.4.7 本实验案例的全部代码 ……………………………………………………… 265

8.5 爬取动态网页中的图片 …………………………………………………………… 267

8.5.1 实验目的和类型 ……………………………………………………………… 267

8.5.2 实验内容 ……………………………………………………………………… 267

8.5.3 实验环境 ……………………………………………………………………… 267

8.5.4 实验步骤 ……………………………………………………………………… 267

8.5.5 实验注意事项 ………………………………………………………………… 272

8.5.6 实验结果 ……………………………………………………………………… 272

8.5.7 本实验案例的全部代码 ……………………………………………………… 273

8.6 搭建卷积神经网络对图片进行识别 ……………………………………………… 276

8.6.1 实验目的和类型 ……………………………………………………………… 276

8.6.2 实验内容 ……………………………………………………………………… 276

8.6.3 实验环境 ……………………………………………………………………… 276

8.6.4 实验步骤 ……………………………………………………………………… 276

8.6.5 实验注意事项 ………………………………………………………………… 283

8.6.6 实验结果 ……………………………………………………………………… 283

8.6.7 本实验案例的全部代码 ……………………………………………………… 284

思政园地 ……………………………………………………………………………… 289

参考文献 ……………………………………………………………………………… 291

第1章 绪　　论

伴随着虚拟现实、增强现实、混合现实、云计算、大数据、物联网等一系列新技术的涌现,以及计算性能的大幅提升,人工智能已成为当下研究的热点。人工智能时代下的产品对应用场景和操作方式提出了新的需求,要求能够构建良好的人机交互界面,实现友好的人机交互。人机交互技术的终极目标是让人和机器的信息交互同人与人交流一样便捷,从而人工智能技术将会革新人机交互技术。

本章主要介绍了人机交互概述及智能交互技术的基础知识,包括人机交互的定义、人机交互的起源和发展、智能人机交互标准化研究等;还介绍了智能交互技术的研究内容及智能人机交互与相关学科的交叉融合问题。

1.1　人机交互概述

1.1.1　人机交互的定义

人机交互(Human-Computer Interaction,HCI)是指人与计算机之间使用某种对话语言,以一定的交互方式,为完成确定任务的人与计算机之间的信息交换过程。人机交互界面通常是指用户可见的部分。用户通过人机交互界面与系统交流,并进行操作,小如收音机的播放按键,大至飞机上的仪表板或发电厂的控制室。

人机交互技术(Human-Computer Interaction Techniques,HCIT)是指通过计算机输入、输出设备,以有效的方式实现人与计算机对话的技术。狭义地讲,人机交互技术主要是研究人与计算机之间的信息交换,主要包括人到计算机和计算机到人的信息交换两个部分。人机交互技术包括机器通过输出或显示设备给人提供大量有关信息及提示请示等,人通过输入设备给机器输入有关信息,回答问题及提示请示等。

人机交互技术是计算机用户界面设计中的重要内容之一,人机交互是一门综合学科,它与认知心理学、人机工程学、多媒体技术、虚拟现实技术等密切相关。其中,认知心理学与人机工程学是人机交互技术的理论基础,而多媒体技术、虚拟现实技术与人机交互是相互交叉渗透的。目前较为前沿的人机交互技术,包含通过电极将神经信号与电子信号互相联系,达到人脑与计算机互相沟通的技术,可以预见,计算机甚至可以在未来成为一种媒介,达到人脑与人脑意识之间的交流,即心灵感应。

1.1.2 人机交互的主要发展阶段

1. 传统的人机交互阶段

图 1-1 所示为人机交互领域一些主要技术的发展时间表,从时间表中我们可以注意到,一项技术从刚出现到被大众接受和使用,通常需要若干年。

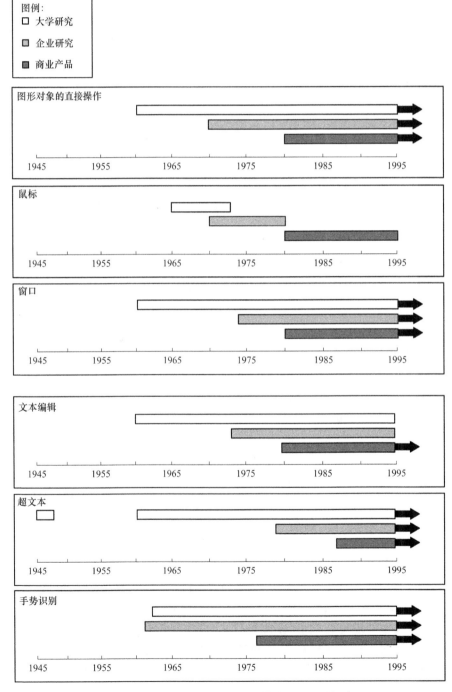

图 1-1 人机交互领域一些主要技术的发展时间表

人机交互的发展历史也是人适应计算机到计算机不断适应人的发展史。B. Myers 在"Brief History of HCI"一文中,将人机交互发展历史归结为如下 3 个主要阶段。

（1）批处理阶段

在操作系统出现之前,每次只能由一个用户对计算机进行操作(图 1-2 所示为世界上第一台通用电子计算机 ENIAC)。这一时期,编写程序需要使用以"0|1"串表示的机器语言,且只能通过手工输入机器语言指令的方式来控制计算机。这种方式很不符合人们的习惯,既耗费时间,又容易出错,只有少数专业人士才能运用自如。即使在多通道批处理出现之后,程序员也只能离线编写程序,再由专业的操作员将其提交给计算机进行运算。由于缺乏友好的用户界面和交互方式,这一阶段只有一些计算机专家和先驱者能够使用计算机,而且计算机仅作为计算工具用于完成特定的计算任务,与当前为人熟知的功能强大的计算机存在着区别。

图 1-2　世界上第一台通用电子计算机 ENIAC

（2）联机终端阶段

真正意义上的人机交互开始于联机终端出现之后。此时,计算机用户与计算机之间可借助一种双方都能理解的语言进行交互式对话,这种界面形式又称为命令行界面(Command Line Interface,CLI)。命令行界面大约出现在 20 世纪 50 年代,它使人们可以用较为习惯的符号形式来描述计算过程,整个交互操作由受过一定训练的程序员完成。

命令行界面基本上是一维的,用户只能在用作命令的一行内容上与计算机对话,而且一旦用户敲击了回车键,就不能再对命令内容进行修改(如图 1-3 所示)。由于命令行界面不允许用户在屏幕上随处移动,因此该交互技术大部分被限制在问答对话和输入带参数的命令应用之中。问答对话可能存在两个方面的问题:一是用户可能想要改变前面给出的答案;二是在回答当前问题时很难对后续问题进行预测。举例来说,当要求获得用户的家庭住址时,对话中的问题为"输入城市",于是许多人可能会输入"湖北,武汉,430000",同时他们并不知道下面的问题才会要求输入"省份"或者"邮政编码"。很显然,对用户在回答过程中的回答进行修改可有效地提高界面的可用性。

在命令行界面研究中,一个主要研究问题是如何为各种命令指定恰当的名称。某些命令语言的功能可能非常强大,它允许用户使用大量修饰符和参数来构造非常复杂的命令序列。然而大部分命令语言对用户输入的要求还是非常严格的。它们要求用户准确地使用规定的格式给出要完成的命令,且不能"原谅"用户可能犯下的任何形式的输入错误。这迫使用户不得不在没有多少计算机帮助的前提下牢记复杂的命令和格式,从而使大量入门者望而却步。尽管支持命令名称的缩写在一定程度上减轻了用户的使用负担,但并没有从根本上解决这一问题。然而,命令语言灵活且高效的特性还是使其得到了许多专业人员的青睐。

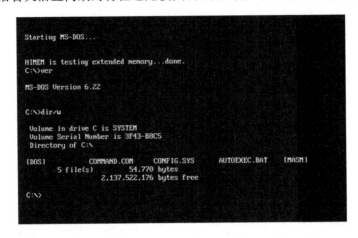

图 1-3　命令行界面

（3）图形用户界面阶段

图形用户界面的历史可以追溯到 1962 年 Ivan Sutherland 创建的 Sketchpad 系统。1964 年 Douglas Engelbart 发明了鼠标（如图 1-4 所示）,为图形用户界面的兴起奠定了基础。然而,真正商业化的图形用户界面却是直到 20 世纪 80 年代才得到广泛应用的。

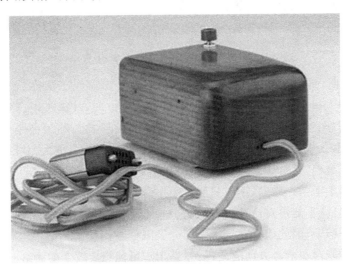

图 1-4　世界上第一个鼠标

现在提到图形用户界面,即泛指 WIMP 界面（WIMP 指代窗口、图标、菜单和指点设备）。由于用户可在窗口内选取任意交互位置,且不同窗口之间能够叠加（如图 1-5 所示）,因此可认为窗口界面在窗口固有的二维属性上增加了第三维。实际上最初的窗口系统并不具备重叠窗口功能,如早期的 Turbo C 等应用程序,应用的多个视图窗口之间是相互排斥的,每次只能有一个窗口处于显示状态。或者更确切地说,Turbo C 本质上是一种单窗口应用。当然,重叠窗口也不是真正意义上的三维,因为只有最上层的窗口内容是完全可见的。因此更准确地说,图形用户界面是二维半的界面。

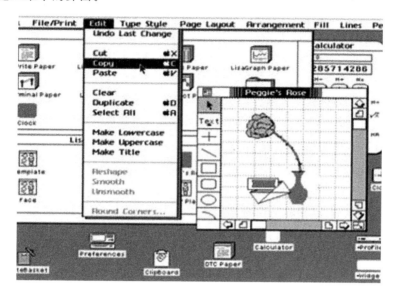

图 1-5　早期的图形用户界面

　　图形用户界面的一个主要特征是它基于直接操纵的交互方式。"直接操纵"一词是由 Shneiderman 提出的,它以用户感兴趣的对话对象的可视化表示为基础,通过鼠标操纵的方式控制对话过程。举例来说,在文字处理软件中,改变页边距的传统方式是使用一个缩进命令完成的。然而,由于这个命令不是对页边距的直接操纵,因此用户要尝试多次才可能让页边距达到期望的大小。相反,在直接操纵环境下,通过拖拽页边距自身或将页边距标记到指定位置上,用户能够连续地获得页边距位置的反馈信息,从而更加高效地完成修改页边距的任务。当然,从另一个角度来说,直接操纵在某些情况下同样存在缺陷,如需设定一个精确的页边距,则键入数值恐怕比直接操纵要容易得多。

　　图形用户界面的出现使人机交互方式发生了巨大的变化。它简单易学,并减少了键盘操作,使得不懂计算机的普通用户也可以熟练地使用,从而拓宽了用户群,使计算机得到了广泛普及。

　　Margono 等在实验中对图形文件系统和命令行系统进行了比较,结果发现新手用户在图形界面上用 4.8 分钟完成了一项文件操作任务,发生了 0.8 个错误,而在命令行界面上完成同样的任务用了 5.8 分钟,并有 2.4 个错误。与此同时,用户强烈地表示更加喜欢图形用户界面的交互方式,并给予图形用户界面高达 5.4 级的满意度评价(评定级别为 1～6 级),而给命令行界面的满意度评价仅为 3.8 级。

　　然而,上述实验并不能对命令行与图形用户界面的优劣给出强有力的证据。实际情况是,在很多情况下设计糟糕的图形界面往往比不上较为优秀的字符界面。甚至在某些情况下,图形界面的直接操纵方式可能使得用户对其形成错误的心智模型,进而阻碍用户对界面其他功能的探索。甚至更为遗憾的是,对某些残障用户来说,图形用户界面比传统只支持文本的界面更加难以使用。Nielsen 等针对计算器程序进行了实验,结果表明,一半以上的用户在使用计算器程序时对其功能形成了错误的心智模型,而没有发现计算器程序实际上可以通过鼠标和键盘两种方式进行操作。

　　不可否认的是,图形用户界面比基于字符的界面图提供了更为丰富的界面设计形式。任何能在字符界面上完成的任务,都能在图形用户界面上通过图形的方式来实现,反之则不然。

同时,诸如鼠标等独立指点设备的使用,给用户提供了能够控制界面的感觉和在屏幕上到处移动的自然方法,并且在图形设计的支持下这些设备变得更加吸引人。

与命令行界面相比,图形用户界面的自然性和交互效率都有较大的提高。图形用户界面在很大程度上依赖于菜单选择和交互构件(widget)。经常使用的命令大都通过鼠标来实现。鼠标驱动的人机界面便于初学者使用,但重复性的菜单选择会给有经验的用户带来不便,他们有时倾向使用命令键而不是选择菜单,且在输入信息时用户只能使用"手"这种输入通道。另外,图形用户界面需要占用较多的屏幕空间,并且难以表达和支持非空间性的抽象信息的交互。

2. 自然和谐的人机交互阶段

随着网络的普及和无线通信技术的发展,人机交互领域面临着巨大的挑战和机遇,传统的图形界面交互已经产生了本质的变化,人们的需求不再局限于界面的美学形式的创新,而是在使用多媒体终端时,有着更便捷、更符合他们使用习惯同时又比较美观的操作界面。利用人的多种感觉通道和动作通道(如语音、手写、姿势、视线、表情等输入),以并行、非精确的方式与(可见或不可见的)计算机环境进行交互,使人们从传统交互方式的束缚中解脱出来,进入自然和谐的人机交互时期。这一时期的主要研究内容包括多通道交互、虚拟现实、情感计算、认知智能、智能用户界面、自然语言处理等方面。

(1) 多通道交互

多通道交互(Multi Modal Interaction,MMI)是近年来迅速发展的一种人机交互技术,它既适应了"以人为中心"的自然交互准则,也推动了互联网时代信息产业(包括移动计算、移动通信、网络服务器等)的快速发展。MMI是指一种使用多种通道与计算机通信的人机交互方式。通道(modality)涵盖了用户表达意图、执行动作或感知反馈信息的各种通信法,如言语、眼神、脸部表情、唇动、手动、手势、头动、肢体姿势、触觉、嗅觉或味觉等。采用这种方式的计算机用户界面称为"多通道用户界面"。

例如,一般的手机导航提示以屏幕的视觉提示为主,通常在地图背景上显示方向和路线,而基于多通道交互系统则增加了对听觉、触觉等信息的设计支持。其中,手机屏幕的箭头显示作为视觉提示的主要内容,表达出用户手机顶端的当前指向,与一般应用中的提示形式一致,在这种情况下,用户需要自行对当前的前进方向与地图上提示的路线及目的地方位进行比较。当系统检测到耳机在使用中时,会自动增加语音提示,语音提示除了提示用户转弯之外,还会在用户前进方位出现明显偏差时对用户进行提醒。触觉提示需要用户通过"找方向"的行为主动触发,当手机指向不断变化时,会在当前指向与导航指向相匹配时提供一次振动提示,这样的触觉提示可以让用户比较容易地跟随手机指向前进。实验结果表明,触觉提示明显减少了用户低头看手机的时间,用户喜欢一边调整手机寻找触觉提示的方向,一边观察周围的景物,这种方式让他们更容易把周边实景与地图信息相结合,能够使他们更快地找到前进方向。

目前,人类常使用的多通道交互技术包括手写识别、笔式交互、语音识别、语音合成、数字墨水、视线跟踪技术、触觉通道的力反馈装置、生物特征识别技术和人脸表情识别技术等方面。

(2) 虚拟现实

虚拟现实技术作为现在深度影响人类社会生活的高科技技术,其价值日渐突出。未来信息的呈现方式和人与人之间的交互方式将会通过虚拟现实技术的参与给人们带来全新的交互体验,且必将以其独特的性质对未来社会的信息交互方式产生深远的影响。

虚拟现实技术是利用计算机模拟构建出一个三维空间的虚拟世界,然后对人类的感官进行模拟的技术,如图 1-6 所示。它能够创建并让使用者感受到原本只有在真实世界才会感受到的体验,为使用者提供立体的、沉浸式的、多感知的和超级现实性的真实感觉模拟。

图 1-6 虚拟现实技术

目前,虚拟现实技术主要分为虚拟现实(Virtual Reality,VR)、增强现实(Augmented Reality,AR)、混合现实(Mix Reality,MR)和尚在理论阶段的分布式虚拟现实(Distributed Virtual Reality,DVR)。目前,虚拟现实技术的发展已从虚拟现实、增强现实走向混合现实,并不断涌现出新的虚拟现实技术。

美国是虚拟现实技术研究的发源地,目前虚拟现实技术的大部分研究机构都位于美国,其中艾姆斯研究中心有很多关于虚拟现实的研究成果。早在 1981 年,该研究中心就已经针对虚拟视觉环境映射系统项目的应用进行了深入的研究,然后开发了关于虚拟接口和界面环境映射系统的工作站。艾姆斯实验室目前正在投入运行一个被称为探索虚拟星球的测试项目(如图 1-7 所示),这个测试项目允许设备利用其虚拟的环境去探索遥远的太阳系和地球。另外,波音公司已经开始使用虚拟现实技术,波音 777 运输机在其设计的生产过程中已经大量实现了无纸化,而且还使用自己研究并开发的虚拟现实系统把虚拟环境与真实环境进行了重新叠加,在虚拟的模板上展示出所有需要生产和加工的零配件。工人可以依靠模板来控制加工的尺寸,从而极大简化替代加工的操作过程。

图 1-7 VR 技术助力航天员执行太空任务

在虚拟现实技术的不断发展过程中,我国也开始对该技术加以关注。在"十四五"规划中就有关于该技术的明确规定,国家将积极扶持虚拟现实等新兴技术领域,并且不断推动新兴产业的发展,加大科学技术的持续创新,这无疑给虚拟现实技术创造了更多的机遇。中国目前实现了借助 MR 技术进行维修,各种各样的实验设备单靠地面指挥来维修,不仅不方便,而且会给航天员造成较重的心理负担;而纯平面形式的电子维修手册掌握起来比较困难。运用 MR技术制作的电子维修手册,变得立体和直观,可以为航天员提供更加精确的维修指导。

（3）情感计算

情感计算是与情感相关,来源于情感或能够对情感施加影响的计算。最早是麻省理工学院媒体实验室的 Picard 教授在 20 世纪 90 年代提出的。此后,在较长的一段时间内,情感计算一直处于认知科学研究者视线之外,直至 20 世纪末 Picard 教授的著作 *Affective Computing* 问世这种情况才有所改变,该著作的发表使情感计算成为计算机科学和人工智能学科中的新分支,也正是从那时起情感计算才逐渐得到学术界的认可。

随着情感计算研究的不断深入,当代科学家们把情感与经典认知过程(如语言、学习、记忆等)相提并论,情感计算便成了一个新型研究领域。目前情感计算发展迅猛,在商业、教育、医学、服务等行业已经有许多具体应用。例如,北京清帆科技有限公司研发了一款名叫EduBrain 的课堂场景教学分析系统(如图 1-8 所示)。该系统主要采集学生上课时的面部表情和语音,进行情感分析,从而了解学生在上课时的情感状况,判断学生对学习内容的理解记忆状况和对老师教学的好感度,课后将这些分析结果发送给老师,使老师能够及时了解授课情况,根据分析数据调整教学方式、风格和进度,从而达到个性化教学的目的。目前,EduBrain教学分析系统已经开始在全国多家学校和教育机构部署,帮助学校和老师细致、全面地了解学习者的课堂情感反馈。

图 1-8　北京清帆科技有限公司的 EduBrain 亮相第三届全国基础教育信息化应用展

（4）认知智能

人工智能的发展可以粗略地划分为 3 个阶段:计算智能、感知智能和认知智能。

计算智能通俗来讲就是计算机可以存储记忆、会运算,在这方面,计算机的智能水平早已远远超过人类。

感知智能就是计算机具备类似人类视觉和听觉等方面的能力,比如听到了什么,对应语音识别;看到了什么,对应图像的分类检测和语义分割。其中,人脸识别就是包含感知智能技术的一种人工智能应用。

认知智能被认为是人工智能领域最难、最重要的技术领域,认知智能能否突破,将决定是否能够真正实现机器对世界的认知、思考和回应。

认知智能强调知识、推理等技能,要求机器能理解、会思考。机器从计算智能发展到感知智能,标志着人工智能走向成熟;从感知智能发展到认知智能,可谓人工智能质的飞跃。认知智能与人的语言、知识、逻辑相关,是人工智能的更高阶段,涉及语义理解、知识表示、小样本学习甚至零样本学习、联想推理和自主学习等。相比计算智能和感知智能,认知智能是更复杂、更困难的任务,因此,实现认知智能,是全球人工智能领域未来数十年最重要的研究方向。

在认知智能机器人领域,未来的发展趋势是训练 AI 机器。具体来说,就是借鉴人类智慧的特点,通过多模态序列记忆建模和预测,来实现知识积累和智慧应用。美国加利福尼亚大学伯克利分校开发了机器人 BLUE(如图 1-9 所示),这款机器人为具备 7 个自由度的双臂机器人,主要特点是低成本(不到 5 000 美元,量产之后价格有望控制在 2 000 美元以下)、基于 AI 控制,而且可以在非结构化的环境中执行人类的日常任务,比如叠衣服、刷碗等。

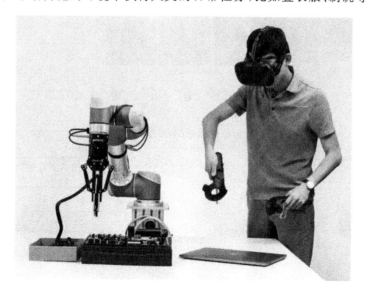

图 1-9　机器人 BLUE

(5) 智能用户界面

智能用户界面(Intelligent User Interface,IUI)是致力于改善人机交互的高效率、有效性和自然性的人机界面。它通过表达、推理,并按照用户模型、领域模型、任务模型、谈话模型和媒体模型来实现人机交互。

智能用户界面主要使用人工智能技术去实现人机通信,提高了人机交互的可用性,例如,知识表示技术支持基于模型的用户界面生成,规划识别和生成支持用户界面的对话管理,而语言、手势和图像理解支持多通道输入的分析,用户建模则实现了对自适应交互的支持等。当然,智能用户界面也离不开认知心理学、人机工程学的支持。

例如,人工智能出现前,用户寻找想要观看的影片会通过喜欢的明星、朋友推荐、片库中搜索等方式完成,但是成功率不高。因为用户喜欢特定明星的某部影片,不代表用户会喜欢该明星所有类型的影片。此外,用户对于自己选择电影的倾向性并不能很清晰地表述。随着人工智能对日常生活的渗透,它能够对用户喜欢观看的影片元素进行分析、学习,挖掘其中的共性并将结果直接以推荐影片列表的形式向用户展现,如图 1-10 及图 1-11 所示。

图 1-10　优酷 App 智能推荐界面

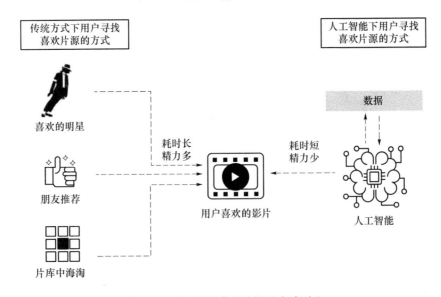

图 1-11　用户寻找喜欢片源的方式对比

（6）自然语言处理

自然语言处理技术即研究实现用户与计算机通过自然语言完成高效通信的理论及方法。

自然语言处理使用了词法分析、语法分析等编译原理,同时还使用了语义理解、机器学习等技术使系统更好地进行理解。自然语言处理主要应用于机器翻译、机器阅读理解、系统问答。机器翻译指的是利用计算机将一种自然语言(源语言)转换为另一种自然语言(目标语言)的过程,如图1-12所示。机器阅读理解是基于语义理解技术对文章进行理解并回答相关问题的技术。系统问答指的是计算机像人类一样用自然语言进行对话的技术。

图1-12 谷歌翻译截图

1.1.3 智能交互的发展概况

1959年美国学者Shackel发表了第一篇有关计算机控制台设计的人机界面论文。1969年第一次人机系统国际大会在英国剑桥大学召开了,同年第一份专业期刊《国际人机研究》(IJMMS)创刊,这一年成了人机交互发展史的里程碑。1970年到1973年4本与计算机相关的人机工程学专著出版了,为人机交互界面的发展指明了方向。20世纪80年代初期,学术界相继出版了6本专著,对最新的人机交互研究成果进行了总结。人机交互学科逐渐形成了自己的理论体系和实践范畴的架构,强调计算机对于人的反馈交互作用,"人机界面"一词被"人机交互"所取代。20世纪90年代后期以来,随着高速处理芯片、多媒体技术和Internet Web技术的迅速发展和普及,人机交互变得更为普及。

2008年微软公司提出了情境感知智能人机交互界面的概念,确立了人机交互的发展方向,各种智能人机交互设备相继问世。2010年英国Light Blue光学公司推出的Light Touch,利用全息激光投影技术和红外线触控获取手指的位置和动作,以实现键盘的虚拟化。2010年微软推出的Kinect和2011年华硕推出的Xtion,实现了动态肢体捕捉、影像辨识、语音定位和语音识别等功能,使体感交互盛行。2012年,美国苹果公司推出的XWave耳机通过接触额头的任意部位来读取脑电波,进而掌握大脑的放松程度和集中程度,同时将检测到的脑波信息显示在手机画面上。与此同时,韩国三星公司推出的Smart Stay可以追踪用户眼球,控制手机屏幕。2013年日本ATR研究机构成功实现了人脑电波操控家用电器。2014年,风靡全球的Google Glass将人机交互与增强现实技术有机融合。2015年以美国苹果公司推出的Apple Watch为代表的智能手环,通过感应手部肌肉运动进行人机交互,使人机交互更为方便、精确。现今,虚拟试衣镜给服装选购带来了革新,刷脸已经成为银行取款、快递取件、超市购物的一个重要身份认证手段。图1-13给出了部分上述智能人机交互系统的实例。

随着智能硬件系统的不断升级和普及,感知智能人机交互技术的不断发展和革新将给人类的生活带来翻天覆地的变化。

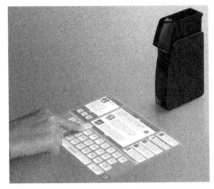

(a) Light Touch

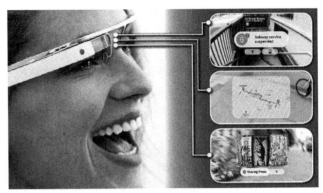

(b) Google Glass

(c) 虚拟试衣镜

图 1-13　部分智能人机交互系统的实例

1.2　智能人机交互标准化研究

1.2.1　人机融合智能

人工智能技术发展到一定程度,为满足更多需求,人类开始研究人机融合智能,它既包括人工智能的技术研究,也包括机器与人、机器与环境及人、机、环境之间关系的探索。人机融合智能是目前发展的重点,人机融合智能是由人、机、环境系统相互作用而产生的新型智能系统,图 1-14 所示是人机融合智能的原理。它与人的智慧、人工智能不同,具体表现在 3 个方面:首先是智能输入端,它把设备传感器客观采集的数据与人主观感知到的信息结合起来,形成一种新的输入方式;其次是智能的数据/信息中间处理过程,机器数据计算与人的信息认知融合起来,构建起一种独特的理解途径;最后是智能输出端,它把机器运算结果与人的价值决策相互匹配,形成概率化与规则化有机协调的优化判断。人机融合智能也是一种群体智能形式,不仅包括个人还包括众人,不但包括机器装备还涉及机制机理,关联自然和社会环境、真实和虚拟环境等。

人机融合智能需要界定角色和责任,以及制定人机协作的规则,这种功能分配的根源在于如何把人类的需求、功能及策略转换成机器感知、能力和执行,即如何把人的感知/理解/预测/反馈与机器的输入/处理/输出/迭代有机地融合在一起。

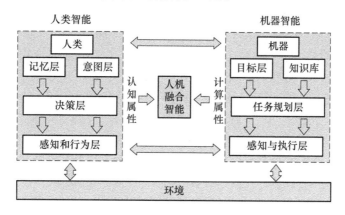

图 1-14 人机融合智能的原理

1.2.2 智能人机交互标准化进展

人机交互与人工智能的关系从过去的此起彼伏逐渐变成了当下的相互促进,以图形用户界面、鼠标与键盘为主的实物用户界面和以手机、平板电脑、透明触屏为主的触控用户界面等人机交互方式很难使人、机、环境实现高效自然的交互。近年来,随着人脸识别、声纹识别、语音识别、手势识别、姿态识别、情感识别等人工智能技术的进步,智能算法与人机交互出现了互相融合的趋势。

目前在笔/手势、语音视觉、情感计算等单一通道人机交互领域出现了一些非常重要的标准。

笔/手势交互是人机交互领域重要的研究方向,而将人工智能方法引入笔/手势交互,可以实现更智能、更自然的交互效果。国内外企业(如 Google、Microsoft、Intel、Apple、联想、华为等)均对手势交互方法进行了大量研发,已推出使用触摸手势、笔/手势、空中手势的手机、个人平板电脑、交互桌面、交互平板、游戏设备等多尺度、多形态的电子产品。虽然手势交互目前暂未形成主流,但其依旧是人们未来看好的自然交互方式之一。在信息技术领域,手势交互的国际、国内标准匮乏,针对手势交互的分类、识别并无相应标准。目前,GB/T 38665.1—2020《信息技术 手势交互系统 第 1 部分:通用技术要求》和 GB/T 38665.2—2020《信息技术 手势交互系统 第 2 部分:系统外部接口》两项标准由中国电子技术标准化研究院和中国科学院软件研究所等 10 余家单位起草,通过全国信标委计算机图形图像处理及环境数据表示分技术委员会(SAC/TC28/SC24)发布,规范了手势交互系统的框架范围、功能要求、性能要求以及输入/输出接口形式和数据格式。手势交互标准的推广应用有助于不同操作系统、数据获取终端和识别框架下的手势交互应用开发,它适用于不同手势交互系统之间的信息交换,可为国内外的手势人机交互软件技术的发展和相关产品提供参考。

语音交互涉及声学、语言学、数字信号处理、计算机科学等多门学科,其交互技术主要包括语音合成、语音识别、自然语言理解和语音评测 4 个方面。目前,ISO/IECJTC1/SC35 用户界面分委会于 2016 年已发布了 ISO/IEC 30122-1《信息技术 用户界面 语音命令》系列标准,重点关注语音交互系统框架、规则、构建、测试和语音命令注册管理等。美国从 20 世纪 90 年代中期,由美国国家标准与技术研究所(NIST)开始组织语音识别/合成系统性能评测领域相关标准的制定工作,重点关注语音识别/合成词错误率评价、语言模型复杂度计算、训练、合成语音自然度评价和测试语料的选取等。我国智能语音标准主要由全国信息技术标准化技术委员会用户界面分技术委员会(简称"用户界面分委会",SAC/TC28/SC35)负责研究并制定,涉及数据交换格式、系统架构、接口、系统分类、测评和数据库,以及多场景应用等方面共13项国家标准和行业标准。2019年8月,由中国电子技术标准化研究院、中国科学院自动化研究所等单位联合代表我国向ISO/IECJTC1/SC35提交了国际提案ISO/IEC 24661《信息技术用户界面全双工语音》,并于2019年12月通过NP投票并已正式立项,这是我国第一个语音交互领域的国际提案。

情感认知计算是自然人机交互中的一个重要方面,赋予信息系统情感智能,使计算机能够"察言观色",将提高计算机系统与用户之间的协同工作效率。而情感的感知和理解离不开人工智能方法的支撑。2017年2月,由中国电子技术标准化研究院、中国科学院软件研究所等单位联合向ISO/IECJTC1/SC35提交的国际提案ISO/IEC 301150-1《信息技术 情感计算用户界面 框架》正式立项,目前该标准已进入FDIS阶段。该标准不仅是用户界面分委会首个关于情感计算的标准,也是我国牵头的人机交互领域首个国际标准,又是用户界面分委会首个关于情感计算的标准。2019年,我国又同时提交了3项情感计算国际提案,并成功在2019年7月于上海召开的ISO/IECJTC1/SC35全会和工作组会议上,推动成立了情感计算工作组,由中国科学院软件所王宏安教授任召集人,中国电子技术标准化研究院徐洋担任秘书。同时,国家标准计划《人工智能 情感计算用户界面 框架》于2019年正式下达,目前在用户界面分委会开展研制工作,2020年年底已完成报批。该系列标准的编制和发布将推动人机交互更加人性化、智能化。

1.2.3 人机交互未来发展方向

人机交互发展的总体趋势是以人为中心实现高效自然的交互。从交互界面形态来看,人机交互界面正在从图形用户界面向多通道用户界面和混合用户界面等更为人性化的交互界面发展;从交互技术来看,人机交互正在向脑、心、肌肉等生理计算方面发展;从研究层面来看,人机交互正在使人、机和社会管理活动更紧密结合。因此,未来感知交互是人机交互发展的重点,计算机将感知人的现象、自然现象、人类行为等,实现真正意义上的人机融合智能,从而实现为人类服务。同时人机融合智能及其深度态势感知在发展过程中会面临人机认知不一致的问题,进而会导致人机融合后的责任归属问题,因此道德伦理将是未来研究的重点。

1.3 智能人机交互与相关学科

1.3.1 智能交互技术与数字技术

数字技术(digital technology)是一项与计算机科学共同出现的科学技术,它的实现有赖于二进制的记数系统。数字技术就是通过计算机技术将图片、文字、影像、声音等信息加工为计算机可识别、可度量的二进制数字编码数据,并对这些数据进行存储、传输、识别、加工等的技术。智能交互技术的实现有赖于数字技术,通过数字技术将外界信息转化为二进制数字数据,再由计算机处理二进制数据并做出反馈,从而实现计算机与人的交互。作为一个技术体系,数字技术不断突破自我,目前的数字新技术主要包括大数据、云计算、物联网、区块链、人工智能五大技术。

数字技术作为一种较为普遍的技术,渗透进了各个领域。数字技术的出现不仅帮助专业人士减轻了人工处理大量数据的负担,还能较为精确地统计数据、模拟方案等。比如,目前较为领先的风景园林领域的数字技术有地理信息系统(Geographic Information System,GIS),为比较有代表性的、较为成熟的数字技术的应用,但总体上智能交互技术在其他应用上处于落后的状态,尽管与智能交互技术相关的作品层出不穷,但仍没有形成较为完整的理论体系。

1.3.2　智能交互技术与自主机器人软件工程

软件体系结构定义了软件系统的软构件组织和布局以及它们相互间的交互和通信,它为软件系统的开发提供高层指导。在自主机器人软件工程领域,人们针对自主机器人软件的特殊软件需求,提出了多种软件体系结构及风格,它们大致可分为以下几类:以数据为中心的软件体系结构、发散式软件体系结构、层次式软件体系结构和混合式软件体系结构。自主机器人的每种软件体系结构的设计不仅要考虑欲实现的软件需求(尤其是非功能性需求,如实时性、灵活性、适应性等),还要考虑多态网络互联对自主机器人软件带来的影响,并确保软件设计的质量,促进软件重用,提高软件开发效率。

1. 以数据为中心的软件体系结构

该类软件体系结构源自 AI 领域的研究成果,其特点是拥有一个集中的数据中心,其他软构件通过对数据中心的操作(如写入和读取数据)来实现相互间的交互和通信。总体而言,该体系结构风格易于实现,计算和通信开销相对较低,但是数据中心可能成为整个软件系统的通信瓶颈,导致系统较为脆弱,典型的成果如基于黑板的软件体系结构。KAIST 机器人开发团队在参加 DARPA 机器人挑战赛时采用了这一软件体系结构来开发机器人软件。

2. 发散式软件体系结构

在该类软件体系结构中,不同软构件虽然要实现不同需求、提供不同功能和服务(如感知、决策、执行等),但是它们处于同一个抽象层次,在系统中的地位是对等的。整个体系结构对应于一个软构件网络,没有集中控制的软构件,采用发散而非集中方式对这些软构件进行组织和管理,一些工作借鉴社会组织的结构模式以及基于 Agent 的分布式结构。总体而言,该类体系结构提供了扁平结构、灵活的通信方式和可重构的组织模式,可促进与多态互联网络中其他软件系统(如云服务和云机器人等)的集成、共享和协作,有助于提高自主机器人软件的健壮性、灵活性和可维护性。当前许多软件开发框架/中间件采用发散式软件体系结构,如OROCOS、iCub、ROS、COROS 等。例如,ROS 中的各个节点(node)构件高度独立且相互对等,可分布式部署在不同的计算平台上运行,不同节点间不存在集中控制的关系,但可以借助ROS 提供的话题和服务等机制开展交互和协同。

3. 层次式软件体系结构

该类软件体系结构将整个软件系统组织为多个不同的抽象层次,每个层次负责实现与该层次相对应的软件需求,如底层的传感-效应-处理、高层的决策、规划和适应调整。总体而言,该类体系结构采用层次化组织、软构件分离等手段来设计自主机器人软件,有助于简化高层设计的复杂性,但同时增加了不同层次间的软构件交互和通信问题。目前有许多的研究及平台采用层次化的软件体系结构,如 Brooks 的包容式软件体系结构、CLARAty 的由功能层和决策层组成的二层体系结构、Wei 提出的不同符号控制层次结构、Choi 和 LAAIR 提出的三层体系结构、Jeong 设计的五层结构等。

4. 混合式软件体系结构

该类软件体系结构将上述多种软件体系结构风格集于一身,以发挥不同软件体系结构的优势,但必然会增加软件体系结构自身的复杂性及实现难度。如何支持不同层次、不同类别体系结构间的集成、交互和互操作是一个开放的问题。代表性工作包括 NUClear 软件开发框架、移动机器人的分布混合层次的控制系统、SERA 和 AutoRobot 等。

1.3.3 智能交互技术与交互设计

智能交互与交互设计(Interaction Design,IXD)作为两门综合性较强的学科,通常情况下,我们认为它们都起源于计算机科学,而交互设计由智能交互领域拆分出来,成为智能交互概念下的子概念。智能交互是指人与计算机之间使用某种对话语言,要求机器能与人之间以一定的交互方式,完成人机之间的信息交换的过程,其研究的侧重点是如何实现人机之间的交互像人与人之间的交流一样自然。而交互设计是指设计人和产品或服务互动的一种机制,其研究的重点是如何满足人的使用需求,同时考虑人的操作感受、操作难易度、操作界面的美观度等,最终设计出符合某类用户要求的产品。自 20 世纪 80 年代进入发展期后,交互设计便被从智能交互领域划分出来,"人机界面"一词被"人机交互"所取代。HCI 中的"I"也由开始的"Interface(界面/接口)"变成了"Interaction(交互)",人们开始更加关注以人为本的用户需求。尽管两门学科的研究重点不同,但它们都有一个共同的研究对象——人。事实上,计算机系统作为一类人造系统,其最终目的都是帮助人类,帮助系统外的一个或多个人。因此,智能交互与交互设计是无法区分开的,但又彼此有不同的侧重点。

1.3.4 智能交互技术与设计心理学

设计心理学是心理学的一部分,对于人机交互的设计有着指导性的作用。设计心理学是用心理学的方法和理论去研究设计中心"人"的心理活动,心理学中最具有普遍意义之一的模型为 SOR 模型,其中 S、O 和 R 分别代表受到刺激、信息处理和做出反应,用户通过感官来接收产品信息的刺激,然后通过大脑对接收的刺激做出分析处理,形成相关判断,最后指导自身做出相关反应。在心理学中人的认识和意识是主导人心理活动的主要因素,认识主要包括人的思维、知觉和感觉,以及对产品的感知和判断,从而形成认识;意识主要包括情感、注意和意志,以及对产品的反应。在设计过程中,心理学不仅需要对人的认识和意识进行心理研究分析,还要考虑人的需求。

唐纳德·诺曼的《设计心理学》强调以用户为中心的设计原则,分析消费者的心理特征,研究影响消费者购买或使用决策的可设计调整的因素,为用户设计出易用和可理解的产品。消费者心理学是设计心理学中一个重要的内容,通过对消费者的消费心理进行研究,能更清晰地掌握消费者的心理需要。设计师通过调查问卷、用户体验地图、意象尺度分析法、访谈法等研究方法与设计工具,分析用户的需求,从而达到设计产品与消费者之间的协调,设计出令消费者满意的产品。然而,随着越来越多的人开始关注良好的产品造型设计所表现出的心理价值,设计心理学强调分析用户心理活动和特征,但大多数是为了影响用户消费决策,通过产品来吸引用户的注意力,当越来越多的智能设备介入我们的生活中时,如何根据用户心理活动来设计出有主次注意力之分的智能产品,如何设计出能给用户营造一个舒适环境的人机交互方式,这些问题都没有引起设计师们的足够重视。

在未来的智能交互模式下,计算机和用户将没有明确界线,显式的用户界面形态也将逐步消失。计算机将作为多个智能化的计算设备融入用户和环境中,它们采集用户和环境的交互信息,智能化地执行交互任务。生理学作为感知和理解用户的关键环节,在未来必然会处于重要的地位。

习 题

1. 人机交互是一门怎么样的学科? 它和哪些学科相关? 它们之间的关系如何?
2. 人机交互的学习可以帮助你完成哪些事情?
3. 请列举一些日常生活中交互性能较好和较坏的软件产品。
4. 你认为下一代人机交互会是什么样? 将具有哪些特点? 给出你的理由。

思政园地

属于国人的人工智能深度学习平台——百度飞桨(PaddlePaddle)

从蒸汽机时代到电气时代,再到信息时代,人类历史上已成功经历了三次工业革命,每一次工业革命都对人们的生产生活方式产生了质的影响。现如今,在物联网、云计算、大数据、增强现实等新技术的推动下,工业社会正在发生一场深刻的变化,迈向第四次工业革命。AI 目前已经在日常生活中得到广泛应用并取得突破性成绩,随着 AI 进入工业大生产阶段,全新 AI 应用正在加速与纵深垂直行业场景深度融合。

百度飞桨是百度自主研发的国内首个开源开放、功能丰富的产业级深度学习平台。飞桨以百度多年的深度学习技术研究和业务应用为基础,于 2016 年正式开源。飞桨平台使得深度学习技术研发的全流程都具备了显著标准化、自动化和模块化的工业大生产特征,持续降低应用门槛,让人工智能技术可以高效便捷地应用于各行各业。

截至 2022 年 5 月,飞桨平台凝聚了 477 万名开发者、创建了 56 万个模型、服务了 18 万家企事业单位,位居中国深度学习平台市场综合份额第一,广泛应用于工业、农业、能源、城市建设等行业领域。依托飞桨已累计培养了约 200 万名 AI 人才。百度 CTO 王海峰表示:"基于飞桨平台,人人都可以成为 AI 应用的开发者。"

飞桨深度学习平台集核心框架、基础模型库、端到端开发套件、丰富的工具组件于一体,还包括飞桨企业版零门槛 AI 开发平台 EasyDL 和全功能 AI 开发平台 BML,以及飞桨 AI Studio 学习与实训社区。飞桨助力开发者快速实现 AI 想法,创新 AI 应用,作为基础平台支撑越来越多行业实现产业智能化升级。

第 2 章　感知和认知基础

感知和认知是人机交互的基础。本章首先介绍了与人类感知相关的基础知识,包括视觉与视觉感知、听觉与听觉感知、触觉与触觉感知、嗅觉与嗅觉感知等,还介绍了认知过程、知觉的特性及认知与交互设计原则与分布式认知等内容。

2.1　感　　知

研究表明,人类从周围世界获取的信息约有 80% 是通过视觉。因此,视觉是人类最重要的感觉通道。在人机交互过程中,除了通过视觉,还有听觉、触觉等其他方式。

2.1.1　视觉与视觉感知

视觉系统对于人类感知外界信息有重要的影响和作用,通过视觉系统可以观察到不同的画面,这些画面能反馈给人们大量的信息,使大脑产生不同程度的视觉刺激。

1. 人类视觉系统的生理学特性

人类在获取视觉信息的过程中是通过两部分来完成的,分别是光学成像系统和视觉神经系统,其中光学成像系统就是人的眼睛,视觉神经系统包括视网膜、外侧膝状体(lateral geniculate nucleus)和大脑视觉皮层(visual cortex)。

人类眼睛的组成结构是非常复杂的,包括眼球壁和内容物两大部分,人眼的生理结构如图 2-1 所示。其中眼球壁又分为外层、中层和内层,外层由角膜和巩膜共同组成,中层包括虹膜、睫状体和脉络膜,内层则为视网膜。角膜位于眼球的正前方,约占外层面积的六分之一,呈透明色,光线就是通过这里射入眼睛的;其余六分之五的部分是白色的巩膜,常称为"眼白",不透明且具有弹性,因其坚韧的特点能够为眼球提供保护作用;虹膜是圆环形状,中央部位的圆孔便是人眼的瞳孔,虹膜含有色素的多少决定了其颜色,常呈现为黑色、棕褐色和蓝色;在虹膜的后部连接的是睫状体,它可以改变晶状体的厚度,以此调节眼睛的对焦;脉络膜包裹着眼球的后部,它含有丰富的色素,能够抵挡光线,为眼睛制造黑暗的环境,以利于物体的成像;视网膜含有视细胞,其也称为感光细胞,可以察觉到光线的明暗和颜色,同时能将形成的物像转化为电信号进行传递。眼球的内容物包括房水、晶状体、玻璃体。房水用来维持眼睛内部的压力,它是一种水状液体,位于角膜和虹膜之间;晶状体是具有弹性的透明晶体,能通过改变凸起程度去调节光线的折射角度,将不同距离的物体聚焦到视网膜上,人们常见的近视眼、远视眼

19

就与此有关,当光线聚焦的点落在视网膜前方时便形成近视,当光线聚焦的点落在视网膜后方时则形成远视;玻璃体位于晶状体之后,是无色透明的胶状物质,充满于晶状体和视网膜之间,为视网膜提供了良好的支撑作用,同时也给眼睛内部提供了透明的空间。

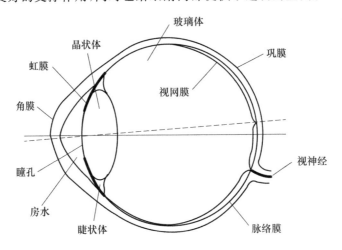

图 2-1　人眼的生理结构

眼睛的光学成像过程较为复杂,光线首先通过角膜和房水由瞳孔射入眼睛,然后经过晶状体,晶状体在睫状体的作用下会改变凸起程度,将被折射的光线聚焦在视网膜上,视网膜的视细胞能够感知光信号的明暗及色彩信息,形成眼睛的光学成像,并将所成物像转化为电信号通过视神经进行传递。可以看出,光线在眼球中会穿过不同的介质,依次有角膜、房水、晶状体和玻璃体,其实每通过一种介质时,光线都会产生一次折射,最终在视网膜上形成的物像是这些不同的折射共同作用而成的,因此眼睛的成像过程是较为复杂而且充满神奇的。

2. 人类视觉系统的平面视觉感知特性

视觉系统是一个结构复杂且处理高效的神经系统,近年来许多科研工作者对其进行了大量深入的研究,并发现了一系列重要的视觉特性。这些工作意义深远,为当前计算机视觉、人工智能和图像处理等领域的发展指明了方向。人们在获取视觉信息时会伴随着各种视觉特性,其中包括一些基本的平面视觉特性:人眼色彩视觉特性、空间频率特性、对比度敏感度视觉特性、视觉掩盖效应等。

(1)人眼色彩视觉特性

人眼色彩视觉特性是对映射到视网膜上的景象进行色彩感知的过程,视网膜上含有视觉细胞,能够感知光信号的明暗及色彩信息,然后由大脑视觉皮层辨别颜色、产生认知。学者们对色彩视觉领域进行了分析与研究,Thomas 等人提出了三原色理论,即自然界的任何色彩都可以由红、绿、蓝这 3 种颜色进行合成。由于人眼的视网膜上存在能够识别这 3 种颜色的视觉细胞,因此人眼可以分辨不同的颜色,具体来说,是由于视网膜上的不同细胞能够对不同波长的光作出反应,从而人眼能够感知色彩信息,可见光谱如图 2-2 所示。

(2)空间频率特性

空间频率被定义为每度视角内图像或刺激图像的亮暗作正弦调制的周数。在图 2-3 中,将一对黑白条纹定为一周,则空间频率即一度视角内所看到的条纹周数,通过条纹的粗细程度便可以判断空间频率的高低,其表示方法如下:

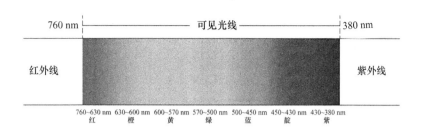

图 2-2 可见光谱

$$f = xd\,\frac{\theta}{H} \tag{2-1}$$

其中,f 是空间频率,θ 表示视角,x 代表条纹与人眼之间的距离,d 是像素的宽度,一个正弦条纹周期宽 H 个像素。

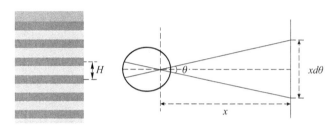

图 2-3 空间频率定义图

为了对人眼空间频率特性进行定量分析,学者们提出了空间频率多通道理论,指出视觉通道相互独立而且存在一定的对比度阈值。Philip 等人发现人的眼睛在黑白视觉中有独立的倍频程视觉通道。后来,Losada 等人在彩色视觉中也发现了类似的视觉通道。

(3) 对比度敏感度视觉特性

对比度敏感度视觉特性使人眼能够分辨出物体的细节信息,这是因为物体细节部分的亮度与背景部分的亮度不同,这种亮度的反差便形成了对比度。目前对比度有两种常用的定义:Weber 对比度和 Michelson 对比度。

Weber 对比度定义为

$$C_{\mathrm{W}} = \frac{\Delta L}{L} \tag{2-2}$$

其中,ΔL 是观测物体与背景的亮度差值,L 表示背景的亮度。

Michelson 对比度定义为

$$C_{\mathrm{M}} = \frac{L_{\max} - L_{\min}}{L_{\max} + L_{\min}} \tag{2-3}$$

其中,$L_{\max}$、$L_{\min}$ 分别表示观察物体的最大亮度值、最小亮度值。

此外,对比度敏感度特性是评价人眼视觉功能的指标之一,当前对比度敏感度特性在图像研究领域的应用十分广泛,它反映的是人眼在不同空间频率下识别图像对比度的能力。

(4) 视觉掩盖效应

视觉掩盖效应是人眼在感知原视觉信号的刺激时,如果外界出现其他的信号刺激,这将会影响人眼视觉系统对原信号的辨别能力,同时会降低人眼视觉系统对原信号的察觉力。也就是说,当一种刺激存在时,人眼对另一种刺激的感知就会被加强或削弱。比如对比度掩蔽

(Contrast Masking,CM),当不同的刺激在空间位置、亮度、方向和频率等方面具有相似的特征时,容易相互掩盖,使人眼视觉特性(Human Visual System,HVS)难以分辨和识别。目前,通用的对比度掩蔽模型计算如下:

$$CM(u,v) = EM(u,v) + TM(u,v) \tag{2-4}$$

其中,EM 和 TM 分别是边缘掩蔽和纹理掩蔽,u 代表色调,v 代表饱和度。

在图像变分处理中,图像 I 可以被视为边缘图像 I_e 和纹理图像 I_t 的总和,表示为 $I = I_e + I_t$。设 C_e、C_t 分别为 I_e、I_t 的最大亮度对比度,则纹理掩蔽和边缘掩蔽效应的计算过程如下:

$$TM(u,v) = C_t(u,v)\beta\rho_t \tag{2-5}$$

$$EM(u,v) = C_e(u,v)\beta\rho_e \tag{2-6}$$

其中,ρ_e、ρ_t 用来表示 EM、TM 的系数,并分别设置为 1 和 3,常数 β 设置为 0.117。

3. 人类视觉系统的立体视觉感知特性

视觉系统在感知立体图像信息时,除了具有平面视觉感知特性之外,还会产生立体视觉感知特性,这是因为人眼在观察过程中会感受到现实场景中的深度信息,这就使人们产生了立体感。人眼在观看景象的过程中会涉及部分立体视觉感知特性,如双目视差、双目融合、双目竞争。

(1)双目视差

双目视差产生的原因是人的两只眼睛中间存在一定的间隔,在观看过程中两只眼睛会获取到不同角度的两幅画面,这两幅画面的内容相同,但是分别映射到视网膜上后,在视网膜的相同位置点上会存在差异,这种差异就叫做双目视差。立体图像正是通过左右视图才得以反映出双目视差信息的,平面图像不具备反映这种视差信息的条件。同时,根据双目视差的特点也可以判断出物体和观察者之间距离的远近,双目视差越大表明物体距离观察者越近,双目视差越小表明物体距离观察者越远。图 2-4 给出了简化的双目视差示意图,通过示意图可以推导出视差的数学模型,两台相机用于模拟人的左右眼睛来分别采集左右视图,A 和 B 分别表示目标点在相机左右像面上的成像点,f 表示相机的焦距,D 为目标点距离相机的深度,用 d 代表双目视差。

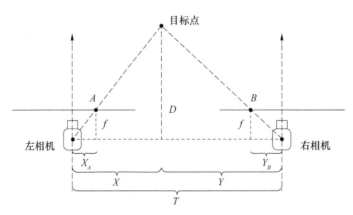

图 2-4 简化的双目视差示意图

根据相似三角形原理,视差的计算公式如下:

$$d = X_A + Y_B = f\left(\frac{X}{D} + \frac{Y}{D}\right) = \frac{f \cdot T}{D} \tag{2-7}$$

根据公式能够看出,双目视差 d 与物体距观察者的深度距离 D 成反比,与前述的视差和深度距离的关系相吻合。

（2）双目融合

双目融合是将两只眼睛获得的视觉信息进行融合的过程，因为人的大脑不会感知到两幅画面，最终在大脑中只能形成一幅立体图像。正是视觉皮层的融合作用，才将左右眼睛看到的两幅图像合并为一幅包含深度信息的图像，一般称为"中间视图"。双目视觉信号的融合过程可以表示为

$$S_C = f_B(S_L, S_R) \tag{2-8}$$

其中，f_B 为双目融合的数学模型，S_L 和 S_R 分别表示左右眼睛接收到的单目视觉信号，S_C 为双目融合过程中生成的双目视觉信号。

现如今，已经有许多研究者根据双目融合的特性提出了一些不同的双目融合模型，其中包括人眼权重模型、神经网络模型以及增益控制模型等，这些模型各有优劣，都模拟了双目视觉感知过程。

（3）双目竞争

双目竞争的产生是由于给左右眼睛分配的注意力不一致。通常情况下，左右眼睛中所呈现的图像信息不是完全相同的，包含信息的重要程度也是不一样的，因此每只眼睛分配到的注意力大小不会完全一致，在视觉感知的过程中，这可能会使其中一只眼睛获取的视觉信息占据主导作用，从而导致"双目竞争效应"。

双目竞争效应是普遍存在的一种现象，只要两只眼睛获取的视觉信息不一致就会发生双目竞争。学者们通过研究发现，色彩、亮度、轮廓、空间频率、纹理以及运动速率等因素都可以引起双目的竞争。目前，在一些中间视图的融合模型之中已经结合并考虑了双目竞争效应，使得模型在生成中间视图时表现出了较好的性能。

2.1.2　听觉与听觉感知

1. 人类听觉系统的生理学特性

人类的听觉系统类似于一个音频信号处理器，听觉系统对于声音信号的处理能力就得益于它复杂而巧妙的生理结构，图 2-5 所示是人耳听觉系统示意图。

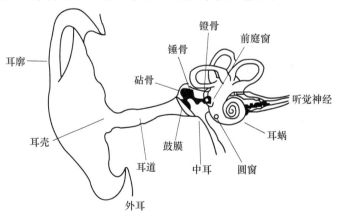

图 2-5　人耳听觉系统示意图

听觉系统包括外围部分和听觉神经纤维,外围部分是听觉器官最重要的组成部分,由外耳、中耳和内耳组成。外耳负责收集声音、辨别声源,并对某些频率的声音起放大作用。中耳的主要作用是传音,将气体运动高效地转为液态运动,也就是将声音由外耳道传入耳蜗,另外中耳还充当了外耳和内耳的匹配阻抗。内耳深埋在颅骨腔内,由圆窗、前庭窗和耳蜗组成,其中耳蜗是内耳最主要的器官,耳蜗里面充满了淋巴液,它的外形是类似于蜗牛形状的一条盘起来的管子。耳蜗中包着基底膜,基底膜的作用相当于一个频率谱分析器。声音传入中耳后,耳蜗内的流体压强会因镫骨的运动而变化,耳蜗内基底膜的硬度也会随之变得很高,随着行波沿着基底膜传播,基底膜的硬度逐渐变小。不同频率的声音产生的行波也不相同,而且峰值在基底膜上出现的位置也不相同。对于频率较低的声音,幅度峰值出现在基底膜顶部附近;对于频率较高的声音,幅度峰值出现在基底膜靠近镫骨的基部附近。

因此可以看出,人耳的听觉系统是一种非线性结构,耳蜗就类似于频谱分析仪,具有类似滤波的作用。

2. 掩蔽效应

通过研究发现人耳对 3～5 kHz 频段内的声音感觉最灵敏,其敏感程度可以用掩蔽阈值来表示。掩蔽阈值也叫听阈值,是指人耳刚刚能感知到声音的最低声压值。实验证明,掩蔽音对频率相近的声音的影响最大,而且在同等频率条件下,语音信号的听阈值随着噪声声压级的升高而升高,低频更容易掩蔽高频。

3. 临界带与频率群

当掩蔽音为窄带噪声时,临界带(critical band)的掩蔽效果最明显。临界带的定义如下:当某个纯音被以它为中心频率且具有一定带宽的连续噪声掩蔽时,先将噪声的强度调节到纯音恰好不被听见,然后将其带宽由大到小逐渐减小,同时保持单位频率的噪声强度不变,起初被掩蔽纯音一直听不见,但当噪声带宽减小到某个临界值时,纯音就突然可以听见了,进一步减小带宽,纯音会越来越清晰。刚刚能听见纯音时的频带就叫做临界带。

人的听觉系统具有很强的抗噪声能力,在噪声很大的环境中,也能分辨出语音信号,因此,着力于基于人耳听觉特性的语音特征的研究具有重要的理论基础和现实意义。

2.1.3 触觉与触觉感知

人的触觉系统不同于视觉和听觉系统,触觉能和视听觉信号同时被感知,并具有和听觉一样的全方向的感觉能力。对人类获取信息能力的研究表明,触觉是除视觉和听觉之外最重要的感觉。

当机器人与环境相互作用时,比如组装工件、插销入孔等,如果仅提供视觉图像信息,则操作者不能从中获得真实的感受。虚拟操作的研究表明,触觉信息的反馈可以极大地提高精细作业任务的效率和精度。如对插销入孔操作的对比实验表明,提供操作者触觉反馈信息比仅有图像显示可以使任务完成时间缩短近一半。有人已提出将触觉显示用作虚拟环境或虚拟现实应用系统的界面,用作遥操作的反馈,用作信息视觉呈现的一种补充或替代,用作移动环境下触觉方式的信息传达。

1. 人类触觉信息分类

人们与物体交互得到的触觉信息可以分为两种:一种是表面的信息,主要是指通过皮肤与物体接触所感受到的各种信息(接触反馈);另一种是肌肉运动知觉的信息,是指通过四肢的位置和运动所产生的力量来得到的信息(力反馈)。接触反馈是指人与物体对象接触所得到的全部感觉,是摸觉、压觉、震动觉、刺痛觉等皮肤感觉的统称,反映了接触的感觉。力反馈是在肌肉、关节和韧带等受到拉伸、压缩或扭曲时的受力感知,感知的是物体重量、冲力和运动等。一般来说,人们所获得的信息是这两种信息的混合。我们所接触的物体表面的纹理、软硬、形状是通过皮肤所产生的表面信息所提供的,而物体的粗糙度、弹性等特征是通过手和手臂的运动所产生的运动知觉信息所提供的。

2. 触觉显示

触觉显示是通过触觉通道来显示和传达信息的,就是应用触觉表示信息,实现信息传递。当视觉显示大小受限、不能或不适合进行视觉显示的时候,可以使用这种方式的信息表征来显示信息。通过刺激人体皮肤产生触觉感知,触觉显示由触觉通道为许多有视觉或听觉障碍的人提供一个重要的替代性的信息传递途径。例如,进度条是一个计算机常见的人机界面元素。进度条也出现在移动电话或 MP3 播放器上,用来指示网页下载或图片与声音文件的转移转换等。当复制文件、转换文件或下载文件时,经常使用进度条来表达过程进度,但它要与其他视觉任务竞争屏幕空间和视觉注意。科研人员创建了一个触觉显示的进度指示器,将进度信息编码成一系列震动触觉脉冲,将触觉进度指示器与标准视觉指示器做了一个对比实验,结果表明,触觉显示进度指示器在用户绩效上有明显的提高,并且用户喜欢使用触觉显示的进度指示器。

科研人员研制了用于虚拟现实的基于振动的触觉显示方式。该触觉显示系统通过针型接触阵列实现,由直径 0.5 mm 的钢琴线排列成 5×10 的接触阵列,分布于 2 mm 厚的橡皮膜上。针的振动频率为 250 Hz,即人皮肤能感觉到的最大的振动频率,采用压电激励方式驱动针跳动,并控制它的位移。针振动的振幅随着虚拟物体表面状况和手指放置在显示窗口二维位置的变化而变化。使用者在桌面上移动鼠标,模拟虚拟环境中手指接触虚拟物体表面的情况,控制针振动的强度,手指就能感受到虚拟物体表面状况和纹理信息。

力反馈运用先进的传感技术将虚拟物体的空间运动转变成操作者周边物理设备的机械运动,使用户能体验到真实的力度感和方向感,从而提供一个崭新的人机交互界面。近几年来,力反馈技术在计算机游戏中的应用方兴未艾,创造了具有革命性的人机交互游戏界面。清华同方针对某些 3D 赛车游戏,开发出了力反馈方向盘 R440,如图 2-6 所示。它采用 Immersion 公司的专利——TouchSense,将游戏的相关数据转化为有强弱之分且有方向变化的反作用力,使用户感受引擎震动、撞车及换挡等各种虚拟力,令游戏者仿佛身临其境。

图 2-6　力反馈方向盘 R440

Moose 是由斯坦福大学于 1998 年研制的一个具有 2-DOF 的力反馈装置。它定义了一个带有力反馈的 Window 窗口,在拖放边框、滚动条以及其他屏幕组件时能够明显感觉到装置产生的作用力。类似的功能适合于盲人的网页浏览。科研人员利用 PHANTOM 装置以及 VRML 语言建立了一个带力反馈的人机交互界面,帮助盲人感知 3D 表面。

3. 触觉反馈

在智能手机等数码设备上,触摸屏已经很普遍了。触摸屏通过结合显示和输入空间节省移动设备的空间,因此很有吸引力。科研人员对使用在小触摸屏上的触觉显示界面进行了设计、实现和非正式评估,他们把一个触觉设备嵌入在 Sony PDA 的触摸屏,并通过该触觉设备产生触觉信息,增强基本的图形用户界面(GUI)控件的使用。当用户按屏幕上的控件时,不用观察界面控件的反应,手指即可以接收到触觉反馈,从而感觉到那些界面控件的反应。在非正式的评估中,这种触觉反馈很受用户的欢迎。事实上,触觉是一个较好的反馈通道,它比视觉快 5 倍。未来,通过触觉反馈增强 GUI 可以更有效和更舒适地使用移动设备。它能够补充声音和视觉的效果,加强触摸屏交互的物理实在感和直接性的特征,使得 GUI 控件更真实。触觉反馈将成为触摸屏界面设计的将来,并且是未来移动设备的标准特征。

科研人员在一个驾驶模拟器中测试一个震动触觉显示设备,该设备有 8 个震动部件或触觉制动器安装在驾驶员的座位上,如图 2-7 所示。与视觉显示相比,以触觉和多通道导航显示进行驾驶的用户,其测试结果表明触觉导航显示减轻了驾驶员的工作负荷,尤其是在高工作负荷的情况下。多通道显示时驾驶员的反应速度最快。局部的震动或轻拍是表达方向信息的一种直观的方式。利用触觉通道可以释放其他高负荷的感觉通道,较大地提升安全性。

图 2-7　触觉反馈在汽车领域中的应用

4. 触觉显示图形

图表和可视化常常用来分析数值数据之间的关系,但目前访问这些数据的方法是高度以视觉作为媒介的。使用声音反馈表达数据是一种较常见的数据访问方法,更容易取得数据资料,但导航和访问数据的方式本质上往往是串行的和比较吃力的。可以利用触觉显示为视障用户提供额外的反馈来支持点击式交互。英国格拉斯哥大学的 Wall 等人对视障计算机用户进行的需求调研引出了对当前可达性技术的综合评述,提出了使用触觉反馈辅助导航的指导原则,还定性评估了一个原型界面。评估结果显示,提供一个绝对位置输入设备及触觉反馈可以使用户利用触觉和本体感受的提示,在某种程度上类似于点击技术,可以用来探查图形,获取数据信息。

意大利 LAR-DEIS 实验室研制的 VIDET(Visual Decode by Touch) 系统,是具有图形图像的力觉表达系统,其主要借助力觉再现装置产生力反馈,引导盲人感知物体的轮廓。人们通过对比实验证明,利用力反馈装置提供的主动作用力以及摩擦阻力,能够明显改善盲人对图表数据的感知能力。目前,国外很多研究者都在研究基于力反馈的图形图像表达。

2.1.4　嗅觉与嗅觉感知

随着计算软硬件技术及其多通道交互技术的发展,人们在味觉、嗅觉和触觉等多通道人机交互领域开展了大量的研究与探索。其中嗅觉作为捕捉气味信息的有效途径,具有很大的开发潜力。

1. 人类嗅觉机理

人类和其他哺乳动物的嗅觉系统十分发达,人鼻内有约 1 亿个嗅觉传感器,这 1 亿个嗅觉传感器约分为 30 类,它们分别对特定种类的气味显示出不同的嗅觉特性。对嗅觉系统的生理解剖结构研究表明,嗅觉系统主要由嗅上皮、嗅球层和嗅皮层三部分组成,按层状结构排列。由外向内更微细的结构可以分为嗅感觉神经层、球周细胞层、突触球层、外丛状层、僧帽细胞层、颗粒细胞层、前嗅核和前梨状皮层,其中僧帽细胞层和颗粒细胞层构成嗅球层。

嗅上皮上对气体分子敏感的嗅感觉器与气体分子结合后,通过主要的嗅神经将气味信息传到嗅球,然后再通过侧嗅束将信息传到前嗅核,梨状皮层以及皮层深部的锥体细胞等产生嗅觉。其中嗅球是嗅觉通路中的一个中间单元,也是一个很重要的单元,它不仅接收前端嗅感觉器的输入,还接收从前嗅核,以及皮层等部位的神经纤维的输入。通常认为嗅球已经具有一定的信息处理功能,但是气味分子的编码、识别以及与嗅觉相关的气味信息在神经系统中的表达、传递、存储方式目前还没有公认的理论解释。

哺乳动物嗅觉系统的工作过程可分为闻嗅、接收、检测、识别和清除。嗅觉过程开始于闻嗅,将气体分子由外部世界带进鼻腔,借助于鼻甲骨(鼻子中可以产生气体紊乱的骨结构),闻嗅还可以将气体分子混合成一致的浓度并将这些分子传送给鼻腔上部的嗅觉上层细胞的黏液层。接着,气体分子溶入这层黏液中,然后将它们送给嗅觉感受神经的纤毛。黏液层还起到过滤器的作用以取出较大的微粒。接收过程是将气味分子粘到嗅觉感受器神经元上。这些感受器神经元会对气体分子产生化学响应。这一过程首先将气味分子粘到位于纤毛表面的受体蛋白上,再由受体蛋白将气味分子传给感受器神经元膜。一旦穿过边界,气味分子就对感受器神经进行化学刺激。具有不同受体蛋白的感受器神经元随机分布于整个嗅觉上皮中。感受器神经元中的化学反应产生一个电刺激。从感受器神经元发出的电信号接着由嗅觉轴突通过筛状板(一块穿孔的骨头,它在头骨中将颅腔和鼻腔分开)送到嗅小球(在大脑中正好位于鼻腔上方的结构)。经过一系列加工放大后,感受器神经元响应信息从嗅小球传递给进行气味识别的嗅觉皮层。之后,信息传递给边缘系统和大脑皮层。大脑接收输入的信号并将其与经验进行比较后作出识别判断,而大的判断识别功能是随着年龄的增长在不断与外界接触的过程中学习、记忆、积累、总结而形成的。最后,为了让鼻子对新气味进行响应,嗅觉感受器神经元必须被清洗干净,这指的是吸入新鲜空气,从嗅觉感受器神经元中消除气味分子。

生理研究表明,人的一个鼻孔里含有大约 5.0×10^7 个嗅觉感受器细胞,单个嗅细胞的生存期只有 22 天左右,灵敏度并不是很高,至今还没有发现只对一种化学成分有反应的嗅细胞。

尽管如此,大脑和神经信号处理部分不仅除去了信号的漂移,使整体灵敏度提高 3 个数量级以上,而且使整体选择性、可靠性、重复性等都有了很大的提高。这说明,人的嗅觉系统对气味的识别能力是由大量性能彼此重叠的嗅感受器细胞、嗅神经传递与处理部分和大脑共同作用的结果,大脑和嗅神经在其中起着十分关键的作用。通过神经解剖学、神经生理学和神经行为各个水平的实验研究,证实嗅球中的每个神经元都参与嗅觉感知。当人吸入熟悉的气味时,脑电波变得更为有序,形成一种特殊的空间模式。当没有气味输入时,嗅球系统的脑电波就表现出低幅混沌状态。混沌能使几百万个神经细胞处于一种活性"值班"状态,以便可以瞬时转入工作状态,对嗅觉刺激做出反应。一般地说,从气味分子被吸附到嗅感觉器细胞表面再到人产生嗅觉反应的过程为 0.2~0.3 s。另外,人和其他动物在识别气味的过程中,不必知道这些气味的化学组成与浓度,就能在极短的时间内对气味做出判断。这给嗅觉的研究提供了极有用的启发。

2. 嗅觉界面

近年来,有关嗅觉界面研究的数量呈现增长态势,其中大多数的工作都集中在气味源辅助应用的方面。各种各样的气味播放技术被应用于非侵入式的消息提醒、社交交互、影响情绪和认知、多媒体技术、多感知虚拟现实等领域。

在人机交互领域,Kaye 是利用气味输出来进行界面设计的先行者之一。他提出了以气味作为媒介进行信息表达,这种媒介适合承载一些长时间存在,但又不太重要的信息。气味作为承载者,可以提供一种非干扰式的提醒。以此为基础,相关研究人员已经进行了可穿戴气味提醒、视觉-嗅觉联合的提醒应用等方向的研究探索。

除了气味本身的媒介属性,构建嗅觉用户界面的另一个重要因素是气味与回忆的密切联系。这是一个已被很多心理学研究证明过的课题,因此有相关研究将气味看作一种标签。例如,在社交中,为了让用户对新结交的朋友印象更加深刻,而给其分配一种气味。在用户重新遇到新朋友时,研究者再次播放该气味,从而使用户想起上一次双方见面的场景;又如,将照片库中的照片根据研究者提供的多种香味进行人工分类,再利用气味进行照片检索。虽然这种方法的效果不如现有照片的归类方法理想,但是也可以算作一次探索嗅觉用户界面形式的大胆尝试。

3. 仿人嗅觉

选择具有代表性气味的气体作为仿人机器人的嗅觉识别对象,通过高品质气体传感器模拟鼻子采集气体信息,将传感器信号进行放大、变换,再经过转换并把各类数据传给计算机,由单片机或计算机判别各种气味,以实现仿人嗅觉。

4. 仿人嗅觉输入技术的人机交互应用

气敏传感器和电子鼻因具有安装简单、便于携带和识别速度快等优点,被视为嗅觉输入的主流技术。这些技术在普适计算领域中被应用于一些长期、非侵入式监测气味的场景。例如,气体识别系统被用于室内空气质量分析;简单的电子鼻(少量气敏传感器组成阵列)可被用于检测垃圾箱腐败状态;科研人员开发了 uSmell 系统,目标是在普适环境中实现更加通用的气味识别。这些研究都是将气味转变为数字化信息,再利用统计模型和机器学习算法来实现某些特定气味或状态的识别。然而目前的气味数字化并不能在感官层面上重现指定气味(对比数码相机和图像),因此尝试物理形式的气味采集,对于嗅觉输入界面的研究可能是一个非常大的补充。物理采集的气味可被用于气味的回放、样本存储以及气味分享等活动,从而构成一个嗅觉交互的完整链条。

2.2　认　　知

所谓认知,是人类最基本的心理过程,它可以让人类认识外界事物并且对外界事物产生初步的认识,即认知过程,一般会经历从"不知"到"了解"再到"操作或者利用"的过程。研究认知过程对研究人与计算机间的交互关系有很大的帮助,可以建立一种更友好自然的人机交互界面。

2.2.1　记忆与学习

记忆与学习密切相关,所有的学习都包括记忆。记忆是一种从记到忆的心理过程,人类大脑对过去经验的反映,具体表现为人们感知到的事物、思考过的问题、体验过的情绪、学习过的知识在头脑中留下痕迹,在一定条件下可以再现学习过程中的心理过程。

在不理解信息材料本身内在联系的情况下,学习者对新获得的刺激进行知觉编码后进行储存并形成短时记忆,这种记忆是短暂的。相对来说,信息加工存储基于材料本身的内在联系进行,进一步编码后转入长时记忆。这是一种有意义的记忆方式,有利于帮助学习者建立相对完整的知识体系。

2.2.2　注意

注意是一种选择性信息加工的过程,即外界丰富的刺激和个人不同的内心体验均对我们有限的信息加工容量提出挑战,我们时刻需要对内外部的信息进行筛选,集中于与任务相关的信息,去忽视或抑制与任务无关的信息。

利用注意对用户行为的指导作用,建立基于用户认知心理模型的算法,可以使用户在与计算机交互时更自然,不需要记忆额外的信息。注意通常是指选择性注意,即注意是有选择地加工某些刺激而忽视其他刺激的倾向。它是人的感觉(视觉、听觉、味觉等)和知觉(意识、思维等)同时对一定对象的选择指向和集中(对其他因素的排除)。人在注意着什么的时候,总是在感知着、记忆着、思考着、想象着或体验着什么。人在同一时间内不能感知很多对象,只能感知环境中的少数对象。而要获得对事物的清晰、深刻和完整的反应,就需要使心理活动有选择地指向有关的对象。

2.2.3　遗忘

遗忘是对识记过的材料不能进行再认与回忆,或者错误地再认与回忆,是一种记忆的丧失。遗忘分为暂时性遗忘和永久性遗忘,前者指在适宜条件下还可能恢复记忆的遗忘;后者指不经重新学习就不可能恢复记忆的遗忘。遗忘是保持的对立面,也是巩固记忆的一个条件。如果不遗忘那些不必要的内容,要想记住并恢复那些必要的材料是困难的。

2.3　知觉的特性

知觉是人脑对感觉的整体反应和对这些信息进行处理的过程。客观事物的各种属性分别作用于人的不同感觉器官,引起人的各种不同感觉,大脑皮质联合区对来自不同感官的各种信息进行综合加工,于是在人的大脑中就产生了对客观事物的各种属性、各个部分及其相互关系的综合的整体映像,形成知觉。

客观事物首先被感觉,然后才能进一步被知觉,即感觉是知觉的前提、基础和有机组成部分,知觉是在感觉的基础上对客观事物所产生的高一级的认识。感觉的性质较多地取决于刺激物的性质,而知觉却受到人的知识、经验、情绪、态度等因素的制约和影响,因此,知觉不是对当前客观事物的各种感觉的堆积,而是人们借助于已有的知识经验对当前事物所提供的信息进行选取、理解和解释的过程。不同的人接受来自同一事物的感觉在知觉上可能不同。

在日常工作与生活中,感觉器官时刻都在接触海量的信息,特别是有"心灵窗口"之称的视觉系统。知觉是指人脑对作用于感觉器官的客观事物的整体属性的认识。知觉的过程包括3个方面:觉察、分辨和确认。觉察是指发现事物存在,而不知道它是什么,即感觉阶段,把物理能量转换成大脑能够识别的神经编码过程;分辨是指把一个事物或属性与另一个事物或属性区别开来,即组织阶段,此阶段形成了对客体的内部表征和对外部刺激的知觉,包括一系列简单特征颜色、形状等的综合,形成可被再认的客体知觉;确认是指人们利用已有知识经验和当前获得的信息,确定知觉的对象是什么,给它命名,并纳入一定范畴,即识别辨认阶段,赋予知觉以意义。

颜色知觉依赖于光的波长,形状知觉依赖于物理的原始特性和线条朝向,均属于自下而上(bottom-up)的知觉加工。自下而上的知觉加工也叫数据驱动加工或外源性注意,其主要依赖于直接作用于感官的刺激物的特性或源于呈现刺激凸显的外部物理特性。自下而上的知觉加工是一种被动的自动加工方式,是由于视觉输入刺激不同于周围其他刺激的凸显物理特性所导致的。

知觉理解性是指人们凭借自身已有的知识经验去理解和解释事物以使其具有一定的意义。关于形状知觉,人们基于自身经验倾向于将盾牌联想为防御功能,那么与尖锐形态的图形相比,盾牌这种偏圆润形态的形状易让用户产生安全感;关于颜色知觉,一些产品的色彩设计基于用户的理解,可以产生警示感和稳重感,但也会让用户产生不安感,例如明亮、高纯度的暖色调(红色、黄色等)易让用户产生危险感,而暗淡、低纯度的冷色调易让用户产生可靠感;另外,大小知觉基于用户对其的理解,夸张的大尺寸可能让用户产生敬畏感,而舒适的尺寸则易让用户产生可控感。

知觉选择性是指个体根据自己的需要与兴趣,有目的地把某些刺激信息或刺激的某些方面作为知觉对象,而把其他事物作为背景进行组织加工的过程。警告作为传递危险信号的标识,个体在知觉到警告时就应该使其与背景分离,以便用户对警告信息进行知觉加工。这就需要在传达危险信号时要具有普遍性、即时性和全面性。独特的形状、颜色凸显以及夸张的尺寸这些物体的基本特征在视觉搜索中会表现出高凸显性,在第一时间进入视线范围就会引起用户注意,以保障警告信息的传达。

2.4　认知与交互设计原则

认知是人们在进行日常活动时发生于头脑中的事情,主要是认识过程,如注意、知觉、表象、记忆、思维和语言等。认知心理学在人机交互设计方面具有非常重要的作用,是人机交互技术的重要理论基础。认知心理学相关研究是针对人们如何获得外部世界信息来开展的,信息在人脑内如何表示并转化为知识,知识怎样存储又如何用来指导人们的注意和行为,涉及心理活动的全部过程——从感觉到知觉、识别、注意、学习、记忆、概念的形成、思维、表象、回忆、语言、情绪和发展过程。

2.4.1　常见的认知过程

感觉和认知包括亮度、色彩、视错觉等,感知是通过人体器官和组织进行人与外部世界的信息的交流和传递的过程,人的认知是人们在进行日常活动时发生于头脑中的事情,它涉及思维、记忆、学习、幻想、决策、看、读、写和交谈等。人的感知是认知的基础,认知是将感知获取的信息进行综合运用的过程,认知过程是相互联系的,单纯的一个认知过程是非常少见的。下面将详细描述与交互设计相关的几种主要的认知过程,并根据各认知特点归纳总结出进行人机交互界面设计时应注意的一些问题。

1. 视觉

视觉感知是人与周围世界发生联系的最重要的感觉通道。外界 80% 的信息都是通过视觉得到的,因此视觉显示是人机交互系统中用的最多的人机界面。

一般人能够在 2 m 内分辨 2~20 mm 的细节,这个为我们设计界面字符大小和间距提供了依据。

根据视觉的特点,视觉设计须遵循的原则如下。

① 选用最适宜的视觉刺激维度作为传递信息的代码,并将视觉代码的数目限制在人的绝对辨识能力允许的范围内。

② 使显示精度与人的视觉辨认能力相适应。

③ 尽量采用形象直观且与人的认知特点相匹配的显示格式。

④ 对同时呈现的相互关联的信息尽可能实现综合显示,以提高显示效率。

⑤ 目标与背景之间要有适宜的对比关系,包括亮度对比、颜色对比和形状对比等。

⑥ 具有良好的亮度条件,以保证对目标的准确辨认。

⑦ 根据任务的性质和使用条件,确定视觉显示的尺寸。

心理学家近年来提出了许多色彩与人类心理关系的理论。他们指出每一种色彩都具有象征意义,当视觉接触到某种颜色时,大脑神经便会接收色彩发送的信号,色彩是艺术表现的要素之一,在界面设计中,根据和谐、均衡和重点突出的原则,将不同的色彩进行组合、搭配来构成美丽的页面。

视错觉同样会对界面产生影响,它是指让人们观察物体时,基于经验主义或不当的参照形成的错误判断和感知。比如:人们总会夸大水平线而缩短垂直线;人们经常把对称页面的中心看得稍微偏上些,如果页面以实际中心为基准排版设计,人们就会感到页面上部分比下部分要短,影响视觉效果。所以,在实际设计过程中,设计者就会以视觉中心为基准设计网站图形界面。

2. 听觉

随着多媒体应用的深入,听觉发挥的作用越来越大,听觉感知传递的信息仅次于视觉,可人们一般都低估了这些信息。人的听觉可以感知大量的信息,但被视觉关注掩盖了许多。听觉所涉及的问题和视觉一样,即接受刺激,把它的特性转化为神经兴奋,并对信息进行加工,然后将其传递到大脑。与视觉通道相比,听觉具有易引起人的注意、反应速度快和不受照明条件限制等突出的优点。

优化听觉的设计应遵循的原则如下。

① 听觉刺激所代表的意义一般应与人们已经习惯的或自然的联系相一致。

② 信号的强度应高于背景噪声,要保持足够的信噪比,以防止声音掩蔽效应带来的不利影响。

③ 当显示复杂的信息时,可采用两级信号。第一级为引起注意的信号,第二级为精确指示的信号。

3. 阅读

当进行界面设计时,文字符号的处理,特别是文字的排版和显示,也要根据人们的视觉感知特点,找出其中的一些规律。阅读分为以下几个阶段。

① 页面上文字的形状被人眼感知。

② 文字被编码成相关的内部语言表示。

③ 语言在人脑中被解释成有语法和语义的单词或句子。成年人阅读是通过字的特征(如字的形状)加以识别的。改变字的显示方式(如用大写字母、改变字体等)会影响到阅读的速度和准确性。比如,9～12 号的标准字体(英文)更易于识别,页面的宽度在 58～132 mm 之间阅读效果最佳。在明亮的背景下显示灰暗的文字比在灰暗的背景下显示明亮的文字更能提高人的视敏度,增强文字的可读性。

2.4.2 认知过程与交互界面设计原则

认知涉及多个特定类型的过程,包括关注和识别、记忆、学习、阅读、说话和聆听、解题、规划、推理和决策。许多认知过程是相互依赖的,一个活动可同时涉及多个不同的过程,只涉及一个过程的情况非常罕见,例如,人们在选购商品时就涉及关注、感知、识别、说话、思考、决策等过程。

1. 关注

关注就是在某个时刻,从众多可能的事物中选择一个,并把精力集中在这个事物上。关注涉及听觉和视觉。与关注相关的因素主要是目标,即确切知道需要找什么,人们就可以把获得的信息与目标相比较。由于人的关注特点,人们在设计交互界面时应做到:

① 信息的显示应醒目,以便执行任务时使用,可使用动画图形、彩色、下划线,对条目及不同的信息进行排序,在条目之间使用间隔符等。

② 避免在界面上安排过多的信息,尤其要谨慎使用色彩、声音和图像,人们倾向于使用过多的这类表示,而导致界面混杂,分散用户的注意力,让用户反感。朴实的交互界面更容易使用。

2. 记忆

记忆就是回忆各种知识以便采取适当的行动。记忆过程有 3 个环节。

① 识记:相当于信息的输入和编码过程,也就是使不同感官输入的信息,经过编码而成为头脑可接受的形式。

② 保持:相当于信息的储存,即信息在头脑中被再加工整理,使其成为有序的组织结构,以便储存。

③ 再认和回忆:再认和回忆相当于信息的提取,编码越完善,组织越有序,提取也就越容易,反之,提取越困难。

考虑人的记忆特点,进行交互界面设计时应该注意的问题有:

① 应考虑用户的记忆能力,勿使用过于复杂的任务执行步骤。由于用户长于"识别"而短于"回忆",所以在网站交互设计中,应使用菜单、图标,且它们的位置应保持一致。

② 为用户提供多种电子信息(如文件、邮件、图像)的编码方式,并且通过颜色、标志、时间戳、图标等,帮助用户记住它们的存放位置。

3. 学习

人们不喜欢采用按部就班式的学习方式,而喜欢"边学习边实践"的方式。直接操作界面就能很好地支持这种方式,其不但能提供交互式讲解,还允许用户"撤销"自己的操作,为了有利于学习,交互界面设计应遵循以下原则。

① 应能激发对用户界面使用的探索。

② 应限制可选项,并引导用户选择合适的动作。

③ 把具体表示与待学习的抽象表示相联系。

4. 解题、规划、推理和决策

人的思维认知能力取决于在相关行业的经验以及对应用和技能的掌握程度。新手往往只具备有限的知识,在一开始他们可能会频频犯错、操作效率低,也可能因为直觉错误,或者由于缺乏预见能力而采取一些不合理的方法。相比之下,专家们则具备更丰富的知识和经验,且能够选择最优的策略来完成任务。他们也具备预见能力,能够预见某个举动或解决方案会有什么样的结果。

为了留住浏览者,让用户在使用的过程中尽量少犯错误,应考虑在界面中隐藏一些附加信息,专门供那些希望学习如何更有效地执行任务的用户访问。

优秀的交互界面设计会使用户非常容易愉快地使用,引起用户良好的沟通情绪,提高操作效率,提高用户的使用兴趣,从而让用户有更好的使用体验。

2.5 分布式认知

分布式认知就是一种在认知心理学的基础上发展而来的学习理论,它突显出立足个体的分析单元中不可能看到的认知现象。

传统认知观把认知看成局部性现象,局限在个体层次上,这极大地限制了对在个体层面上不可见的一些有意义因素的关注。分布式认知则突破了这种局限,并形成了如下基本观点。

一是以功能系统为分析单位,凸显人工制品的地位。分布式认知的"分布"指认知涉及的范围。传统认知强调个体认知,分布式认知则考虑了参与认知活动的全部因素,认为认知活动是在系统水平层面的互动,是基于共同目标的有效交流过程,不仅是个别因素之间的局部联系。

二是认为认知具有广泛的分布性,强调系统内因素的交互作用。在功能系统中,分布式认知认为知识分布于内部与外部表征中,具体体现于系统各个要素之中。

三是强调信息的分享。研究发现,交流是分布式认知的必备条件,个体知识只有通过向他人表征,把知识可视化与团体分享,才能成为团体可用的知识。分布式认知要求各要素间通过有意义的途径共享信息。信息的共享是有效交互的重要前提,为了获得更多信息,个体将采取多种方式与其他要素进行交互。

1. 分布式认知的概念

"分布式"最早被应用于计算机领域,研究如何将需要复杂计算的问题进行分布式处理以得出结论。由此可认为,分布式认知即认知分布式化,借助工具、环境等对某一认知分成若干小的认知,从而形成综合认知。以艾德文・哈金斯(Edwin Hutchins)为代表的研究组对分布式认知理论的定义为:"一门研究认知活动如何分布在人脑内部及外部认知辅件之间,如何分布在人类群体之间,以及如何在时间和空间中分布的理论。"即分布式认知是认知过程中所有参与要素综合认知的系统单元,其广泛分布于个体、环境、介质、社会等之中。分布式认知并不否定个体认知,其强调的是认知多元分布的客观存在。认知科学也认同并非所有认知都是分布式的,如高级知识、高级技术和最基本的认知情境等本就存在于个体的内部。因此,所罗门(Solomon)提出了个体与分布式认知交互模型,在该模型中,每个要素既互相独立又相互交叉影响,形成了螺旋发展的过程,如图 2-8 所示。

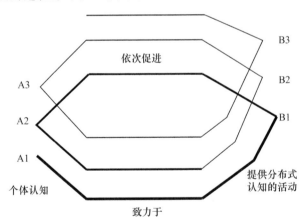

图 2-8　个体认知和分布式认知的交互关系

2. 分布式认知的特点

分布式认知认为认知不但分布于人体大脑,也分布在其他个体、人工制品、所处环境、文化等之间,有如下特点。

(1)以系统为分析单元

不同于传统认知观,分布式认知强调的分析单元是一整套由个体、环境、人工制品等所有参与认知的事物所组成的认知系统。组成该系统分析单元的各个要素共同参与到认知过程中,它们的关系并不是简单叠加,而是交互的,最终实现"1+1>2"的效果。应用于教育领域的观点是,学习者在认知建构知识的过程中不应只注重学习者个体内的知识建构,也要注重学习者之间、学习工具、学习环境、学习支持等涉及认知学习的一切事物。

（2）关注交互活动

分布式认知以分析个体间的交互、环境、人工制品(如媒介、使用手册、软件)以及各要素之间的交互活动来解释认知现象。这些交互活动包括个体活动、个体间的交互活动,以及个体与人工制品间的交互活动和他们与工具及环境间的交互活动,分布式认知认为分析单元系统中各要素之间彼此依赖才能完成认知活动任务。

（3）关注表征状态的传播与转换

分布式认知强调以不同的表征工具储存与展示,认为认知活动是以不同媒介之间的表征系统传播而发生的运算,即分布式认知并不以单一的形式传播认知,而是多种方式共同参与或者以不同的方式转换,知识和观点的表达与传播并不是单一线性的,而是多元的。

（4）重视人工制品

分布式认知理论十分重视人工制品,认为人工制品与人同等重要,它为认知主体分担认知负荷,拓展了能力,可以转换复杂任务,使之更显著和易于解决。此外,使用人工制品能够提供认知留存,当无法继续使用时,认知留存仍能帮助认知主体完成任务。

（5）强调信息共享

分布式认知强调参与认知过程的各个要素之间要充分协作、实现信息共享,这是系统完成协作的基础。实现认知单元共同体互相协作,提高认知工作效率。个体通过互动交流,向他人进行信息表征,实现协作共同体中的认知信息可视化和有效信息共享,进而使共同体掌握该认知信息。共享、交互、交流是分布式认知的核心要义。

（6）强调信息技术的使用

科学技术和互联网的发展使人们越来越多地使用网络工具来获取信息,分布式认知强调使用信息技术,以发展人工制品,从软件与硬件层面进一步推动认知的多元化分布。

3. 分布式认知与人机交互

分布式认知理论重视在认知交互中的知识共享,知识共享的过程就是认知表征状态在不同的系统要素以及制品间进行传播与转换计算的过程,并且这一过程它具有超越任何单个认知主体或制品的特点,即认知的表征状态以及过程除了包括个体大脑中的内部表征,还包括外部表征等。由此看来,功能系统的认知过程其实就是制品、个体等之间的表征状态进行传播、转换计算并进行衍生的过程。

分布式认知理论认为,认知是通过内部表征和外部表征之间的传播和转移发生的,因此各种不同表征系统或表征状态之间的交互是产生知识的重要条件,这些交互包括信息表征格式的转换、非语言交流、会话、在内外部表征结合的基础上构建新的表征等。另外,内外部表征之间的交互也不是孤立不变的,受不断变化环境的影响。

结合上面的分析,分布式认知理论对设计人机交互环境的隐喻主要有以下几点。

① 实践共同体的活动是具有重要价值的分布式认知活动。它不仅符合人类认知的分布式特点,而且还有助于发展用户的高阶能力。

② 在分布式认知理论中,人和制品具有同等重要的作用,个体和群体、共同体同样重要,人和人工制品能形成合成的认知力量,是最为理想的认知方式。我们需要认真考虑的问题是:在一个技术日渐丰富的环境当中,人和人工制品该创造一种什么样的关系,什么样的模式能够最大限度地发挥个体、人工制品、共同体的力量。

③ 交流是实现分布式工作、达到分布式认知效果的必然方式。系统所有要素间的有效交流是实现分布式认知的根本性途径。再者集体智慧不属于任何单一的个体和制品。分布式认知要求用户充分使用各种制品表达自己的观点,最终达到交流的目的。

习　题

1. 区别感知和认知。
2. 知觉的特性有哪些?
3. 请举例说明影响认知的因素有哪些。
4. 请列举一些日常生活中不同感官在交互体验中的应用。
5. 请设计一个小实验来测试自己的短期记忆,并在朋友和其他熟人中进行测试,对结果进行比较。
6. 分布式认知的特点包括哪些?

思 政 园 地

发扬工匠精神,近年我国在机器人领域成就喜人

近年来,我国机器人技术取得了巨大的成就,很多重大工程应用享誉海内外,极大地提升了国人的自豪感。例如,中国天眼(500 m 口径球面射电望远镜 FAST)采用了并联机器人技术来驱动,而这离不开"中国天眼之父"南仁东对梦想的执着追求和坚守。南仁东放弃国外的高薪和优越的环境,历尽艰辛,终于建成了属于我国的大口径射电望远镜,极大地提升了我国在天文和科技领域的国际话语权。2021 年 6 月,备受瞩目的中国空间站迎来了 7 自由度机械臂,它可以用于空间站的日常检查、维护,也可以用于对接飞船、捕获卫星等,这让中国空间站如虎添翼。此外,我国的嫦娥系列月球探测车、蛟龙号载人潜水器等重大工程实践,机器人及其技术都在其中发挥着重大作用。

这些重大工程项目的成功,离不开科学家和工程师的艰苦奋斗,展现了爱国奉献和精益求精的大国工匠精神。他们的爱岗敬业精神、家国情怀和人格魅力值得世人学习。

第3章 交互设备

随着人机交互技术的不断发展，人与计算机的自然的、多模态的交互技术已经进入白热化的阶段。多样化的输入、输出设备丰富了人机交互的发展，尤其伴随着 VR、AR 及由此产生的 XR 技术的发展，智能化交互设备成了新兴行业。数据手套、力觉反馈装置等将传统的视觉感知、听觉感知进一步丰富到触觉感知、沉浸式体验。现如今基本都是基于介质来做手部交互的，未来，裸手交互将会是 AR/MR 时代的"圣杯"。

3.1 输入/输出设备

3.1.1 文本输入设备

文本输入是人与计算机传递信息的重要方式，同时也是一项繁重的工作。目前，键盘输入依然是大量文本输入的主要方式。随着识别准确率的提高，手写和语音输入等一些更自然的交互方式也逐渐普及。

1. 键盘

键盘是计算机中最传统、最普遍的输入设备之一。它一般由按键、导电塑胶、编码器以及接口电路等组成。键盘的每个按键都对应一个编码，当用户按下一个按键时，导电塑胶将线路板上的这个按键的排线接通，键盘中的编码器能够迅速将此按键所对应的编码通过接口电路输送到计算机的键盘缓冲器中，由计算机识别处理。

键盘布局的好坏是影响键盘输入速度和准确性的一个重要因素。然而，目前最为常见的键盘布局仍然是 19 世纪 70 年代为机械打字机设计的 QWERTY 键盘布局。"QWERTY"来源于该布局方式的字母键最上面一行的前 6 个英文字母，如图 3-1 所示。QWERTY 键盘布局方式的最初设计目的是最大限度地延缓用户的按键速度，以缓解机械打字机的卡键问题，虽然现在的计算机键盘早已不存在此问题，但 QWERTY 键盘布局作为一种习惯仍被保留了下来。

在键盘布局短期内不会出现革命性改变的情况下，人性化设计的多功能集成键盘已经屡见不鲜。有的设计在键盘中集成了鼠标、无线等功能，在键盘布局以及外观设计方面，针对游戏、上网浏览等常用娱乐功能做了改进，如在键盘两端增加了手柄来模拟方向盘，或添加游戏摇杆等；有的键盘设计了各种方便上网的快捷键；有的键盘设计融合了人体工程学概念，它在标准键盘的基础上将指法规定的左手键区和右手键区这两大板块左右分开，并形成一定角度，这样可使操作者不必有意识地夹紧双臂，从而保持一种比较自然的形态。图 3-2 展示了两种人体工程学键盘。

图 3-1　QWERTY 键盘布局

(a)　　　　　　　　　　　　　　　　　　　(b)

图 3-2　人体工程学键盘

2. 手写设备

从社会科学、认知科学的角度来看,手写输入更符合人的认知习惯,是一种自然高效的交互方式。常见的手写输入设备有手写板、手写笔、手写汉字识别软件等。

手写板支持使用专用的笔或手指在特定的区域内书写文字。手写板能够记录笔或手指走过的轨迹,然后将其识别为文字。此外,手写板还具有压力感应功能,即除了能检测出用户是否划过了某点外,还能检测出用户划过该点时的压力有多大,以及倾斜角度是多少。这样,用户还可以把手写笔当作画笔进行书法书写、绘画或签名等,如图 3-3 所示。目前,手写板主要有 3 类:电阻式压力手写板、电磁式感应手写板和电容式触控手写板。

图 3-3　手写板

电阻式压力手写板由一层可变形的电阻薄膜和一定固定的电阻薄膜构成,中间由空气相隔离。当用笔或手指接触手写板时,上层电阻受压变形并与下层电阻接触,下层电阻薄膜就能感应出笔或手指的位置。电阻式压力手写板的实现原理简单,但存在如下缺点:①由于通过感应材料的变形判断位置,所以感应材料易疲劳,使用寿命较短;②感应不是很灵敏,使用时压力不够则没有感应,压力太大时又易损伤感应板。

电磁式感应手写板通过在手写板下方的布线电路通电后,在一定空间范围内形成电磁场,来感应带有线圈的笔尖的位置进行工作。这种技术目前被广泛使用,使用者可以用它进行流畅的书写、绘图。电磁式感应手写板的缺点是:①对电压要求高,如果使用的电压达不到要求,就会出现工作不稳定或不能使用的情况;②抗电磁干扰能力较差,易与其他电磁设备发生干扰;③手写笔笔尖是活动部件,使用寿命短;④必须用手写笔才能工作,不能用手指直接操作。

电容式触控手写板通过人体的电容来感知手指的位置,即在使用者的手指接触到触控板的瞬间,就在触控板的表面产生了一个电容。在触控板表面附着有一种传感矩阵,这种传感矩阵与一块特殊芯片一起,持续不断地跟踪着使用者手指电容的"轨迹",经过内部一系列的处理,从而能够每时每刻精确定位手指的位置,其 x、y 坐标的精度可高达每毫米 40 点。同时根据压力引起的电容值的变化测量手指与触控板间距离,确定 z 坐标,目前主流的电容式触控手写板可达 512 级压感。因为电容式触控手写板所用的手写笔无须电源供给,所以其特别适合于便携式产品。

除了压感级数,精度和手写面积也是手写板的通用评测指标。精度指单位长度上所分布的感应点数,精度越高对手写的反映越灵敏,对手写板的要求也越高。书写面积则是手写板的一个很直观的指标,手写板区域越大,书写的回旋余地就越大,运笔也就更加灵活方便,输入速度往往会更快。

手写笔分有线和无线两种,手写笔一般带有两三个按键,其功能相当于鼠标按键。除了硬件外,手写笔和手写板的另一项核心技术是手写汉字识别软件,目前各类手写笔的识别技术都已相当成熟,识别率和识别速度也能够满足实际应用的要求。

3.1.2 图像/视频输入设备

1. 二维扫描仪

二维扫描仪是一种被广泛应用于计算机的输入设备。作为光电、机械一体化的高科技产品,自问世以来以其独特的数字化"图像"采集能力、低廉的价格以及优良的性能,得到了迅速的发展和广泛的普及。扫描仪从 20 世纪 80 年代诞生至今,其种类已经发展为手持式(如图 3-4 所示)、滚筒式(如图 3-5 所示)和平板式(如图 3-6 所示)三大类,目前,平板式扫描仪为市场主流。

图 3-4 手持式扫描仪

图 3-5 滚筒式扫描仪

(a)

(b)

(c)

图 3-6　平板式扫描仪

扫描仪由光学系统和步进电机组成。光学系统将光线照射到稿件上,产生的反射光或透射光经反光镜组反射到图像传感器(Charge Coupled Device,CCD)中,CCD 将光电信号转换成数字图像信号。步进电机控制光学系统在传动导轨上平行移动,对待扫稿件逐行进行扫描,最终完成全部稿件的扫描。对于彩色图像扫描,通常使用 RGB 三色滤镜,分别生成对应于红(R)、绿(G)、蓝(B)三基色的 3 幅单色图像,然后将这 3 幅图像进行合成。图 3-7 给出了二维扫描仪的工作原理示意图。

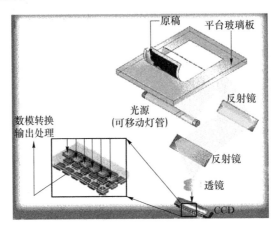

图 3-7　二维扫描仪的工作原理示意图

扫描仪的性能指标主要包括扫描速度、分辨率等。扫描速度决定了扫描仪的工作效率,分辨率决定了最高扫描精度。扫描仪分辨率受光学部分、硬件部分和软件部分三方面因素的共同影响。在扫描图像时,扫描分辨率越高,生成的图像效果越精细,图像文件也越大。

2. 数字摄像头

摄像头作为一种视频输入设备,被广泛应用在视频聊天、实时监控等方面。摄像头可分为数字摄像头和模拟摄像头两大类。数字摄像头可将视频采集设备产生的模拟视频信号转换成数字信号,进而将其存储在计算机里。模拟摄像头捕捉到的视频信号必须经过特定的视频捕捉卡将模拟信号转换成数字模式,并加以压缩后才可以转换到计算机上运用。

数字摄像头可以直接捕捉影像,然后通过计算机的串口、并口或者 USB 接口将其传送到计算机。同数码相机或数码摄像机相比,数字摄像头没有存储装置和其他附加控制装置,只有一个感光部件、简单的镜头和数据传输线路。其中,感光元器件的类型、像素数、解析度、视频速度以及镜头的好坏是衡量数字摄像头的关键因素。

感光元器件主要包括 CCD 和 CMOS(附加金属氧化物半导体组件)两种。在相同像素下，CCD 的成像往往通透性、敏锐度都很好，色彩还原、曝光可以保证基本准确，而 CMOS 的特点是制造成本和功耗低。目前，CCD 应用在摄像、图像扫描等对于图像质量要求较高的领域中，而 CMOS 则大多应用在一些低端视频领域中。

像素数是影像图像质量的重要指标，也是判断摄像头性能优劣的重要条件。早期产品以 10 万像素的居多，目前则以百万像素的为主。

解析度是数字摄像头比较重要的技术指标，又有照相解析度和视频解析度之分。在实际应用中，一般是照相解析度多于视频解析度。数字摄像头通常支持多种视频解析度，如 640×480、352×288、320×240、176×144、160×120 等。

视频速度和视频解析度是直接相关的，基本成反比关系，如 640×480 的解析度可达 12.5 帧/s，352×288 的解析度可达 30 帧/s，可真正获取流畅的视频。

影响镜头性能的重要因素是它的调焦范围以及灵敏性等，好的摄像头应该有较为宽广的调焦范围和较高的灵敏性。

3.1.3 三维输入设备

随着信息和通信技术的发展，人们在生活和工作中接触到越来越多的三维几何信息。在逆向工程、虚拟现实、影视动漫等诸多领域，物体的三维几何建模是必不可少的。三维扫描仪通过对实物进行扫描的方式支持三维几何建模；动作捕捉设备支持捕捉用户的肢体、表情动作，辅助建立运动模型；体感输入设备支持通过简易的方式识别自然状态下的用户运动。本小节将重点讲述前两种，体感输入设备将在 3.4 节介绍。

1. 三维扫描仪

根据传感方式的不同，三维扫描仪主要分为接触式和非接触式两种。

接触式的三维扫描仪采用探测头直接接触物体表面，把探测头反馈回来的光电信号转换为描述物体表面形状的数字信息。该类设备主要以三维坐标测量机为代表。其优点是具有较高的准确性和可靠性，但也存在测量速度慢、费用较高、探头易磨损等缺点。

非接触式的三维扫描仪主要有三维激光扫描仪与结构光式三维扫描仪等(如图 3-8 所示)。这类设备的优点是扫描速度快，易于操作，对物体表面损伤少。一般地，三维激光扫描仪可达 5 000～10 000 点/s 的速度，而结构光式三维扫描仪一般在几秒内便可以获取数百万的测量点。

图 3-8　结构光式三维扫描仪

三维激光扫描仪通过高速激光扫描测量技术,获取被测对象表面的空间坐标数据。常采用飞行时间(Time-of-Flight,TOF)测量法或三角测量法进行深度数据获取。

(1) TOF 测量法

通过激光二极管向物体发射近红外波长的激光束,通过测量激光在仪器和目标物体表面的往返时间,计算仪器和点间的距离,从而计算出目标点的深度(如图 3-9 所示)。TOF 设备已被高度集成化为专业集成电路芯片,用于生产商用深度照相机(range camera),后文中描述的微软公司第二代体感深度照相机 Kinect II 就采用了 TOF 测量法。

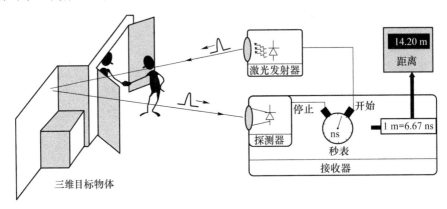

图 3-9 TOF 深度测量原理图

(2) 三角测量法

三角测量法是一种线扫描技术,通过线激光器向被测物体投射一条激光亮线,激光线受到物体表面形状的调制,形成反映物体表面轮廓的曲线,利用扫描仪内置的摄像头拍摄曲线图像,根据线激光器与摄像机之间的三角关系,根据双目视觉方法,反求出激光亮线处物体的深度信息。通过利用机械装置或手执扫描方式对被测物体进行完整扫描,就可以形成物体的三维深度模型。

另一类非接触式三维扫描仪是结构光式三维扫描仪,其利用一种扫描技术,通过投影仪向被测物体投射光栅模板图像,如正弦条纹光栅图像,正弦光栅在物体表面发生调制变形,其周期与相位的变化反映了物体表面的三维信息。通过相机拍摄物体表面的正弦光栅图像,检测出相位变化值,再利用双目视觉方法计算出三维数据。

三维扫描仪的性能指标主要包括扫描的速度、精度以及范围等。目前主流的三维扫描仪可以在几秒内完成一次扫描,扫描精度可以达到 0.03 mm,扫描范围可以达到半米左右宽度,支持 300～500 mm 景深。

在实际应用中,需要使用三维扫描仪进行多方向多次的扫描,从而获取尽可能全面的表面数据,然后使用建模软件对多次扫描得到的面片进行拼接合成,利用数码相机拍摄物体表面纹理信息,再将其作为三维模型的材质贴到模型表面,从而得到高清晰的彩色三维模型数据。

通常,扫描大小在 5 m 以内的物体(如机械零部件)时,由于精度的要求,采用近程三维扫描仪。对大小在 5 m 以上的物体(如文化遗迹)进行数字化时,则需要远程三维扫描仪。

全方位三维扫描仪使用多个扫描仪构成三维扫描系统,配合软件,实现全方位的快速扫描。例如,通过安置三个双视野(近程扫描＋远程扫描)扫描仪构建的全方位扫描仪可以快速、准确地获取人体整体模型以及面部表情等局部细节模型等,可满足动漫、游戏等创作需求。其中,双视野扫描仪支持同时获取精细的小视野和较粗糙的大视野,分别用于头部和半身建模。

全方位三维扫描仪支持一次捕获建立模型所需的信息,不需要额外的数据校正,因而可以大大地提升制作效率。

2. 动作捕捉设备

动作捕捉(也称为 mo-cap)指通过数字手段记录人员运动的过程。20 世纪七八十年代,动作捕捉开始作为生物力学研究中的摄影图像分析技术,随着技术的日渐成熟,该技术开始拓展到娱乐、体育、医疗应用、人体工程学和机器人技术领域,甚至新兴的虚拟主播/虚拟直播领域。例如,制作电影和开发游戏时,记录演员动作并将其用于动画或视觉效果,如电影历史上一部非常出色的电影《阿凡达》(如图 3-10 所示)就大量应用了动作捕捉技术,需要加入全身、面部和手指或微表情捕捉内容时,也称作表演捕捉;在体育训练上,动作捕捉技术可以捕捉运动员在运动过程中的位移、速度、加速度、力以及肌电信号等量化信息,结合机器学习技术和人体生物力学原理,可以从量化角度去分析运动员的动作并提出科学的改进方法。因此应用于人体的动作捕捉技术具有广阔的应用前景和巨大的商用价值。

图 3-10 动作捕捉技术在电影《阿凡达》中的应用

动作捕捉设备在运动物体的关键部位设置跟踪点,由系统捕捉跟踪点在三维空间中运动的轨迹,再经过计算机处理后,得到物体的运动数据。动作捕捉系统通常由硬件和软件两部分构成。硬件包含传感器、信号捕捉设备、数据传输设备和数据处理设备;软件包含系统设置、空间标定、动作捕捉、数据处理及 3D 模型映射模型等功能模块。动作捕捉系统有机械链接、磁传感器、光传感器、声传感器和惯性传感器。每种技术各有优劣。

(1)机械式动作捕捉

机械式动作捕捉依靠机械装置来跟踪并测量运动轨迹,它将欲捕捉的运动物体与机械结构相连,物体运动带动机械装置,从而被传感器实时记录下来,如图 3-11 所示。典型的系统由多个关节和刚性连杆构成一个"可调姿态的数字模型",其形状可以模拟人体,也可以模拟其他动物或物体。使用者可根据剧情的需要调整模型的姿态,然后锁定。角度传感器测量并记录关节的转动角度,依据这些角度和模型的机械尺寸,可计算出模型的姿态,并将这些姿态数据传给动画软

图 3-11 机械式动作捕捉设备

件,使其中的角色模型也做出一样的姿态。这是一种较早出现的动作捕捉装置,但直到现在仍有一定的市场。

这种方法的优点是成本低,精度也较高,可以做到实时测量,还可容许多个角色同时表演。但其缺点也非常明显,主要是使用起来非常不方便,机械结构对表演者的动作阻碍和限制很大,较难用于连续动作的实时捕捉,主要用于静态造型捕捉和关键帧的确定。

(2) 声学式动作捕捉

常用的声学式动作捕捉装置由发送器、接收器和处理单元组成。发送器是一个固定的超声波发生器,接收器一般由呈三角形排列的 3 个超声探头组成。通过测量声波从发送器到接收器的时间或者相位差,系统可以计算并确定接收器的位置和方向。

这类装置成本较低,但对动作的捕捉有较大延迟和滞后,实时性较差,精度一般不是很高,声源和接收器间不能有大的遮挡物体,受噪声和多次反射等的干扰较大。由于空气中声波的速度与气压、湿度、温度有关,所以还必须在算法中做出相应的补偿。

(3) 电磁式动作捕捉

电磁式动作捕捉系统由发射源、接收传感器和数据处理单元组成。发射源在空间产生按一定时空规律分布的电磁场;接收传感器(通常有 10～20 个)安置在表演者身体的关键位置,表演者在电磁场内表演时,接收传感器将接收到的信号通过电缆传送给数据处理单元,根据这些信号可以解算出每个传感器的空间位置和方向。

这类装置的优点首先是它记录的是六维信息,即不仅能得到空间位置,还能得到方向信息,这一点对某些特殊的应用场合很有价值;其次是速度快、实时性好,便于排演、调整和修改,装置的定标比较简单,技术较成熟,鲁棒性好,成本相对低廉。但该系统对环境要求严格,在表演场地附近不能有金属物品,否则会造成电磁场畸变,影像精度,系统允许表演范围比光学式要小,特别是电缆对表演者的活动限制比较大,对于比较剧烈的运动和表演则不适用。

(4) 光学式动作捕捉

光学式动作捕捉通过对目标上特定光电的监视和跟踪来完成动作捕捉的任务。典型的光学式动作捕捉系统通常使用 6～8 个相机,它们环绕表演场地排列,这些相机的视野重叠区域就是表演者的动作范围。为了便于处理,通常要求表演者穿上单色的服装,在身体的关键部位,如关节、髋部、肘、腕等位置贴上一些特制的标志或发光点,称为"Marker",视觉系统将识别并处理这些标志,如图 3-12 中人物身上白色的点。系统定标后,相机连续拍摄表演者的动作,并将图像序列保存下来,然后再进行分析和处理,识别其中的标志点,并计算其在每一瞬间的空间位置,进而得到其运动轨迹。为了得到准确的运动轨迹,相机应有较高的拍摄速率,一般要达到每秒 60 帧以上。如果在表演者的脸部表情关键点上贴上 Marker,则可以实现表情捕捉。大部分表情捕捉都采用光学式。现阶段研究人员正在研究不依靠 Marker 而应用图像识别、分析技术,由视觉系统直接识别表演者身体关键部位并测量其运动轨迹的技术。

光学式动作捕捉系统根据添加和识别标记点的方式,又可分为无标记点式和标记点式、主动式和被动式光学式动作捕捉系统。

光学式动作捕捉的优点是表演者活动范围大,无电缆、装置或场地的限制,表演者可以自由表演,其采样速率较高,可以满足多数高速运动测量的需要,Marker 数量可根据实际应用购置添加,便于系统扩充。但该系统价格昂贵,它可以捕捉实时动作,但后处理(包括 Marker 的识别、跟踪与空间坐标的计算)的工作量较大。

(a)

(b)

图 3-12　光学式动作捕捉

（5）惯性动作捕捉

惯性动作捕捉是一种新型的人体动作捕捉技术，它采用无线动作姿态传感器采集身体部位姿态的方式，利用人体运动学原理恢复人体运动模型，同时采用无线传输的方式将数据呈现在计算机软件里。目前惯性设备大多是衣服式或者绑带式，如图 3-13 所示。基于惯性传感器进行姿态还原的动作捕捉设备，一般由 15～21 个惯性传感器（采用 MEMS 三轴陀螺仪、三轴加速度计和磁力计等惯性测量单元来测量传感器的运动参数）组成，传感器设备捕捉目标物体的运动数据，包括身体部位的姿态、方位等信息，再将这些数据传输到数据处理设备中，经过数据修正、处理后，最终建立起三维模型，并使得三维模型随着运动物体真正、自然地运动起来。

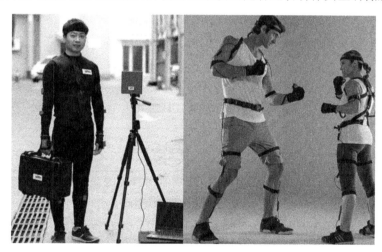

图 3-13　惯性动作捕捉设备

惯性动作捕捉系统采集到的信号量少，便于实时完成姿态跟踪任务，解算得到的姿态信息范围大，灵敏度高，动态性能好，对捕捉环境适应性强，不受光照、背景等外界环境的干扰，并且克服了光学动作捕捉系统摄像机监测区域受限的问题；克服了 VR 设备常有的遮挡问题，可以准确实时地还原如下蹲、拥抱、扭打等动作。此外，惯性动作捕捉系统还可以实现多目标捕捉。惯性动作捕捉系统中的惯性测量单元测得的运动参数可能会有噪声干扰，MEMS 器件可能会存在零偏移或漂移，无法长时间地对人体姿态进行精确的跟踪。

目前，动作捕捉的商用市场还是以光学动作捕捉技术为主导，能够利用惯性传感器开发人体全身动作捕捉系统的厂商屈指可数，足见惯性动作捕捉系统有着不可估量的巨大潜力，而以中国北京诺亦腾科技有限公司为首的惯性动作捕捉技术,填补了中国市场的空白,并开创性地把动作捕捉设备降低到了万元级内价位,图 3-14 所示为官网介绍。

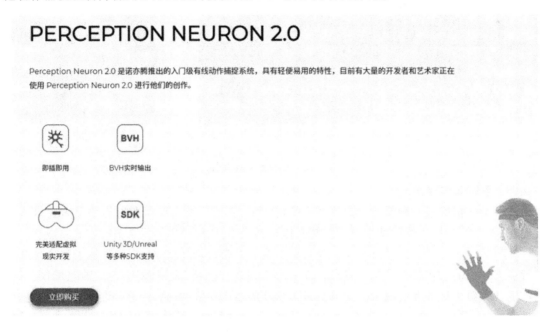

图 3-14　北京诺亦腾科技有限公司惯性动作捕捉系统

3.1.4　指点输入设备

指点输入设备常用于完成一些定位和选择物体的交互任务。对于台式计算机而言,鼠标依然是目前最常用的指点设备之一,但随着便携式计算机及移动智能终端的普及,鼠标的地位正面临着触控点指点输入设备的挑战。

1. 鼠标及控制杆

鼠标的使用使得计算机的操作更加简便,有效地代替了键盘的繁琐指令。按其工作原理的不同,鼠标可以分为机械鼠标和光电鼠标。机械鼠标主要由滚球、辊柱和光栅信号传感器组成。当拖动鼠标时,带动滚球转动,滚球又带动辊柱转动,装在辊柱端部的光栅信号传感器产生的光电脉冲信号反映出鼠标器在垂直和水平方向的位移变化。光电鼠标用光电传感器代替了滚球,通过监测鼠标器的位移,将位移信号转换为电脉冲信号,再通过程序的处理和转换来控制屏幕上鼠标箭头的移动。

无线鼠标和 3D 鼠标(如图 3-15 所示)是比较新颖的鼠标。无线鼠标最初是为了适应大屏幕显示器而生产的,其采用红外线信号或蓝牙信号来与计算机传递信息。3D 鼠标一般包含一个扇形底座和一个能够活动的轨迹球,具有全方位立体控制的能力,通过轨迹球可以实现前、后、左、右、上、下六自由度控制,适合三维内容创作或三维空间导航应用。

控制杆的历史很悠久,始于汽车和飞行器的控制装置。目前,计算机使用的控制杆有几十种样式,主要区别在于其不同的杆长及厚度、不同的位移力和距离、不同的按钮或挡板、不同的底座固定方案,以及相对于键盘和显示器的不同位置。

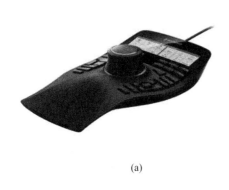

(a)　　　　　　　　　　　　　　　　(b)

图 3-15　3D 鼠标

控制杆的移动导致屏幕上光标的移动。根据两者移动的关系,可以将其分为两大类:位移定位和压力定位。对于位移定位的控制杆,屏幕上的光标依据控制杆的位移而移动,因而位移是非常重要的定位特征。而对于压力定位的控制杆,其受到的压力被转化为屏幕上光标的运动速度。游戏杆是一类较为常见的控制杆,在三维游戏中提供比传统键盘、鼠标更自然的交互方式。另外,有些笔记本计算机的键盘中央也有一个灵活小巧的控制杆,如图 3-16 所示,被形象地称为"keyboard nipple",也属于压力定位的控制杆。

图 3-16　带控制杆的键盘

2. 触摸屏

触摸屏(touch panel)又称为触控屏、触控面板,用户只需用手指轻轻触碰计算机显示屏上的图符或文字就能实现对主机进行操作。它是简单、方便、自然的一种人机交互方式,它是极富吸引力的全新多媒体交互设备。这种轻松的人机交互技术已被推向众多领域,除了应用于个人便携式信息产品(手机、平板电脑等)之外,还广泛应用于家电、公共信息查询(电子政务、银行、医院、电力等部门)、工业控制、军事指挥、电子游戏、多媒体教学等。

触摸屏的本质是传感器,它由触摸检测部件和触摸屏控制器组成。触摸检测部件安装在显示器屏幕前面,用于检测用户触摸位置,接收后送触摸屏控制器;触摸屏控制器的主要作用是从触摸点检测装置接收触摸信息,并将它转换成触点坐标送给 CPU,同时能接收 CPU 发来的命令并加以执行。根据传感器的类型,触摸屏大致被分为红外线式、电阻式、表面声波式和电容式触摸屏 4 种。

（1）红外线式触摸屏

红外线式触摸屏在显示器的前面安装一个电路板外框,电路板在屏幕四边排布红外发射管和红外接收管,一一对应形成横竖交叉的红外线矩阵。用户在触摸屏幕时,手指会挡住经过该位置的横竖两条红外线,因而可以判断出触摸点在屏幕的位置。其主要优点是价格低廉、安装方便,不受电流、电压和静电的干扰,适合某些恶劣的环境条件,由于没有电容充放电过程,响应速度比电容式快,但分辨率较低。

（2）电阻式触摸屏

电阻式触摸屏是一种传感器,通过转换触摸点的物理位置坐标(X,Y),得到代表 X 坐标和 Y 坐标的电压。电阻式触摸屏的屏体部分是薄膜加上玻璃的结构,玻璃与薄膜相邻的一面涂有透明的导电层(ITO)。当手指触摸屏幕时,两层 ITO 发生接触,导致电阻发生变化,经感应器传出相应的电信号,再经过转换电路送到运算器,通过运算转化为屏幕上的 X、Y 值,从而完成点选的动作,并最终在屏幕上呈现,图 3-17 所示为电阻式触摸屏工作原理示意图。

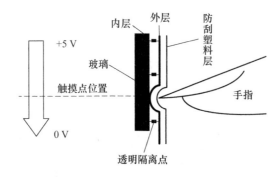

图 3-17　电阻式触摸屏工作原理示意图

电阻式触摸屏具有原理简单、工艺要求低、价格低廉的优势,但手感和透光性较差,适合佩戴手套和不能用手直接触摸的场合。

（3）表面声波式触摸屏

表面声波是一种沿介质表面传播的机械波。该种触摸屏上的角上装有超声波换能器,能发送一种高频声波跨越屏幕表面,当手指触及屏幕时,触点上的声波即被阻止,由此确定坐标位置。

表面声波式触摸屏不受温度、湿度等环境因素的影响,分辨率高,具有防刮、寿命长、透光率高等优点,但尘埃、水及污垢会严重影响其性能,需要经常维护。

（4）电容式触摸屏

电容式触摸屏利用人体的电流感应进行工作,在玻璃表面贴上一层透明的特殊金属导电物质,当有导电物体触碰时,就会改变触点的电容,从而可以探测出触摸的位置。但用戴手套的手或手持不导电的物体触摸时没有反应,这是因为增加了更为绝缘的介质。

3.1.5　输出设备

输出设备是计算机硬件系统的终端设备,把各种计算结果数据或信息以数字、字符、图像、声音等形式表现出来。常见的输出设备有显示器、打印机、绘图仪、影像输出系统、语音输出系统、磁记录设备等。

1. 显示器

常见的显示器包括阴极射线显像管（CRT）显示器、等离子显示器和液晶（LCD）显示器。

最早的显示技术为阴极射线显像管技术，它由德国物理学家 Karl Ferdinand Braun 发明，以 CRT 技术为基础的显像管成了后来黑白和彩色电视机中最重要的部件之一。

CRT 显示器的工作原理是将显像管内部的电子枪阴极发出的电子束，经强度控制、聚焦和加速后变成细小的电子流，再经过偏转线圈的作用向正确目标偏离，穿越荫罩的小孔或栅栏，轰击荧光屏上的荧光粉，使其发出光。彩色 CRT 光栅扫描显示器有 3 个电子枪，它的荧光屏上涂有 3 种荧光物质，分别能发出红、绿、蓝 3 种颜色的光。

CRT 技术的生命周期很长，直到 20 世纪 80 年代至 90 年代，才逐渐由第二代显示技术——液晶（LCD）和等离子（PDP）所取代。

等离子显示器采用了近几年高速发展的等离子平面屏幕技术。等离子显示器是由密封在玻璃膜夹层中的晶格矩阵（光栅）组成的，每个晶格都充有低压气体（低于大气压，通常是氖或氖氙混合气体）。在高电压的作用下，气体会电离解，即电子从原子中游离出来。由于电离解后的气体被称为等离子体，所以将这种显示器称为等离子显示器。当电子又重新与原子结合在一起时，能量就会以光子的形式释放出来，这时气体就会释放出具有特征的辉光。等离子显示器的主要特点是图像清晰逼真，在室外及普通居室光线下均可视，显示的图像不会出现扭曲变形的情况，显示尺寸可达 60 英寸（1 英寸＝2.54 cm），可用于家庭影院和高清晰度电视。其缺点是制造工艺复杂，导致价格较高。

液晶显示器的主要原理是液晶分子受到电压的影响，会改变其排列状态，并且可以让射入的光线产生偏转的现象。在实现过程中，由背光层荧光物质发射光线照射液晶层，液晶层中的液晶分子包含在细小的单元格结构中，一个或多个单元格构成屏幕上的一个像素，当 LCD 中的电极产生电场时，液晶分子就会产生扭曲，从而将穿越其中的光线进行有规则的折射，经过过滤在屏幕上显示出来。当电场移除消失时，液晶分子借着其本身的弹性及黏性，会还原到未加电场前的状态。液晶显示器的优点是图像清晰、画面稳定及功率低。现阶段，液晶显示器已经占据市场主流地位。

由于成像原理和制造工艺的不同，最初 LCD 主要用于小屏幕，而 PDP 则主攻 40 英寸及以上的大尺寸、高端显示市场（PDP 画面表现好，但价格贵）。因此在很长一段时间内，LCD 和PDP 这两种技术在行业中一度势均力敌。后来，半导体技术的快速发展让 LCD 技术在大尺寸屏幕中成为可能（成品率上升、成本降低），自此 LCD 一骑绝尘并在 2007 年前后成了显示市场的主流。而另一边，随着一直坚守等离子技术的松下在 2014 年 3 月底将等离子电视停产，PDP 也正式退出了历史舞台。

2. 打印机

打印机是一种通用的输出设备，其组成可分为机械装置和控制电路两部分。常见的打印机有针式、喷墨、激光打印机 3 类。

针式打印机与喷墨打印机的工作原理基本相同：计算机送来的代码经过打印机输入接口电路的处理后送至打印机的主控电路，在主控电路的控制下，产生字符或图形的编码，驱动打印头逐列进行打印；一行打印完毕后，启动走纸机构进纸，产生行距，同时打印头回车换行，打印下一行；上述过程反复进行，直到打印完毕。

针式打印机与喷墨打印机的主要区别在于打印头的结构。针式打印机的打印头通过电路控制打印针击打色带,在纸上打出一个点的图形。喷墨打印机的打印头由几千个直径为几微米的墨水通道组成,通过电路控制将墨水喷出通道,在纸上产生图形。

激光打印机的主要工作原理是利用静电。激光打印机主要由感光鼓、电晕电线、墨粉辊、定影器等组成(如图 3-18 所示)。其核心部件是感光鼓,通常是一个旋转的鼓形或圆柱形部件。激光打印机开始工作时,感光鼓旋转通过电晕电线,使整个感光鼓的表面带上电荷。打印数据从计算机传至打印机,打印机先将接收到的数据暂时存放在缓存中,当接收到一段完整的数据后再将其发送到打印机处理器。处理器将这些数据转换成可以驱动打印引擎动作的、类似数据表的脉冲信号,然后将其送至激光发射器。激光发射器发射的激光照射在多棱反射镜上,每个光点都在反射镜上,随着反射镜的转动,不断变换角度,将激光点反射到感光鼓上。感光鼓上被激光照到的点将失去电荷,从而在感光鼓表面形成一副肉眼看不到的磁化现象。感光鼓旋转到墨盒,其表面被磁化的点将吸附碳粉,从而在感光鼓上形成将要打印的碳粉图像。打印纸从感光鼓和电晕电线之间通过,碳粉受更强磁场吸引而从感光鼓上脱离,向转移电晕电线方向移动,结果是在不断向前运动的打印纸上形成碳粉图像。打印纸继续向前运动,通过高温的融凝部件(定影器),碳粉定型在打印纸上,产生永久图像。同时,感光鼓旋转至清洁器,将所有剩余在感光鼓上的碳粉清除干净,开始下一轮的工作。

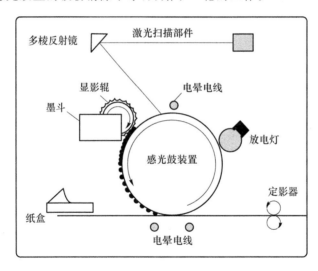

图 3-18　激光打印机的工作原理

3D 打印(3DP)即快速成型技术的一种,它读取三维模型文件中的横截面信息,运用特殊蜡材、粉末状金属或塑料等可黏合材料,通过打印一层层的黏合材料来制造三维的物体。3D打印机与传统打印机最大的区别在于它使用的"墨水"是实实在在的原材料,可用于打印的介质种类多样,如从种类繁多的塑料到金属、陶瓷以及橡胶类物质。有些 3D 打印机还能结合不同介质,令打印出来的物体一头坚硬而另一头柔软。目前 3D 打印作为一种新技术,还有官方权威的分类方式。从技术实现上来讲,其大致分为 4 类。

(1) 熔融沉积成型技术(Fused Deposition Modeling,FDM)

打印材料类似塑料丝,在材料经过打印机喷头的时候会被加热,材料被融化成液体,从喷头出来后遇空气又凝固,喷头不停移动到指定位置,最终成型。

（2）光聚合成型技术（Stereo Lithography Apperance，SLA）

此类打印材料一般为液体状的光敏树脂，使用打印机喷头将一层极薄的液态塑料物质喷涂在铸模托盘上，接着被置于紫外线下凝固，然后将铸模托盘稍向下移，进行下一层的堆叠打印。

（3）分层实体制造技术（Laminated Object Manufacturing，LOM）

此类打印材料为黏性薄片，使用打印机放置该薄片到铸模托盘上，用激光或其他方式将其切割成具体形状，然后添加下一片，依次循环形成薄片层的垒砌。

（4）激光粉末粘接成型技术（3D Printing，3DP）

以粉末微粒作为打印介质。粉末微粒被喷洒在铸模托盘上形成一层极薄的粉末层，熔铸成指定形状，然后由喷出的液态黏合剂进行固化。

图 3-19 展示了 3D 打印的设计和成果。3D 打印的优势在于可以加工出各种复杂的、精度要求很高的零部件，而且一体成型对结构的寿命很有好处。在工业制造中能大量缩短设计周期，在仿生制造中可以精确模拟制造。目前 3D 打印主要用于航空工业、汽车工业、专业设计（产品设计和建筑设计的模型制造）、外科（量身定做牙套、助听器）等。

图 3-19　3D 打印的设计和成果

3. 投影仪

投影仪是一种可以将数字图像或视频投射到幕布上的设备。通过投影仪，可以将磁盘、VCD、DVD 等存储介质中的数字图像转化为光学图像，是一种从数字信号到光信号的转换设备。投影仪广泛应用于家庭、办公室、学校和娱乐场所。

根据投影仪的工作方式不同，其主要分为 CRT 型、LCD 型及 DLP 型 3 种，其中 LCD 投影仪与 DLP 投影仪是商用投影仪的主流。投影仪的基本原理如下。

（1）CRT 投影仪

CRT 投影仪可把输入信号源分解成 R（红）、G（绿）、B（蓝）3 个 CRT 管，投射到荧光屏上，荧光粉在高压的作用下发光，经系统放大、会聚，在大屏幕上显示出彩色图像。通常所说的三枪投影仪就是由 3 个投影管组成的投影仪，由于使用内光源，也称为主动式投影方式。CRT 技术成熟，显示的图像色彩丰富，还原性好，具有丰富的几何失真调整能力；但其重要技术指标图像分辨率与亮度相互制约，直接影响 CRT 投影仪的亮度值，到目前为止，其亮度值始终徘徊在 300 lm 以下。另外,CRT 投影仪操作复杂,特别是会聚调整繁琐,机身体积大,只适合安装于环境光较弱、相对固定的场所,不宜搬动。

（2）LCD 投影仪

LCD 投影仪可以分成液晶板投影仪和液晶光阀投影仪,前者是投影仪市场上的主要产品。LCD 投影仪利用液晶的光电效应,其基本原理与 LCD 显示器相同。LCD 投影仪由于色彩还原较好、体积小、重量轻、携带方便,已成为投影仪市场上的主流产品。

目前主流的 LCD 投影仪配有 3 块高温多晶硅液晶板（HTPS）,分别作为生成红、绿、蓝 3 个位面光学图像的光阀器件,故称为 3LCD 投影仪。液晶板由按照行列排列着的液晶单元所组成,每个液晶单元都对应着数字图像中的一个像素。液晶分子在受到电压影响时,会改变其排列顺序,从无序排列变为按电场方向有序排列,从而改变其透光率。当液晶板中每个液晶单元上施加的电压与数字图像中对应像素的对应位面亮度成正比时,液晶单元的透光率也就与对应像素值成正比,入射光线按比例透过液晶单元,即受到调制,生成了光学图像,所以 LCD 投影仪是一种投射式调制的投影仪,原理图可参见图 3-20。

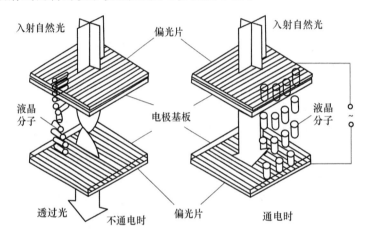

图 3-20　LCD 投影仪原理图

（3）DLP 投影仪

数字光处理器（Digital Light Processor,DLP）是美国得克萨斯仪器公司研发的一种高速光电转换器件,利用其生产的 DLP 投影仪是目前投影仪技术的另一大主流。DLP 将数字微反射器（Digital Micromirror Device,DMD）芯片作为光阀成像器件。一片 DMD 芯片是由许多个微笑的正方形反射镜片（以下简称"微镜"）构成的,微镜按行、列紧密地排列在一起,由支架和铰链连接固定在底座上,并由底部的电机控制其反射角度。每一片微镜都对应着数字图像中的一个像素。因此,DMD 芯片的微镜数目决定了一台 DLP 投影仪的物理分辨率,例如一台投影仪的分辨率为 1080P,所指的就是 DMD 芯片上的微镜数目有 $1\,920 \times 1\,080 = 2\,073\,600$ 个,足见 DMD 芯片的精密程度。

DLP 投影系统有单片、两片和三片 DMD 芯片的区别。在一个单 DMD 投影系统中,需要一个色轮来产生全彩色投影图像。色轮由红、绿、蓝滤波系统组成,它以 60 Hz 的频率转动。在这种结构中 DLP 工作在顺序颜色模式。输入信号被转化为 RGB 数据,数据按顺序写入 DMD 的 SRAM,白光光源通过聚焦透镜聚焦在色轮上,通过色轮的光线然后成像在 DMD 的表面。色轮和视频图像是顺序进行的,所以当红光照射到 DMD 上时,DLP 中的处理电路对该红位面进行二进制编码,控制微镜为"开",使微镜成正比地将适当红光反射到出射光路中,同理绿色和蓝色光。一幅彩色图像的红、绿、蓝色彩信息被依次投射到幕布上,通过视觉暂留效应,在人的视觉系统中合成完整的彩色图像,其光路原理可参见图 3-21。

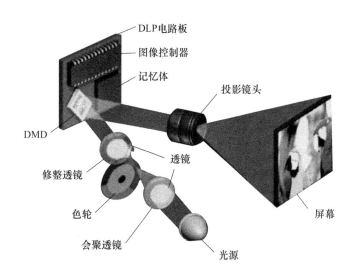

图 3-21 单片 DLP 投影仪的光路原理

高端的 DLP 投影仪含有 3 片 DMD 芯片,故称 3DLP 投影仪。与 3LCD 投影仪相比,DLP 投影仪亮度更高、体积更小,缺点是单 DLP 投影仪的色彩表现不如 3LCD 投影仪,但随着 3DLP 投影仪的成本降低,这一缺点得到了有效弥补。同时,DLP 器件作为一种廉价而实用的高速光电转换器件,也广泛应用于 3D 打印、精密激光加工等技术领域。

4. 智能交互显示设备

近年来,随着互联网的兴起和发展,以及大数据、云计算和人工智能等关键先进技术的快速进步,智能交互显示产品的功能和应用得到了进一步拓展。

(1)视网膜显示器

视网膜显示器能够通过低强度激光或者发光二极管直接将影像投射到使用者视网膜上,具有不遮挡视野的特点。这一概念是在 20 多年前被提出的,但直到近些年来技术进步才让各种不同的视网膜显示变得可行。比如边发射发光二极管,其比面发射发光二极管的光输出功率大,但比激光的功率要求低,将其应用于视网膜显示器,可提供一个亮度更高而成本更低的选择,与传统显示器相比,视网膜显示器的亮度-功率比更高,能耗也会相应地大幅降低。视网膜成像的应用前景非常广阔,比如车载平视显示器,可将重要的驾驶信息投射在汽车的前风挡玻璃上,司机平视就可以看到,从而可以提高行车安全性;此外还可为执行军事任务的士兵提供最优路径和战术信息,并且在医疗手术、浸入式游戏行业也大有作为。

(2)智慧显示

在科幻电影中,操控一块智慧屏幕就可以轻松地获取信息的画面随处可见。现实中,随着人工智能和 5G 技术的日臻成熟,物联网的交互模式已经发生改变。在智慧显示的场景中,交互的改变不仅是从信号控制转移到了语音控制,甚至已经具备了影像控制的体感交互。这种全新的人机交互模式,可以为使用者带来全新的体验,大屏以其独有的优势可以覆盖越来越多的可能性和延展性。2020 年 TCL 电子的智慧显示生态脱颖而出,有很多前瞻性的思考和布局,如儿童教育、智慧厨房、智慧安防、智慧家庭显示等。

3.1.6 语音交互设备

语音输入为文本输入提供了更加自然的交互手段,也许在将来,我们能够真正抛弃键盘,实现和计算机的"对话"。语音录入并不限于文本输入,其中还有身份、情绪、健康状况等更丰富的信息。语音识别、情感分析、身份认证是语音输入的核心技术。耳机、麦克风以及声卡是基本的语音交互设备。

1. 耳机

常见的耳机技术指标有耳机结构、频响范围、灵敏度、阻抗、谐波失真等。耳机根据结构可以分为封闭式、开放式、半开放式 3 种。封闭式耳机通过其自带的软音垫来包裹耳朵,使耳朵被完全覆盖起来。因为有大的音垫,所以封闭式耳机体积也较大,但可以在噪音较大的环境下使用而使人不受影响。开放式耳机是目前比较流行的耳机样式,利用海绵状的微孔发泡塑料制作透声耳垫,特点是体积小巧,佩戴舒适,也没有与外界的隔绝感,但它的低频损失较大。半开放式耳机是综合了封闭式和开放式两种耳机优点的新型耳机,采用多振膜结构,除了一个主动有源振膜之外,还有多个从动无源振膜同时较好地保留声音的低频和高频部分。

频响范围指耳机能够放送出的频带的宽度,国际电工委员会 IEC581-10 标准规定,高保真耳机的频响范围应当为 50～12 500 Hz,顶端耳机的频响范围应为 5～40 000 Hz,而人耳的听觉范围仅为 20～2 000 Hz。

灵敏度又称声压级。耳机的灵敏度就是指在同样响度的情况下需要输入功率的大小。灵敏度越高,所需要的输入功率越小,同样的音源输出功率下声音越大。对于耳机等便携设备来说,灵敏度是一个很值得重视的指标。

耳机阻抗是耳机交流阻抗的简称,不同阻抗的耳机主要用于不同的场合。在台式计算机或公放、VCD、DVD、电视等设备上,常用到的是高阻抗耳机,有些专业耳机阻抗甚至会在 200 Ω 以上,可以更好地控制声音;而对于各种便携式随身听,如 CD、MD 或 MP3,一般会使用低阻抗耳机,因为这些低阻抗耳机比较容易驱动。

谐波失真是一种波形失真,在耳机指标中有标示。失真越小,音质也就越好。一般的耳机应当小于或略等于 0.5%。

2. 麦克风

为了过滤背景杂音,达到更好的识别效果,许多麦克风采用了 NCAT(Noise Canceling Amplification Technology)专利技术。NCAT 技术结合特殊机构及电子回路设计以达到消除背景噪音、强化单一方向声音(只从佩戴者嘴部方向)的收录效果,是专为各种语音识别和语音交互软件设计的、提供精确音频输入的技术,采用 NCAT/NCAT2 技术的麦克风会着重采集处于正常语音频段(介于 350～7 000 Hz)的音频信号,从而降低环境噪音的干扰。使用 NCAT/NCAT2 技术的麦克风相比普通麦克风在语音识别性能上有了大的改进,因而被广泛用于语音录入、互联网语音交互及计算机多媒体领域。

3. 声卡

声卡是最基本的声音合成设备,是实现声波/数字信号相互转换的硬件,可把来自话筒、磁带、光盘的原始声音信号加以转换,输出到耳机、扬声器、扩音机、录音机等声响设备。从结构上分,声卡可分为模数、数模转换电路两部分,模数转换电路负责将麦克风等声音输入设备采集到的模拟声音信号转换为计算机能处理的数字信号;而数模转换电路负责将计算机使用的数字声音信号转换为耳机、音箱等设备能使用的模拟信号。

一般声卡拥有 4 个接口:LINE OUT(或 SPK OUT)、MIC IN、LINE IN 和游戏杆(外部 MIDI 设备接口)。其中 LINE OUT 用于连接音箱、耳机等外部扬声设备,实现声音回放;MIC IN 用于连接麦克风,实现录音功能;而 LINE IN 则把外部设备的声音输入声卡中。

声卡的主要指标包括声音的采样、声道数及波表合成等。

声卡的主要作用之一是对声音信息进行录制与回放,在这个过程中采样位数和采样频率决定了声音采集的质量。采样位数可以理解为声卡处理声音的解析度,这个数值越大,解析度就越高,录制和回放的声音也就越真实。例如,在将模拟声音信号转换成数字信号的过程中,16 位声卡能将声音分为 64K 个精度单位进行处理,而 8 位声卡只能处理 256 个精度单位,造成较大的信号损失。采样频率是指录音设备在一秒内对声音信号的采样次数,采样频率越高则声音的还原就越真实、越自然。在当今的主流声卡上,采样频率一般分为 22.05 kHz、44.1 kHz、48 kHz 3 个等级。22.05 kHz 只能达到广播的声音品质,44.1 kHz 则是理论上的 CD 音质界限,48 kHz 则更加精确一些,对于高于 48 kHz 的采样频率,人耳已无法辨别出来。

声卡所支持的声道数已从最初的单声道发展到目前的多声道环绕立体声。一般的立体声又称为双声道,声音在录制过程中被分配到两个独立的声道,从而达到了很好的声音定位效果,用户可以清晰地分辨出各种乐器的方向,从而使音乐更富想象力,更加接近于临场感受。为了进一步增强身临其境的感觉,创建一个虚拟的声音环境,通过特殊的音效定位技术创造一个趋于真实的声场,从而获得更好的听觉效果和声场定位。

四声道环绕音频技术较好地实现了三维音效,四声道环绕规定了 4 个发音点,即前左、前右、后左、后右,听众则被包围在这中间。通常,在四声道的基础上再增加一个低音发生点,以加强对低频信号的回放处理,这种系统被称为 4.1 声道系统,类似地,还有 5.1、7.1 声道系统。就整体效果而言,多声道系统可以为用户带来来自多个不同方向的声音环绕,可以让用户获得身临其境的听觉感受,给用户以全新的体验。如今多声道技术已经广泛融入各类中高档声卡的设计中,成为未来发展的主流趋势。

在游戏软件和娱乐软件中经常可以发现很多以 MID 为扩展名的音乐文件,这些就是在计算机中常用的 MIDI(Musical Instrument Digital Interface)格式。MIDI 文件是一种描述性的“音乐语言”,非常小巧,它将所要演奏的乐曲信息用字节描述,如“在某一时刻,使用什么乐器,以什么音符开始,以什么音调结束,加以什么伴奏”等。

MIDI 文件只是一种对乐曲的描述,本身不包含任何可供回放的声音信息。波表(wave table)将各种真实乐器所能发出的所有声音(包括各个音域、声调)录制下来,存储为一个波表文件。播放时,根据 MIDI 文件记录的乐曲信息向波表发出指令,从“表格”中逐一找出对应的声音信息,经过合成、加工后回放出来。由于它采用的是真实乐器的采样,所以效果较好。一般波表的乐器声音信息都以 44.1 kHz、16 bit 的精度录制,以达到最真实回放效果。理论上,波表容量越大,合成效果越好。

3.2　可穿戴式智能设备

可穿戴式智能设备是应用穿戴式技术对日常穿戴进行智能化设计,开发出的可以穿戴的设备的总称。广义可穿戴式智能设备包括功能全、尺寸大、可不依赖智能手机实现完整或部分功能的设备,如智能手表或智能眼镜等,以及只专注于某一类应用功能,需要和其他设备如智能手机配合使用的设备,如各类进行体征监测的智能手环、智能首饰等。随着技术的进步以及用户需求的变迁,可穿戴式智能设备的形态与应用热点也在不断地变化。

可穿戴式智能设备拥有多年的发展历史,思想和雏形在 20 世纪 60 年代即已出现,而具备可穿戴式智能设备形态的设备则于 20 世纪 70 年代至 80 年代出现。图 3-22 所示为 20 世纪可穿戴式智能设备的典型代表,图 3-23 所示为 21 世纪可穿戴式智能设备的发展样式。随着计算机标准化软硬件以及互联网技术的高速发展,可穿戴式智能设备的形态开始变得多样化,逐渐在工业、医疗、军事、教育、娱乐等诸多领域表现出重要的研究价值和应用潜力。

   (a) 1980年   (b) 1980年代中期   (c) 1990年代早期   (d) 1990年代中期   (e) 1990年代晚期

图 3-22　20 世纪可穿戴式智能设备的典型代表

图 3-23　21 世纪可穿戴式智能设备的发展样式

可穿戴式智能设备的本意,是探索人和科技全新的交互方式,为每个人提供专属的、个性化的服务,而设备的计算方式无疑要以本地化计算为主,只有这样才能准确地去定位和感知每个用户的个性化、非结构化数据,形成每个人随身移动设备上独一无二的专属数据计算结果,并以此找准直达用户内心真正有意义的需求,最终通过与中心计算的触动规则来展开各种具体的针对性服务。

可穿戴式智能设备根据应用领域可以分为两大类,即自我量化与体外进化。自我量化领域的细分领域包含两大类:运动健身户外领域和医疗保健领域。前者主要的参与厂商是专业运动户外厂商及一些新创公司,以轻量化的手表、手环、配饰为主要形式,实现运动或户外数据如心率、步频、气压、潜水深度、海拔等指标的监测、分析与服务;后者主要参与厂商是医疗便携设备厂商,以专业化方案提供血压、心率等医疗体征的检测与处理,形式较为多样,包括医疗背心、腰带、植入式芯片等。在体外进化领域,这类可穿戴式智能设备能够协助用户实现信息感知与处理能力的提升,其应用领域极为广阔,从休闲娱乐、信息交流到行业应用,用户均能通过拥有多样化的传感、处理、连接、显示功能的可穿戴式设备来实现自身技能的增强或创新。主要的参与者为高科技厂商中的创新者以及学术机构,产品形态以全功能的智能手表、眼镜等为主。图 3-24 所示为基于功能和产品外形可穿戴式智能设备的分类。

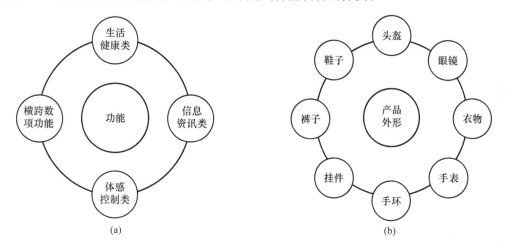

图 3-24 基于功能和产品外形可穿戴式智能设备的分类

3.2.1 头戴式智能产品

2012 年谷歌眼镜(Google Glass)亮相(如图 3-25 所示),这一年被称作"智能可穿戴式设备元年"。谷歌眼镜是一项科技杰作,主要由镜架、相机、棱镜、CPU、电池等组成,当谷歌眼镜工作时,先由相机捕捉画面,然后通过一个微型投影仪和半透明棱镜,将图像投射在人体视网膜上。此外,谷歌眼镜的 CPU 部分还集成有 GPS 模块。图 3-26 所示为谷歌眼镜工作原理解释图。

图 3-25 Google Glass 产品

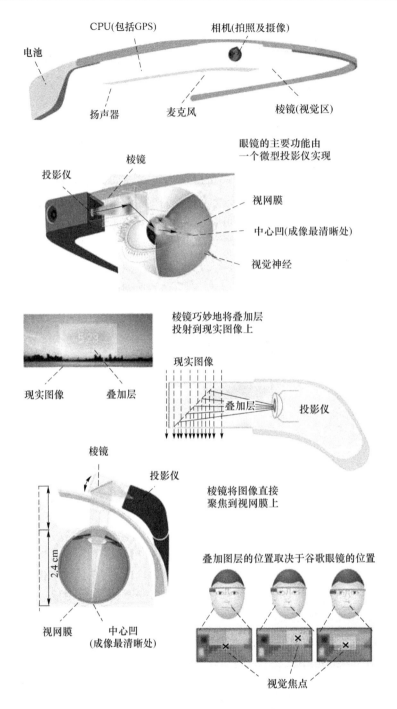

图 3-26 谷歌眼镜工作原理解释图

在谷歌眼镜的引领下很多低端、亲民式可穿戴式眼镜(如图 3-27 所示)出现了,它们其实和当前的智能手表类似,只能通过蓝牙与智能手机连接,作为手机的配件使用,而不能单独计算,因此待机时间比谷歌眼镜长,但它们整合了传感器,包括加速度传感器、电子罗盘、光线感应器等,推送用户个性化数据。

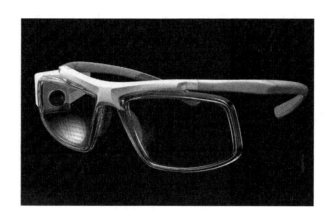

图 3-27　GlassUp

索尼 HMZ-T2 头戴式智能设备(如图 3-28 所示)与上述智能眼镜不同,它属于虚拟现实(VR)头盔显示设备,可提供 3D 电影的观看。HMZ-T2 为索尼 2011 年推出的高分辨率 OLED 头戴式显示器 HMZ-T1 的后继产品,内建 2 片索尼自制研发的 0.7 英寸(1 英寸=25.4 mm)1 280×720 像素 OLED 显示屏,欣赏影像时感觉像在约 20 m 远处看 750 英寸的屏幕。由于其采用 2 片独立的 OLED 面板分别负责左右画面的显示,因此能提供比一般 3D 屏幕更清晰明亮无残影的 3D 显示效果。

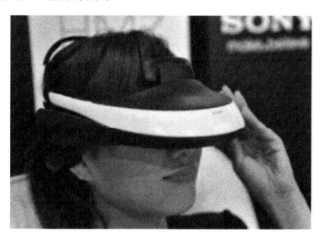

图 3-28　索尼 HMZ-T2 头戴式智能设备

智能头箍致力于把脑电波技术和智能穿戴、移动互联网技术相结合,将传感器、芯片、微机电体积压缩,降低成本,以此来关注脑健康。例如,由深圳市宏智力科技有限公司专为 iOS 系统研发的配件产品 BrainLink 是一个安全可靠、佩戴简易的头戴式脑电波传感器,它可以通过蓝牙无线连接手机、计算机、智能电视等终端设备,配合相应软件可以实现意念力互动操控(如图 3-29 所示)。目前此类智能头箍已在医学领域中的脑精神康复和教育领域的儿童注意力专注训练中得到应用,但此研发领域还任重道远。

眼动跟踪的基本工作原理是利用图像处理技术,使用能锁定眼睛的特殊摄像机连续地记录视线变化,追踪视觉注视频率以及注视持续时间长短,并根据这些信息来分析被跟踪者。由于眼动跟踪能够代替键盘输入、鼠标移动功能,科学家据此研发出了可供残疾人使用的计算机,使用者只需将目光聚集在屏幕的特定区域,就能选择邮件或者指令。未来的可穿戴式计算机也可以借助眼动跟踪技术,更加方便地完成输入操作。图 3-30 展示了一种眼动跟踪设备。

图 3-29　智能头箍 BrainLink

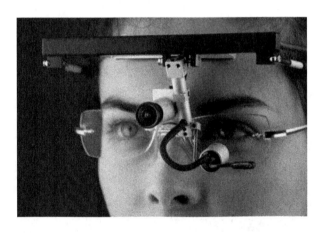

图 3-30　眼动跟踪设备

通过电刺激实现触觉再现,可以让盲人"看见"周围的世界,英国国防部已经推出了一款名为 BrainPort 的先进仪器(如图 3-31 所示),这种装置能够帮助失明者用舌头来获知环境信息。BrainPort 配有一副装有摄像机的眼镜、一根由细电线连接的"棒棒糖"式塑料感应器和一部手机大小的控制器。控制器会将拍摄到的黑白影像变成电子脉冲,传到盲人使用者口含的感应器之中,脉冲信号刺激舌头表面的神经,并由感应器上的电极传到大脑,大脑就会将感知到的刺激转化成一幅低像素的图像,从而让盲人清楚地"看到"各种物体的线条及形状。该装置的首个试用者、失明的英国士兵克雷格·卢德伯格(Craig Lundberg)现在已经能够在不靠外力辅助的情况下独立行走,进行正常阅读,并且他还成了英格兰国家盲人足球队的一员。从理论上来说,指尖或者身体的其他部位也能够像舌头一样被用来实现触觉再现,并且随着技术的进步,大脑所感知到图像的清晰度将大幅提高。在将来,还可由可见光谱之外的脉冲信号来刺激大脑形成图像,从而产生很多新奇的可能,比如在可见度极低的海域使用的水肺潜水装置。

脑机接口技术被称作人脑与外界沟通交流的"信息高速公路",是公认的新一代人机交互和人机混合智能的关键核心技术,甚至被美国商务部列为出口管制技术。脑机接口技术为恢复感觉和运动功能以及治疗神经疾病提供了希望,同时还赋予了人类"超能力"——用意念即可控制各种智能终端。比如,用脑电波控制机器人,麻省理工学院(MIT)的研究人员展示的人机交互装置,使用了"脑电＋手势"的方案,让使用者可以不费吹灰之力地与机器人互动。比如,加拿大韦什敦大学(Western University)的 Adrian Owen 通过一种基于时间分辨功能性近红外光谱(TR-fNIRS)的脑机接口,非侵入式地获取血流动力学反应、血氧含量等信号,进而完成了与受试者的无声"对话"。就总体趋势而言,人机交互会随着物联网的不断更新升级,以及与人工智能的结合而不断发展,正是大势所趋,最终将成就未来全方位的科技生活。图 3-32 所示为脑机接口机器人操作控制展示。

图 3-31　电触觉刺激仪器

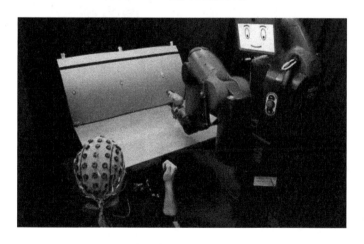

图 3-32　脑机接口机器人操作控制展示

3.2.2　身着式智能产品

市场上身着式智能产品种类繁多,可参见图 3-33,主要是将电子产品与服装衣着相结合而产生的应用创新,但该领域的市场应用还是很有限的。如鼓点 T 恤,衣服上内置了鼓点控制器,用户通过敲击发出不同鼓点的声音,类似平板电脑上的架子鼓软件;由意大利牛仔裤公司 Replay 推出的社交牛仔裤独有一个塑料口袋装着可以通过专用手机程序发送社交信息的装置,当买家穿上这条裤子后,轻碰装置就能够发送自己的心情与地理位置到 Twitter 或

Facebook，可选的心情有 8 种；Erik de Nijs 设计的键盘裤集成了现代牛仔裤和计算机键盘，键盘裤合并了世界时尚与世界技术，内置扬声器、无线计算机鼠标和全尺寸的蓝牙键盘，键盘裤可以在任意位置完全控制键盘和鼠标；可以改善佩戴者坐姿的智能腰带 Lumoback 与手机上的 App 应用无线连接，可实时记录佩戴者的坐姿和日常活动状态。

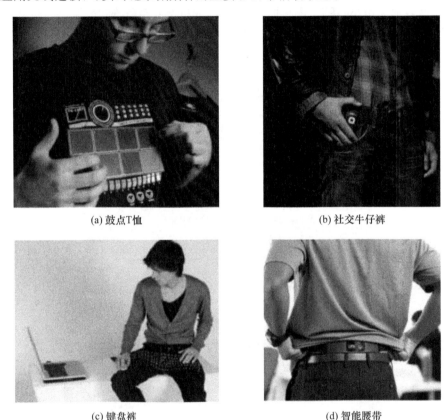

(a) 鼓点T恤   (b) 社交牛仔裤

(c) 键盘裤   (d) 智能腰带

图 3-33　身着式智能产品

3.2.3　手带式智能产品

自 CES 2014 展会（国际消费类电子产品展览会，international Consumer Electronics Show，CES）以来，智能穿戴中的手带式产品呈现了爆发的状态，索尼、LG、Garmin、Razer 等大家耳熟能详的厂商都推出了自家的智能穿戴手环产品，如图 3-34 所示。智能手表的工作原理主要是将手表内置智能化系统、搭载智能手机系统而连接于网络，进而实现多功能，除了能同步手机中的常用功能外，一些手表专门在运动健身、睡眠、心率检测、定位等方面有独特的优势。

运动检测功能通过重力加速传感器实现。这种传感器通过电容式加速度计能够感测不同方向的加速度或震动等运动情况，三轴加速度实时捕捉到的 3 个维度的各项数据经过滤波、峰谷检测等过程，再经过各种算法和科学缜密的逻辑运算，这些数据最终被转变成手表 App 端的可读数字：步数、距离、消耗的卡路里数值等。

(a) Meta Watch

(b) 索尼Smart Watch MN2

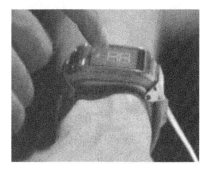

(c) 三星GALAXY Gear

(d) 中兴Blue Watch

图 3-34　各种智能手表

睡眠检测也通过相同的传感器技术实现。人的睡眠按照脑电波信号可分为 5 个阶段:入睡期、浅睡期、熟睡期、深睡期、快速动眼期。在不同的阶段人的脑电波可以迅速改变。重力加速传感器并不具备直接探测脑电波的功能,它将人在睡眠中动作的幅度和频率作为衡量睡眠的标准,来判断睡眠处于哪个阶段,手环的智能闹钟功能会在快速动眼期将用户唤醒。因为在快速动眼期睡眠者会出现与清醒时相似的高频低幅的脑波,比较容易唤醒,此时唤醒,睡眠者会感到神清气爽,有一个较好的睡眠效果。

目前市面上的智能手表检测心率功能多采用了光电透射测量法。原理上简单来说就是手表与皮肤接触的传感器会发出一束光打在皮肤上,测量反射/透射的光。因为血液对特定波长的光有吸收作用,所以每次心脏泵血时,该波长都会被大量吸收,以此就可以确定心跳。不过缺点是耗电量大,同时会受环境光干扰。

目前市场上智能手表定位功能主要采用的技术是 GPS 定位、基站定位、Wi-Fi 定位这 3 类定位技术。

① GPS 导航系统的基本原理是测量出已知位置的卫星到用户接收机之间的距离(GPS可以保证在任意时刻,地球上任意一点都可以同时观测到 4 颗卫星),然后综合多颗卫星的数据就可知道接收机的具体位置,精度大于 3 m。

② LBS 基站定位的原理是,移动电话(SIM 卡功能)测量不同基站的下行导频信号,得到不同基站下行导频的 TOA(Time of Arrival,到达时刻)或 TDOA(Time Difference of Arrival,到达时间差),根据该测量结果并结合基站的坐标,一般采用三角公式估计算法,就能够计算出移动电话的位置,精度不高,大于 100 m。

③ Wi-Fi 能够对用户进行定位，因为 Android、iOS、Windows Phone 这些手机操作系统都内置了位置服务，由于每一个 Wi-Fi 热点都有一个独一无二的 Mac 地址，所以智能儿童手表开启 Wi-Fi 后就会自动扫描附近热点并上传其位置信息，精度小于 10 m。

相对于手表，价格低廉、功能多样化的智能手环（如图 3-35 所示）备受用户青睐，简约的设计风格也可以起到饰品的装饰作用。智能手环一般采用医用橡胶材质，虽体型不大，其功能还是比较强大的，其开发涉及智能手环 MCU 数据指令到蓝牙 IC 的传输、蓝牙到 App 的数据通信协议、App 到手机内部的通信调试逻辑实现、App 数据到云端服务器的数据库算法设计等。

(a) Razer Nabu   (b) Jawbone UP 2   (c) 索尼Core   (d) Garmin Vivofit

图 3-35　各种智能手环

除此之外还有像手套一样的计算机手指可穿戴式输入设备。由加拿大滑铁卢大学的知名计算机科学家们创造的遥控指点型输入设备"Tip-Tap"（如图 3-36 所示），通过使用射频识别标签感应指尖触摸，价格低廉且无须电池。射频识别标签可以集成到手套中或作为临时纹身直接粘贴在皮肤上。研究人员在食指上绘制了人们最舒适的区域，供拇指触摸。该设备射程为 4 m。当用户无法轻易握住输入设备时，采用此类输入设备则更容易发出指令，如工厂工人、外科医生或在健身房锻炼的人。

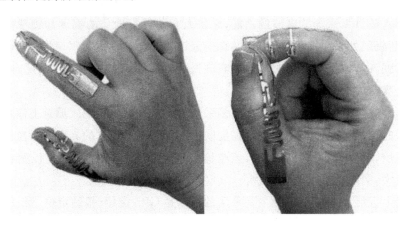

图 3-36　"Tip-Tap"遥控指点型输入设备

将多功能传感器与定制数据采集和传输芯片集成在一起开发出的智能手套，可以用来检测和传输运动信号和温度信号，在手语识别、职业康复、运动和物联网应用中显示出巨大潜力。例如，英国某信用卡公司为给消费者提供更方便快捷的支付功能而研发的智能手套，消费者只需挥挥手即可付账；GolfSense 手套（如图 3-37 所示）是全球首款便携式动作辅助训练系统，可以监测到佩戴者挥杆时的加速度、速度、位置以及姿势，可以每秒 1 000 次的运算速度来分析传感器所记录的数据。

图 3-37　GolfSense 手套

3.2.4　其他穿戴式智能产品

"No Place Like Home"卫星导航鞋是艺术家 Dominic Wilcox 设计的,鞋内置了一个 GPS 芯片、一个微控制器和一对天线。左脚鞋头上装有一圈 LED 灯,形状像一个罗盘,它能指示正确的方向,右鞋鞋头也有一排 LED 灯,能显示当前地点距离目的地的远近,如图 3-38 所示。出发前,用户需要在计算机中设计好旅行路线,用数据线将其传输到鞋中,然后同时叩击双鞋鞋跟开始旅行。

图 3-38　卫星导航鞋

除此之外,还有智能鞋通过鞋子上的压力、姿态传感器,可以实时监测使用者行走、站立、坐姿的状态,能够实现跌倒报警,甚至通过配套软件可以用鞋子来操作鼠标。

智能背包采用可折叠柔性线路板设计,专为骑行者设计,可以在背包上显示转向及停车标志;Sproutling 婴儿脚环是一款专为 0～1 岁婴儿设计的健康监测产品,外形类似一个小红心,内置 4 个传感器,可随时监控宝宝体温、脉搏、动作及室内温度、光线等环境因素。

目前,可穿戴行业整体的做法是为设备提供全新的美学设计,以吸引更多的客户,为智能科技赋予新的时尚感。如可追踪用户信息的戒指、可穿戴式音箱、智能避障手杖、智能骑行头盔、智能健身衣(可获得肌肉运动信息)、智能腰带等,正在将"可穿戴"一词提升到一个全新的高度。可穿戴式设备对用户来说,正在成为一种新的互动交互方式,同时日常活动监测的需求和健康意识的提高,都在推动着智能可穿戴式设备市场的发展。随着智能手机中配置的感知器与高运算能力成为常态,可穿戴式智能科技将会带来一场新的科技革命。

3.2.5　智能穿戴与机器人

　　机器人与智能穿戴相结合(如图 3-39 所示)形成的可穿戴机器人,已经开始进入我们的视野,并有其广阔的市场前景。可穿戴机器人又称为人体外骨骼助力机器人,它结合了外骨骼仿生技术和信息控制技术,涉及生物运动学、机器人学、信息科学、人工智能等跨学科知识,然后通过精密的机械专职来协助人体完成动作。与前述可穿戴式设备相比,可穿戴机器人需要更准确地把握穿戴者意图,需要紧密地与人体接触,并且快速地识别和判断用户意图,并迅速给出对应反馈。

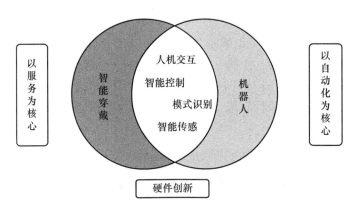

图 3-39　智能可穿戴式设备与机器人的结合

　　可穿戴机器人由来已久,自 20 世纪 60 年代开始,美国五角大楼就首先要求提供可穿戴机器人,以提高士兵的能力,从那时起,外骨骼开始迅速发展,并应用到各种场景。京东物流公司为物流工人配备了可穿戴的外骨骼助力机器人背包,可以增强物流工人的下肢力量,同时保护腰膝,减轻受力,一方面可以帮助工人提升工作效率,另一方面可以保证工人身体健康;在医疗领域,可穿戴机器人成了下身瘫痪者的福音,不仅可以助力他们行走,辅助患者康复,借助智能特性可以动态捕捉使用者的运动趋势,通过调节达到精准助力,还可以获得患者的康复数据,并预防行动风险,如图 3-40 所示。

　　根据市场研究机构 BIS 的数据显示,可穿戴机器人的市场规模有望从 2016 年的 9 600 万美元增长到 2026 年的 46.5 亿美元。虽然可穿戴机器人具有很大的发展潜力,但是当下却没有大面积普及,让更多人受益。首先是因为技术,虽然随着技术的发展,可穿戴机器人已经比开始的设备轻便了不少,但是对于很多人来说,它仍然会给身体带来不便。其次是造价,可穿戴机器人价格太过昂贵,无法大众化普及。随着科技的进步,可穿戴机器人的产量会逐渐增加,成本会逐渐降低。

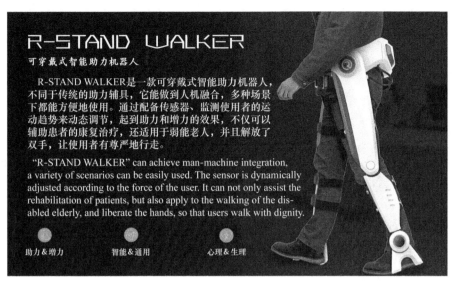

(a)

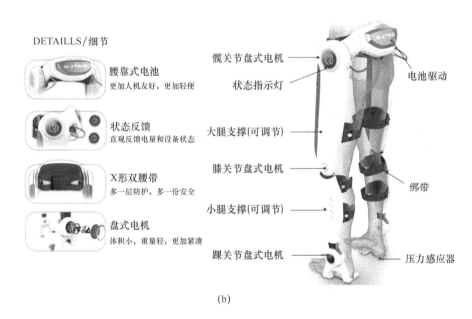

(b)

图 3-40 可穿戴式智能助力机器人

3.3 增强现实交互

　　增强现实(Augmented Reality,AR)也被称为扩增现实,是一种实时地计算摄影机影像的位置及角度并加上相应图像、视频、3D 模型的技术,这种技术的目标是在屏幕上把虚拟世界信息与现实世界无缝叠加,并可进行互动,从而实现超越现实的感官体验。

　　增强现实是一个多学科交叉的研究领域,内容纷繁复杂,一般来说主要包含如下关键技术:显示技术、标定技术、跟踪技术、三维模型生成技术、交互技术、场景融合技术。

3.3.1 显示技术

1. 近眼式显示设备

近眼式显示设备主要是指头盔显示器。头盔显示器主要分为两种：光学透射式头盔显示器和视频透射式头盔显示器。

光学透射式头盔显示器直接透射外界的光线，并且反射微投影器件产生的虚拟图像到人眼中，达到虚实融合的效果，如图 3-41 所示。优点是可以保证正确的视点和清晰的背景，缺点是虚拟信息和真实信息融合度低，且人眼标定比较复杂。

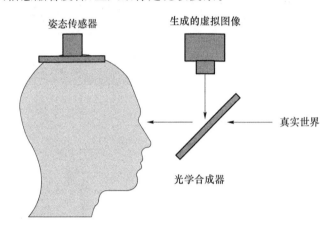

图 3-41 光学透射式头盔显示原理

视频透射式头盔显示器将固定在头盔上的摄像头所捕获的图像，通过视点偏移来显示到眼前的显示器上，如图 3-42 所示。实际上，视频透射式的增强现实是将 AR 画面（包括真实元素与虚拟元素）统一渲染后呈现给用户，并非将虚拟元素与物理实景进行光学融合，从技术角度上看实现简单但无法给用户带来最佳的虚实融合体验。因此目前主流设备舍弃了视频式 AR，主要转向光学透视型 AR。

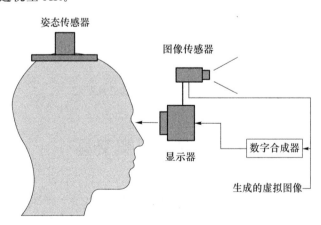

图 3-42 视频透射式头盔显示原理

目前市面上流行的光学透视型增强现实智能眼镜主要有以下两种类型：一体式智能眼镜，这种眼镜的计算单元、电源、显示单元都集成在一起，技术难度高，价格昂贵，如 HoloLens2

〔如图 3-43(a)所示〕;分体式智能眼镜,这种眼镜通常将电源和计算单元独立为一个类似手机的处理单元,但是将显示单元做成眼镜,实现了智能眼镜的小型化和轻量化。但因为显示模块没有供电,只能通过有线方式连接到处理单元上,对用户体验造成些许影响,典型的产品有 Nreal Light、NED+ Glass X2、Magic Leep One 等,如图 3-43(b)、图 3-43(c)、图 3-43(d)所示。以上两种眼镜都可以直接连接到 PC 上进行调试。

(a) HoloLens 2

(b) Nreal Light

(c) NED+ Glass X2

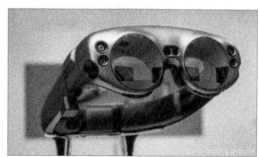

(d) Magic Leap One

图 3-43　主流头盔显示器

2. 手持式显示设备

手持式显示设备顾名思义就是拿在手上的显示设备。常见的就是智能手机和平板电脑,这类设备具有很好的便携性,是一种天然的 AR 设备。在目前的市面上,很多增强现实 App 都是围绕这类设备开发的,如图 3-44 所示。

图 3-44　手持式增强现实

3. 固定式显示设备

固定式显示设备一般包含桌面级显示器、虚拟镜子和特殊屏幕。桌面级显示器即常见的计算机显示器,需要添加一个网络摄像头,该摄像头可以捕捉空间中的图像,然后估计自己的位置和姿态,最后计算生成虚拟信息,并进行虚实融合,输出到桌面显示器上。这类设备一般常用于科研开发。虚拟镜子利用镜子上的摄像头进行图像捕捉,并将其输出到一个类似镜子的大型显示器上(如图 3-45 所示),可进行虚拟换装或其他 AR 交互。

图 3-45　虚拟镜子

除此之外,还有雾幕、水幕、全息膜等,将三维虚拟对象利用成像技术叠加在现实设备上,可以实现 AR 效果。

4. 投影式显示设备

投影机是一种重要的虚拟现实和增强现实设备。常见的基于投影的增强现实系统是在展会上的各种绚丽的投影展品,如虚拟地球、汽车表面投影等。这类系统属于空间增强现实系统,另外,柱幕、球幕、环幕投影也可以归为基于投影的空间增强现实。投影机还可以用于构建 CAVE 系统(如图 3-46 所示)。手持式投影机结合图像捕捉设备,还可以建立动态的空间增强现实系统。

图 3-46　CAVE 系统

3.3.2 其他关键技术

标定、跟踪和交互是 AR 系统研究的 3 个核心问题。

1. 标定技术

相比于跟踪和交互技术,标定技术是一个很容易被忽视但却不可或缺的关键技术。鉴于光学透视型的 AR 眼镜的特殊原理,我们往往不能直接获得人眼在目标空间中的坐标位置,而需要对人眼和 AR 眼镜的跟踪系统进行标定,实现"物理环境—跟踪系统—人眼成像"这条通路,保证人眼能看到准确的虚实融合效果。有很多产品直接将跟踪摄像头的位置等效为人眼的位置,这样做的结果是人眼看到的虚拟元素与物理实景之间是相互分立的、没有注册好的。在目前已知的产品中,HoloLens 系列产品是做了标定的,因此能提供较好的虚实融合体验。

增强现实眼镜的标定技术(如图 3-47 所示),实际上标定人眼与跟踪系统之间的相对位置关系,以及人眼的内参数。其中涉及几个坐标系:世界坐标系(用 W 表示)、跟踪摄像机坐标系(用 C 表示)、显示器 2D 平面坐标系(用 S 表示)、人眼与头盔显示器的像面组成的一个针孔模型的虚拟摄像机坐标系(用 V 表示)。各坐标系的关系可参见图 3-48。

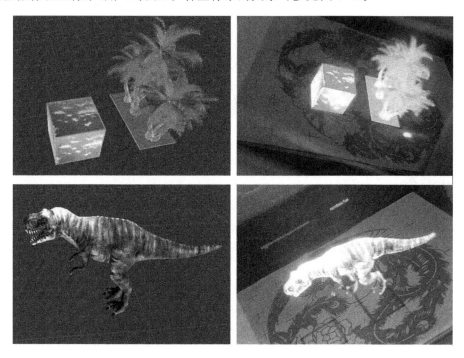

图 3-47　增强现实眼镜的标定技术

标定主要是通过一些测量和计算,来确定一些参数。这里主要标定的是跟踪摄像机坐标系到头盔显示器屏幕坐标系的映射关系。假设空间中的任意一点 P,在世界坐标系 W 中的坐标为 P_W,在跟踪摄像机坐标系下的坐标为 P_C,通过屏幕看该点,该点在屏幕上的坐标为 P_S,则得到两个等式:

$$P_C = [R_{WC} \mid T_{WC} ; 0001] P_W$$
$$P_S = K[R_{CV} \mid T_{CV}] P_C = G P_C$$

其中，P_W、P_C 是三维位置的齐次坐标，因此都是四维向量；P_S 是二维位置的齐次坐标，因此是三维向量；每一个出现的 R 都是 3×3 的旋转矩阵；每个 T 都是 3×1 的平移向量，它是包含 3 个元素的列向量；K 表示包含人眼的虚拟摄像机的内参数矩阵，是 3×3 矩阵。令 $P_S=[u\ v\ 1]^T$，$P_C=[x_C\ y_C\ z_C\ 1]^T$，$G=[g_{11}\ g_{12}\ g_{13}\ g_{14};g_{21}\ g_{22}\ g_{23}\ g_{24};g_{31}\ g_{32}\ g_{33}\ g_{34}]$，则得到

$$\begin{bmatrix} u \\ v \\ 1 \end{bmatrix} = \begin{bmatrix} g_{11} & g_{12} & g_{13} & g_{14} \\ g_{21} & g_{22} & g_{23} & g_{24} \\ g_{31} & g_{32} & g_{33} & g_{34} \end{bmatrix} \begin{bmatrix} x_C \\ y_C \\ z_C \\ 1 \end{bmatrix}$$

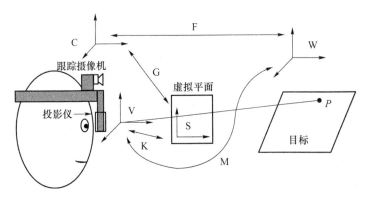

图 3-48　标定技术坐标系关系图

所以，我们要标定的就是 G。有了 G 就有了从跟踪摄像机三维坐标系到显示屏幕二维坐标的映射关系，进而可以在屏幕上对现实中的物体做虚拟信息标注。当然，G 可以直接分解成内参数矩阵和旋转、平移矩阵（平移向量看成 $n\times1$ 的矩阵），这样不仅可以进行文字标注，还可以根据虚拟摄像机和跟踪摄像机之间的空间位置关系，进行三维虚拟物体的叠加。

2. 跟踪技术

AR 眼镜想要实现物理环境与虚拟元素的融合，必须要做到的就是能够跟踪虚拟环境。主流的视觉跟踪技术包括基于图像的跟踪（image-based tracking）、基于物体的跟踪（object-based tracking）和同步定位与地图构建（SLAM）。在实践中也会混合惯性导航来提升跟踪质量。

① 基于图像的跟踪技术首先需要对被跟踪的图像进行预处理，得到该图像的特征点集合，然后在实时状态下将视频流中的图像进行匹配。

② 基于物体的跟踪技术与基于图像的跟踪技术类似，首先要把被跟踪的物体进行预处理，存储它的各类特征，然后在实时状态下对视频流中的图像进行分析，计算跟踪系统与被跟踪物体的相对位置。

③ 同步定位与地图构建技术是不需要预处理的跟踪技术，可以在开始后同时完成定位与建图。这种方法虽然使用简单，但是无法像前两种方法那样轻松地获取眼镜与物理环境中某一指定物体之间的相对位置。所以 SLAM 技术虽然发展得比较成熟，但是如何与 AR 相结合还值得继续研究。

3. 交互技术

AR 设备常用的交互方式主要分为以下 4 种。

　　① 点触交互。通过对现实世界中的点位进行选取来进行交互,如 AR 贺卡等通过图片位置进行交互。

　　② 手势交互。利用计算机视觉实时检测一个或多个事物的特定姿势、状态,这些姿势都对应着不同的命令。使用者可以任意改变和使用命令来进行交互。

　　③ 遥控器(设备)交互。使用特制工具进行交互,如 Google 地球就是利用类似鼠标的设备进行交互。

　　④ 语音交互。利用语音识别技术与系统进行交互,很多公司(如科大讯飞)已经做出了比较出色的语音交互产品,这对于 AR 眼镜的交互具有重要意义。

3.4　VR/AR 互动体感设备

3.4.1　空间定位设备

1. 空间跟踪定位器

　　空间跟踪定位器也称为三维空间传感器,是一种能实时地检测物体空间运动的装置,可以得到物体在 6 个自由度上相对于某个固定物体的位移,包括 X、Y、Z 坐标上的位置值以及围绕 X、Y、Z 轴的旋转值(转动、俯仰、摇摆)。这种三维空间传感器对被检测的物体必须是无干扰的,也就是说,不论这种传感器基于何种原理或使用何种技术,它都不应当影响被测物体的运动,因而称为“非接触式传感器”。

　　在虚拟现实应用中,空间跟踪定位器的主要性能指标包括定位精度、位置修改速率和延时。其中定位精度和分辨率不能混淆,前者是指传感器所测出的位置与实际位置的差异,后者是指传感器所能测量出的最小位置变化;位置修改速率是指传感器在一秒内所能完成的测量次数;延时是指被检测物体的某个动作与传感器测出该动作的时间间隔。如何减少颤抖、漂移、噪音是空间跟踪定位器需要解决的关键问题。在虚拟现实技术中广泛使用的是低频磁场式传感器和超声波式传感器。

　　低频磁场式传感器的低频磁场是由传感器的磁场发射器产生的,该发射器由 3 个正交的天线组成,在接收器内也安装有一个正交天线,它被定位在远处的运动物体上,根据接收器所接收到的磁场,可以计算出接收器相对于发射器的位置和方向,并通过通信电缆把数据传送给计算机。因此,计算机能间接地跟踪运动物体相对于发射器的位置和方向。在虚拟现实环境中,这种传感器常被用来安装在数据手套和头盔显示器上。

　　与低频磁场式传感器相似,超声波式传感器也由发射器、接收器和电子部件组成。发射器由 3 个相距约 30 cm 的超声扩音器所构成,接收器由 3 个相距较近的话筒构成。周期性地刺激每个超声扩音器,由于在室温条件下的声波传送速度是已知的,根据 3 个超声话筒所接收到的、3 个超声扩音器周期性发出的超声波,就可以计算出安装超声话筒的平台相对于安装超声扩音器的平台的位置和方向。

　　在作用范围较大的情况下,低频磁场式传感器比超声波式传感器有较明显的优点。但当在作用范围内存在磁铁性的物体时,低频磁场式传感器的精度明显降低。

2. 数据手套

数据手套为人与环境的虚实结合提供了一种重要的手段。在虚拟环境中,操作者通过数据手套可以用手去抓或推动虚拟物体,以及做出各种手势命令。数据手套可以捕捉手指和手腕的相对运动,可以提供各种手势信号,也可以配合一个六自由度的跟踪器,跟踪手的实际位置和方向。

目前,数据手套一般由很轻的弹性材料构成,紧贴在手上。整个系统包括位置、方向传感器和沿每个手指背部安装的一组有保护套的光纤导线,它们检测手指和手的运动。数据手套将人手的各种姿势、动作通过手套上所带的光导纤维传感器,输入计算机中进行分析处理。这种手势可以是一些符号表示或命令,也可以是动作。手势所表示的含义可由用户加以定义。

数据手套一般都有配套的 SDK,利用这些 SDK,可以非常方便地在应用程序中读取和解释传感器所获取的数据。

3. 触觉和力反馈器

触觉反馈可以为虚拟现实系统提供更真实的感觉。由于人的触觉非常敏感,所以一般精度的装置根本无法满足要求。对于触觉和力反馈器,还要考虑模拟力的真实性、施加到人手上是否安全以及装置是否便于携带并让用户感到舒适等问题。目前已经有一些关于力学反馈手套、力学反馈操纵杆、力学反馈笔、力学反馈表面等装置的研究。

目前,手指触觉反馈器的实现主要通过视觉、气压感、振动触觉、电子触觉和神经肌肉模拟等方法。其中,电子触觉反馈器向皮肤反馈宽度和频率可变的电脉冲,而神经肌肉模拟反馈器直接刺激皮层,这些方法都很不安全,较安全的方法是气压感和振动触觉反馈器。前者如美国 Advanced Robotics Research 公司于 1992 年推出的 TeleTac Glove,每个手套上都装有 20 个力量敏感电阻和 20 个小气袋;后者是由压针和压垫构成的。

3.4.2 沉浸感显示设备

从高清到 4K,再到 8K,这场分辨率革命之所以一直进行,其中一个重要因素就是分辨率越高带来的沉浸式体验越好。前几年火爆的 3D,正在快速发展的 VR/AR,都因为其带来的沉浸式体验让用户无限期待。台达集团中达电通总监朱力认为,中国的沉浸式产业刚刚兴起,随着 VR/AR 的发展,沉浸式产业链会更加丰富,继文旅应用之后,沉浸式体验消费会成为一个新型产业,即民生消费需求产业。

1. LED 显示屏智能化发展

朝着沉浸式迈进是视频技术发展的方向。专业显示市场近些年经历了颠覆性变化。从最初的大屏幕只能作为显示载体,到后来可以实现触摸进行输入性操作,再到后来可以与用户的移动设备进行交互购物和娱乐,沉浸式数字显示技术正迅速成为在物理空间和数字空间之间建立更牢固桥梁的关键平台。由 LED 显示屏配合 VR、AR、体感技术等科技手段打造的沉浸式体验(如图 3-49 所示)已然成为一种线下网红体验,广泛应用于各个领域,包含主题公园、展览、演出、特色小镇、剧本杀等多种样态。沉浸式互动投影集传统投影、环幕投影、地面投影、多通道投影融合、墙面触控、雷达识别等多种技术于一体,通过投影机将影像投射在墙面或地面,而更好画质效果的 LED 显示屏,无疑对于提升用户的沉浸式体验起到了显著作用,沉浸式将会成为 LED 显示屏的下一个发展风口。就目前来说,LED 显示屏已经可以通过"搭载触碰技术"实现人屏互动了,如 LED 互动地砖屏,它通过装载的压力传感器或电容式传感器等设备进行动作捕捉,然后再通过数据收发系统把传输回来的信号收集起来并将其传输给数据处理器进行数据分析,呈现即时画面效果。

图 3-49 沉浸式 LED 显示屏

2. 展厅沉浸式投影互动设备

展厅沉浸式投影互动设备(如图 3-50 所示)是为了提高展厅展示内容效果所进行的选择,除了投影系统以外还要涉及全息立体系统。一般一套沉浸式投影互动设备由 4 个投影面组成,形成立方体结构,让参与者完全沉浸在三维图像包围的虚拟环境中。沉浸式投影根据展示屏幕分为 3 种:曲面屏幕投影、弧幕投影、L 形折叠屏幕投影。一般来说,沉浸式投影的屏幕尺寸很大,所以需要 3 台以上的投影机。投影机的选择必须能保证播放的图像质量和稳定性,但是多台投影机的投影可能会导致图片不完整或部分范围重合,投影融合软件可以消除间隙,使画面更加完美。另外为了营造身临其境的体验,还应当配置立体环绕音响系统。

图 3-50 展厅沉浸式投影互动设备

3. CAVE 沉浸式 VR 设备

洞穴状自动虚拟系统(Cave Automatic Virtual Enviroment,CAVE)是一种基于投影的沉浸式虚拟现实设备,其特点是分辨率高、沉浸感强、交互性好。CAVE 沉浸式 VR 设备的原理比较复杂,它以计算机图形学为基础,把高分辨率的立体投影显示技术、多通道视景同步技术、三维计算机图形技术、音响技术、传感器技术等完美地融合在一起,从而产生一个被三维立体投影画面包围的供多人使用的完全沉浸式虚拟环境。CAVE 投影系统是由 3 个面以上硬质背投影墙组成的高度沉浸的虚拟演示环境,配合三维跟踪器,用户可以在被投影墙包围的系统中近距离接触虚拟三维物体,或者随意漫游"真实"的虚拟环境。CAVE 系统一般应用于高标准的虚拟现实系统。自纽约大学 1994 年建立第一套 CAVE 系统以来,CAVE 已经在全球超过 600 所高校、国家科技中心、各研究机构进行了广泛的应用。

我国"中视典数字科技 VR-PLATFORM CAVE 系统"是一种基于多通道视景同步技术和立体显示技术的房间式投影可视协同环境,该系统可提供一个房间大小的最小三面或最大七十面立方体投影显示空间,所有参与者均能完全沉浸在一个被立体投影画面包围的高级虚拟仿真环境中,借助相应虚拟现实交互设备(如数据手套、位置跟踪器等),从而获得一种身临其境的高分辨率三维立体视听影像和六自由度交互感受。

CAVE 沉浸式虚拟现实显示系统是一种全新的、高级的、完全沉浸式的数据可视化手段,可以应用于任何具有沉浸感需求的虚拟仿真应用领域,如虚拟设计与制造,虚拟装配,模拟训练,虚拟演示,虚拟生物医学工程,地质、矿产、石油,航空航天、科学可视化,军事模拟、指挥、虚拟战场、电子对抗、地形地貌、地理信息系统(GIS),建筑视景与城市规划,地震及消防演练仿真等,如图 3-51、图 3-52 和图 3-53 所示。

图 3-51　CAVE 系统在军事模拟中的应用

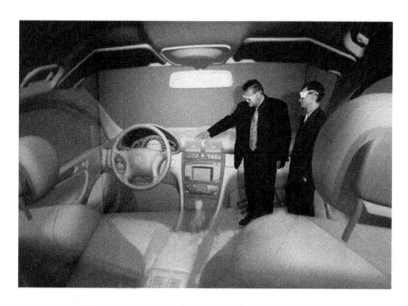

图 3-52　CAVE 系统在工业设计与制造中的应用

图 3-53　CAVE 系统的应用

4. 每一个物体表面都或将成为沉浸式显示设备

在未来,我们身边的任何一个物体表面都可能变成一面屏幕,我们可以进行沉浸式交互,这并不是梦想。

微软 IllumiRoom 技术采用 Windows 相机中的 Kinect 和投影仪来模糊屏幕内容与我们所在的环境之间的界限,从而允许用户将虚拟和物理世界结合在一起。例如,该技术可以改变房间的外观,引起明显的动作,扩展视野,并实现全新的游戏体验。

Lightform(如图 3-54 所示)正是这种技术的一种尝试,它可以使家中的每一个物体表面都变成屏幕,根据房间外观和几何形状,来实时调整投影的视觉效果。Lightform 是一种简单的小型计算机,包含一个高分辨率摄像头和一个处理器。通过 HDMI 电缆可以将其连接到任何投影机,它的摄像头用于细节地评估空间中物体的位置和尺寸,然后根据房间中每个对象的形状,来投射出特殊的图案,如图 3-55 所示。它实质上是通过智能投影将房间中的一切物体转换成屏幕。例如,该设备可以在房间中找到圣诞树,并在其表面显示节日图案。

图 3-54　Lightform

图 3-55　Lightform 的应用

习　题

1. 如何评价 HoloLens 的手势交互?
2. 智能交互设备与传统显示设备的差异是什么?

思政园地

交互设备的发展也是生产力水平的客观尺度映照

有人的地方,就存在交互。交互这个行为的产生是和人紧密相关的。交互设计

(interaction design)最初作为应用哲学的一个分支,从人类诞生之初就产生了,人和人之间、人和物之间都可以产生交互行为。

随着人类社会的不断发展进步,人类可以与之交互的"物"也从最简单的武器、工具变为工艺复杂的机器。例如:远古人类时期,手持木棒的材质、长短、粗细及石器捆绑的角度与方法等都可列入交互设计的范畴;工业革命时期,"能用"作为主要的工具衡量标准,是否具有"易用性"的交互体验需求并不突出;直到工业革命浪潮的到来,产品的标准化、同质化和生产力的极大提高,使得用户需求拥有了无限多的可能,因此产品是否好用(易用性)首次被提升到了与可用性同等重要的位置。从此,交互设计作为一个独立的流程和角色受到越来越多的重视并被加入产品开发流程中。

随着信息革命的发展,互联网技术的发展使得交互设计的需求大放异彩,产生了形形色色的交互设备。

在信息革命的最初阶段,个人计算机刚刚被发明,受限于当时的技术水平,计算机的交互只有键盘,这时候人和计算机的交互方式是"命令行交互"。这种交互方式极度不直观,导致易用性和用户体验非常差。转机出现在 1979 年冬天乔布斯的施乐-帕洛阿尔托研究中心(Xerox PARC)之行,在那次参观过程中,乔布斯被施乐的图形化用户界面和屏幕二维定位操作输入设备——鼠标震惊了,但他同样也震惊于施乐对于这种具有划时代意义的设备的漠视,接下来他毫无心理压力地"借鉴"了这两项技术并将其应用于自己的个人 PC 设备,这就是 GUI 初步被大众认识和接受的开端,从那时起一直到今天,我们都一直在使用这种方式与计算机进行交互,这就是键盘鼠标交互。

鼠标在触摸屏幕和触摸操作技术尚未成熟之前,一直充当人类手指在屏幕上的延伸和真实物理世界在二维屏幕上的投影,并且不止于此,我们还为鼠标操作方式定义了比真实物理世界更多的交互行为,如 hover、right click 等,这些交互方式在真实物理世界中并没有可对照的交互行为,但我们完全理解并接受了这些交互方式。

又一次划时代的人机交互方式改变发生在苹果推出首款 iPhone 时。从那个时候开始,手机完全超越通信工具的范畴而变成了个人智能终端设备。乔布斯再一次以他天才的眼光发现了"触控交互"的独特之处,那就是完全把 iPhone 上的各种界面、控件作为真实物理世界的投射!这种人机交互方式让终端设备的易用性达到了极致。

虽然触控交互方式开启了人机交互方式的新时代,但它并没有完全替代鼠标交互,只是在某些场景下取代了鼠标交互的垄断地位,基于鼠标交互方式的某些优点,如像素级别的精准定位、右键功能可扩充性、功能可发现性等特性,在日常办公等场景下,还是处于支配地位。

随着 CPU 成本的降低,以及人工智能、物联网、无线网络等技术的发展和普及,智能家居的概念悄然盛行,与其伴随发展的是语音交互(Voice User Interface,VUI)。我们可以用语音代替触控,例如命令智能音箱 ECHO 调节室温、问天气、订机票等。但 VUI 本身有局限性,势必要用图形化的视觉输出来弥补这种交互方式的一些不足。

与智能硬件设备同步发展的还有 AR、VR、MR 技术,同时也产生了新的交互方式需求——手势交互(gesture interaction)。基于手势交互可以创造出无穷无尽的交互方式组合,当然要记住这些手势及其组合的意义,学习成本也会比较高,因此手势交互未来还有很长的路要走。

交互设计的发展、交互设备的更新迭代与人类社会劳动生产力的发展息息相关,同时也代表了社会的生产力水平。

第4章 交互技术

交互方式的变化不仅为我们带来新的体验,而且改变了人机之间的关系,交互方式也越来越多样化,交互方式的改变在很大程度上重新定义了互联网对人们工作和生活的意义。本章首先介绍基本交互技术,然后介绍包括手势识别技术、表情识别技术、语音交互技术、多点触控技术及眼动跟踪技术在内的自然交互技术。

4.1 基本交互技术

用户与非智能产品的交互往往通过身体与产品之间发生力的操作来完成,如移动滚轮、按下按键、旋转旋钮等。而伴随着感应器与大数据等科技的进步,智能产品能够无须依靠人的输入来感知周边状况,能够无须等候人的指令来做自己应做之事。下面介绍一些基本交互技术。

4.1.1 数据交互

数据交互是人通过输入数据的方式与智能硬件交流的一种方式,在数据交互过程中,输入的数据并不仅指数字,还包含文字、图片、语音等数据流。

数据交互的一般过程是:

① 系统向操作者发出提示,提示用户输入及如何输入;

② 用户通过输入设备把数据输入计算机;

③ 系统响应用户输入,输出反馈信息,并将其显示在屏幕上(或以其他方式显示)。

人机交互中的数据交互又可分为直接输入、选择性输入、信息读入3种方式。输入密码、填写输入属于直接输入的方式;文字菜单选项属于选择性输入的方式;条形码输入、个人二维码、电子标签读入则属于信息读入的方式。例如,使用 AppleWatch 智能手表扫描二维码进行账单支付、输入目的地进行导航、选择颜色调节智能灯泡等都属于数据交互的范畴。智能硬件产品数据输入多采用虚拟键盘和触摸屏设备。

4.1.2 图像交互

图像交互在人机交互里面占据了较大比例。图像属于对客观存在物体所进行的一类相似性的模仿或是描绘,它可以是黑白或彩色图案,或者是手绘字符、声波信号等。能够进行图像交互的硬件都具备视觉感知能力,这种视觉感知能力能够区分成三大层次,即图像处理、识别与感知。其中,图像处理属于最低层次的能力,主体对于图像做各类加工来改进视觉成效,属于由图像至图像的流程。图像识别属于中层次的能力,主体对图像里面感兴趣的目标加以检测,从而获取其客观信息来构建对于图像的描绘,属于图像至数据的流程。图像感知属于机器视觉系统里面的最高层次能力,要求感知系统具备智能推理能力,基于图像识别来深入分析图像里面各个目标的性质与其彼此间的联系,从而获得对于图像内容内涵的认识和对于原有客观场景的解读,进而指导与规划行为。

图像交互运用范围广泛,在智能硬件、智能程序与其他各个领域中都有所运用。恩尼提克是一家年轻的人工智能医疗公司,其给系统输入有病症的图片,系统将图片与相似的病症进行对比,自动检测出哪些 X 片是正常的,哪些是有问题的,有效地缩减了医生大量的重复性作业并提高了疾病的确诊率,这是图像交互运用在医疗系统中的典型案例。

智能交互产品运用较多的图像交互有指纹识别交互、人脸识别交互及人脸跟踪交互。2013 年苹果公司推出的第七代手机 iPhone 5S 增加了 Touch ID——指纹识别的功能,通过获取指纹图像实现解锁功能,目前很多智能产品如智能指纹密码锁都采取了指纹识别的图像交互方式。2017 年 9 月苹果公司发布的新机型 iPhone X 配备了 Face ID,也就是人脸识别技术,从中可以看出人脸图像识别在智能产品交互中的地位。社交情感机器人 Jibo 是运用图像交互的典型产品,如图 4-1 所示,Jibo 有两大高清摄像头,用来辨识与追踪面部、照相与视频聊天。它能够辨识并记忆所有家庭成员,借助面部识别,可以智能化地为每个人进行个性化服务,包括拍照、提醒代办事项、互动性的故事讲述、唱歌等。人脸识别交互在智能安防类的产品中也运用广泛。

图 4-1　社交情感机器人 Jibo

4.1.3　行为交互

交互设计中的行为是指使用者与产品之间的动作行为,在该动作行为中应尽量减少人机之间的认知摩擦,从而形成和谐的行为交互关系。用户进行人机交流时,除去借助于数据、语音等方式进行交互,很多时候利用肢体语言,也就是借助于肢体动作来表达自身的意思,此即所谓的人体行为交互。行为交互的定义为智能设备借助于定位与辨识,追踪人类肢体活动与表情特点,进而理解其行为,且进行对应的智能化反应的流程。例如,用户进入房间,智能设备即可加以反馈,譬如提醒获取新信息,假如用户摇头,则该设备判定用户现在不想浏览信息,所以将给出别的反应,譬如展示当天行程计划等。

日本设计师村田智明设计的电子蜡烛 hono(如图 4-2 所示),通过行为交互赋予了产品不一样的情怀:用配套的"火柴"轻轻一擦,hono 便会"点燃",轻轻吹气,火焰会摇曳不定,使劲一吹便立刻熄灭,营造出如同普通蜡烛一样的效果,赋予产品交互的乐趣。B.A.R.Y.L 是一款随叫随到的"跟屁虫"智能垃圾桶(如图 4-3 所示),只要乘客挥手呼唤,它就会主动移动到乘客身边,接收乘客丢弃的垃圾,既方便了乘客丢垃圾,也能使乘客更加主动地维护车站的环境卫生。这些智能设备都通过与用户的动作行为建立了友好的交互关系。

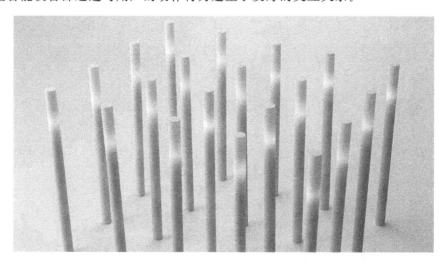

图 4-2　电子蜡烛 hono

图 4-3　智能垃圾桶 B.A.R.Y.L

在智能设备与用户的行为交互中,手势与体感交互运用也较广泛。在手势交互中触摸界面与多点输入技术是关键技术,用户用手指对界面或图标进行放大缩小、转动旋转等交互性操作,目前带屏幕的智能设备基本上都运用了手势交互操作。智能可变形沙发 Lift-Bit 就是通过手势进行交互的典型案例(如图 4-4 所示),它由多个六边形模块组成,每个模块都可根据需求,通过手势指引调节高度,通过不同的组合方式可变成床、沙发或是座椅等。与手势交互匹敌的体感交互技术,是一种无须借助任何复杂的控制设备,仅使用肢体动作,就能实现与周边装置或环境互动的技术。豚鼠体感手环 CavyTech 就是这样一款"隔空操控"的设备(如图 4-5 所示),戴上手环后,用户在空中弹指或做其他动作,就能实时反馈在与手环相连的设备上,不需触屏,就能隔空畅享体感运动。除了目前较为成熟的体感游戏、运动领域,不久的将来,豚鼠体感手环还将扩展到更多的生活化应用中,车联网、智能机器人、智能生活等都可以是豚鼠体感手环表现的舞台。

图 4-4　智能可变形沙发 Lift-Bit

图 4-5　豚鼠体感手环 CavyTech

4.2 手势识别技术

手势是身体肢体语言的一个方面,可以通过手掌的中心、手指的位置和由手构成的形状来传达。手势可以分为静态手势和动态手势。二者的区别在于静态手势指的是手的稳定形状,而动态手势包括一系列的手部动作,如挥手,在一些应用领域对手势的识别还有实时性的要求。手势中有各种各样的手部动作,如握手的方式因人而异,并随着时间和地点的变化而变化。姿势和手势的关键不同在于,姿势更关注手的形状,而手势更关注手的动作。

研究手势识别的主要目标是引入一个系统,它可以检测特定的人类手势,并使用它们来传递信息或用于命令和控制目的。因此,它不仅包括对人类运动的跟踪,而且还包括将该运动解释为重要的命令。

4.2.1 手势识别按照手势输入方式分类

人机交互应用程序通常使用两种方法来解释手势。第一种方法是基于数据手套,第二种方法是基于计算机视觉(Computer Vision,CV),不需要佩戴任何传感器。

用于人机交互的手势识别始于数据手套传感器的方法,为计算机接口提供了简单的命令。手套使用不同类型的传感器,通过检测手掌和手指位置的正确坐标来捕捉手部运动和位置,基于可穿戴手套的传感器可用于捕捉手部运动和位置。此外,它们可以通过安装在手套上的传感器轻松地提供手掌和手指的精确坐标、方向和配置。但是,这种方法要求用户在物理上连接到计算机,这阻碍了用户和计算机之间的交互。此外,这些设备的价格相当高。然而,基于采用了触摸技术的现代手套的方法是一种更有前途的技术,被认为是工业级的触觉技术。该手套通过微流控技术提供触觉反馈,让用户感知虚拟物体的形状、纹理、运动和质量。

基于计算机视觉的传感器采用的技术是一种常见的、适用的技术,因为它提供了人与计算机之间的非接触通信,可采用不同配置的相机,如单眼、鱼眼、TOF(Time of Flight,飞行时间,一种深度相机所采用的图像采集方式)和 IR(infrared,红外镜头,主要用于夜视、监控摄像头上)。然而,该技术涉及几个挑战,包括光照变化、背景问题、遮挡效果、复杂的背景、相对于分辨率和帧率的处理时间交易,以及前景或背景对象呈现相同的肤色色调或以其他方式影响手的识别效果等。在 R. C. Oinam 等人实现的基于数据手套的技术中,手套有 5 个弯曲传感器,他们将识别效果与基于计算机视觉的方式做了对比(见表 4-1)。结果表明,与基于数据手套的方法相比,基于计算机视觉的方法更加稳定可靠。

表 4-1 两种识别策略的比较

技　术	基于计算机视觉的方法	基于数据手套的方法
输入设备	相机	传感器、手套
决定因素	图像分辨率	传感器精度
成本	低廉	高昂

4.2.2 基于计算机视觉的手势识别的主要研究内容

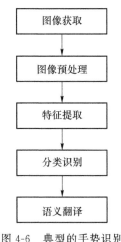

图 4-6　典型的手势识别
处理过程

基于传感器的捕捉手部运动的技术必须使用外部设备并且外部设备造价高昂。为了克服其局限性,基于计算机视觉的技术进入了人们的视野。这种方法只需要手势的图像或视频。图像采集采用 3D 摄像头、多摄像头、网络摄像头等。尽管有不同的检索过程,但每种基于计算机视觉的技术都遵循相同的步骤,如图像预处理、特征提取、分类识别和语义翻译。图 4-6 显示了一个典型的手势识别处理过程,一个有效且简单的算法必须要降低执行速度和复杂度。

图像获取也叫图像采集,是一种从相机或其他来源检索图像或视频的行为。在实时手势识别中,主要通过网络摄像头或笔记本计算机摄像头捕获图像,被捕获的图像是未经处理的,然后将未经处理的图像传递到图像预处理阶段。在 20 世纪 90 年代早期,图像是使用模拟相机捕捉的,但现在使用较多的是深度相机和微软 Kinect(如图 4-7 所示)。

图 4-7　微软 Kinect

图像预处理是对图像进行一些操作,将其转换为计算机可识别形式的一种方法。图像预处理可以去除不需要的噪声,增强图像特征,以便进行进一步的操作。图像预处理阶段也使用像素的冗余。对于手势识别来说,图像预处理阶段采用了分割、归一化、阈值化等方法。第一个手势识别图像预处理阶段采用了肤色阈值技术,通过平滑和模糊可以消除高强度的噪声。

特征提取是将图像降维为综合特征的过程,是一种可以降低图片大小或者压缩图片的有效方式。形状、边缘、长度、颜色等都是识别相机需要的特征。Dalal 等人引入了基于目标检测的形状或颜色特征提取,包括面向直方图的特征开发。近年来,卷积神经网络(Convolutional Neural Network,CNN)作为一种有效的特征映射方法被广泛应用于特征映射领域,利用数据集进行训练、提取特征。

特定的手势是通过与训练的数据集进行比较来识别的。这里使用一些分类方法或算法对符号进行分类。分类就是把数据按各自的类别分类。利用得到的特征向量,可以计算出该类的概率。较高概率的数据将归入各自的类别。SVM、KNN、ANN、NB 等是近年来目标检测与识别中常用的分类算法。为了识别手势所表达的含义,将其翻译成语言是不可避免的。只有将手的动作转换成文字,才能正确接收手势代表的语义。

4.2.3 手势识别技术的应用领域

手势作为一种非语言交流的手段广泛应用于多个领域,如聋哑人之间的交流、机器人控制、人机交互、家庭自动化和医疗应用等。随着计算机视觉和智能终端的普及,人们对智能化、个性化人机交互的需求越来越大。然而,传统的接触式人机交互设备输入规则较多,交互效率较低。与语音、面部、指纹等人机交互媒体相比,手势是人类最简单、最快捷、最常见的交互媒体之一。手势可以作为代替输入设备,在没有鼠标或键盘的情况下与计算机进行交互,例如,在桌面环境中拖放和移动文件,以及进行剪切和粘贴操作。此外,它们可以用来控制幻灯片显示演示。手势识别已成为智能人机交互领域的一个重要研究方向。

在临床和健康领域,为了缩短手术时间或提高结果的准确性,外科医生可能需要了解患者的整个身体结构或详细的器官模型。这是通过医学成像系统实现的,如 MRI(磁共振成像)、CT 或 X 射线系统,从患者的身体收集数据,并在屏幕上显示为详细的图像。外科医生可以利用计算机视觉技术在摄像机前做手势,从而促进与所观察图像的交互。这些手势可以实现一些操作,如缩放、旋转、图像裁剪和切换到下一张或上一张幻灯片,而不需要使用任何外围设备,如鼠标、键盘或触摸屏。任何额外的设备都需要消毒,这在用键盘和触摸屏的情况下可能是困难的。此外,手势可以用于辅助用途,如轮椅控制。

手势识别技术在搭建虚拟环境中也能够得到应用。虚拟环境基于一个 3D 模型,需要一个 3D 手势识别系统来实现人机交互。这些手势可用于修改和查看,或用于娱乐目的,如弹奏虚拟钢琴。手势识别系统利用一个数据集将其与实时获取的手势进行匹配。除此之外,手势可以有效地用于家庭自动化。握个手或做个手势就能轻松控制灯光、风扇、电视、收音机等。它们可以用来提高老年人的生活质量。其中,以游戏为目的的手势互动较好的应用是微软 Kinect Xbox,它在屏幕上安装了一个摄像头,并通过连接线与 Xbox 设备连接。用户可以通过 Kinect 摄像头传感器跟踪手部动作和身体动作来与游戏进行交互。

4.2.4 手势识别技术的发展前景

目前手势识别技术广泛地应用在 AR、VR、汽车智能控制以及人工智能等领域。通过融合手势识别技术,增加智能家居的控制方式,使其摆脱传统的舒适度低,且不够自然的控制方式,对于当下消费者普遍存在的求新、求异的消费心理,一定会有很广阔的市场。

基于消费电子行业,在目前消费者求新、求异的消费理念下,如果出现一种控制技术能够代替传统的控制方法,比如鼠标和键盘等,那么一定能在青少年这个群体中有很好的市场。在机器或机器人的控制上,手势控制是一种非常高效的控制手段,工厂很早就已经开始应用手势控制机械手臂了,只是使用的是比较传统的手势控制方法,在当下的消费市场,大疆"晓"系列无人机(如图 4-8 所示)已经实现通过手势对无人机进行起飞、悬停、拍照、跟随和回收等一系列的操作了,完全摆脱了遥控设备的介入,这是一个标志性进步。

人机交互方式未来会更加丰富,也会更加注重人的感受,因为人才是关键,满足人的需求,方便人对机器的控制,使得机器更加完美地"理解"人的意图,才是人机交互的最终归宿和终极目标。尤其是目前虚拟产业的迅速发展,也会对人机交互提出更高的要求。

图 4-8 大疆"晓"系列无人机

4.3 表情识别技术

4.3.1 表情识别流程

面部表情是面部肌肉的一种或多种运动状态的结果。人脸表情识别最初的研究起始于20世纪70年代,以心理学和生理学研究为导向为面部表情建立模型。伴随着数字图像处理、机器学习和模式识别技术的发展,科研人员将人工的表情分类引入计算机自动化处理中,形成了一个新的模式识别研究方向,即通过计算机技术自动识别出给定图片中人脸部分所属的表情类别。

人脸表情识别过程可分为3个部分,即人脸图像预处理、表情特征提取和表情分类,具体流程如图4-9所示。

图 4-9 人脸表情识别过程

人脸图像预处理阶段常用的预处理方法有人脸对齐、数据增强和归一化。由于在不受控的场景下诸如不同的背景、光照和头部姿势等与表情无关的变化相当常见,因此在训练有意义的特征之前,需要对面部表情进行预处理。

在表情特征提取阶段,由于近年来深度学习在各种应用中取得了先进的性能,因此越来越多的研究选用深度学习的方法通过多种非线性变换和表示来捕获深层次的抽象特征。表情特征提取是尤为关键的一步,如何准确地提取到有效特征是人脸表情识别工作的重点研究方向。

在学习了面部表情后,人脸表情识别的最后一步是表情分类,即将给定的面部表情图像分类为一个基本的表情类别。常见的分类方法有直接使用 SVM 分类器或者使用 Softmax 损失函数预测分类概率。

4.3.2　人脸表情数据集

对于人脸表情识别而言,拥有足够的带标签的训练数据(包括尽可能复杂的环境和多样化的种群)至关重要。人脸表情数据集可以分成很多种类型,比如有静态图片和动态视频数据集、实验室环境和自然环境数据集、单标签和多标签数据集等。国内外实验室开放了很多标准表情数据库供学者们科研使用。接下来介绍一些人脸表情识别领域具有代表性的公共数据集。

1. JAFFE 数据集

JAFFE(The Japanese Female Facial Expression)数据集是 1998 年发布的人脸表情数据集,也是第一个较为完善的人脸表情数据集。该数据集的数据主要采集于 10 位日本女性。她们在实验环境下根据指示扮演各种表情,再使用照相机进行拍摄,进而获取人脸表情图像。该数据集总共包括 213 张 256×256 的灰度图像,所有图片囊括 7 种表情,包括 6 种基本表情和 1 种中性表情。由于该数据集是在实验室环境下采集的,没有受到光照、头部姿态以及遮挡等因素的影响,因此图片内容相对较简单,并且目前在该数据集上的识别率已经很高。图 4-10 展示了 JAFFE 数据集中的部分人脸表情图像。

生气　　　　　厌恶　　　　　恐惧　　　　　高兴　　　　　中性　　　　　伤心　　　　　惊讶

图 4-10　JAFFE 数据集表情图片示例

2. CK＋数据集

CK＋(The Extended CohnKanade)数据集是在 Cohn-Kanade Dataset 的基础上扩展来的,发布于 2010 年。该数据集采集了 123 个人共 593 例动态序列表情图像。每个序列内容都是实验者从中性面部表情到峰值表情的转变过程,持续时间从 10 到 60 帧不等。表情类别除了 6 种基本表情外,又引入了蔑视这种表情。在对象获取者方面,选取了 18～50 岁不同人种的男性和女性。为了模拟自然环境下的光照信息,该数据集中一部分图像被人为地加入了不同类型的光照。CK＋数据集的表情图片示例如图 4-11 所示。

生气　　　　　蔑视　　　　　厌恶　　　　　恐惧　　　　　高兴　　　　　伤心　　　　　惊讶

图 4-11　CK＋数据集的表情图片示例

3. FER2013 数据集

FER2013 数据集在 2013 年的 ICML 会议上被提出。该数据集是由 Google 图像搜索 API 自动收集的大型且不受限制的数据集。在删除标记错误的帧并调整裁剪区域后,将所有图像都调整为 48×48 的灰度图像。FER2013 数据集包含的训练、验证和测试图片的数量分别为 28 709、3 589 和 3 589,并总共包括 7 个表情标签(生气、厌恶、恐惧、高兴、伤心、惊讶和中性)。该数据集包含多种外界因素干扰情况下的真实表情,是针对自然环境下的表情识别研究的首选数据集。目前在该数据集上的识别率相对较低,仍有较大的提升空间。图 4-12 展示了 FER2013 数据集中的部分样例图。

生气　　　　厌恶　　　　恐惧　　　　高兴　　　　伤心　　　　惊讶　　　　中性

图 4-12　FER2013 数据集表情图片示例

4. RAF-DB 数据集

RAF-DB(The Real-world Affective Face Database)数据集是由北京邮电大学在 2017 年发布的针对自然环境下表情识别问题的数据集。该数据集包含互联网上爬虫收集的 29 672 张自然环境下真实的人脸表情图像。RAF-DB 数据集拥有两个子集,分别包括 7 种基本表情和 12 种复合表情。在众包标注投票的过程中,一些表情存在多个类别票数相近的情况,即投票标签分布呈现两个峰值。于是把这些具有两个峰值的表情视为复合表情。RAF-DB 数据集还为每张图片提供了 5 个精确关键点、37 个自动标注的关键点、人脸标记框、性别以及年龄等属性。RAF-DB 数据集不仅提供了网络上收集的 RGB 原始图片,还提供了剪裁后的 100×100 人脸表情图片。RAF-DB 数据集在自然环境下的表情识别研究中得到了广泛使用。图 4-13 展示了 RAF-DB 数据集的表情实例图。

惊讶　　　　恐惧　　　　厌恶　　　　高兴　　　　伤心　　　　生气　　　　中性

图 4-13　RAF-DB 数据集表情图片示例

4.3.3　表情识别技术的应用领域

人脸表情识别拥有广泛的应用前景,目前主要应用在安全驾驶、虚拟现实、视频广告分析、在线教育等领域。

(1)安全驾驶

驾驶员情绪在驾驶中起着重要作用。例如,很多驾驶员都有疲劳驾驶的情况,尤其对于驾驶长途汽车的人来说,很容易犯困。可以通过驾驶员的表情判断其精神状况,进行疲劳驾驶检测,提示驾驶风险。还有很多驾驶员存在路怒症现象,因简单的交通事故,出现互殴、言语口角等直接的人身攻击。表情识别则可有效地提醒驾驶员,从而减少由于路怒症而引发的交通事故及刑事案件。

（2）虚拟现实

在 VR 游戏中,实时分析玩家自身的表情,然后按照一定的规则调整相应的虚拟人物的面部表情,从而给玩家带来更加真实的沉浸式体验。与此同时,还可以根据玩家实时的表情状况,触发不同的游戏剧情,可极大地增强整个游戏体验。

（3）视频广告分析

在用户观看视频广告时实时分析用户的表情,从而了解用户喜好,这样可以为用户提供更加精准的广告推送。对于商家来说,准确的广告推送可极大地增加用户的下单率,从而增加营销效益。

（4）在线教育

在进行授课教学的过程中,通过对学生的表情进行分析,辅助老师对学生在听课过程中对课程内容的理解程度、思想的集中程度和学习状态等进行分析,从而制订更加符合学生自身情况的教研计划。

4.3.4 表情识别技术的发展前景

人脸面部表情识别技术经过几十年的发展已经取得了很好的成果,但该技术还不够成熟,还有很广阔的发展前景。

（1）人脸面部表情识别的鲁棒性有待提高

目前所研究的人脸面部表情识别技术都是在特定的条件下采集人脸,例如各类数据库图像。如果将该技术用于电影或视频当中的话,人脸检测的归一化问题将显得异常尖锐。

（2）人脸面部表情特征提取的针对性和准确性

人脸面部表情的种类繁多且复杂,近年来的人脸面部表情识别大多进行特征提取后运用自学习的方法对人脸面部表情进行分类,人脸面部表情特征提取没有针对性;另外,在现实生活中,大多数表情很难根据某一规则进行明确的区分,也就是说表情的类别之间没有明确的界限,并且某些表情在日常生活中很少发生或很难区分,都会造成人脸面部表情识别的准确性不高的问题。

（3）人脸表情数据集建设需要加强

目前对人脸面部表情识别的研究所用的数据库有限,这就造成了对人脸面部表情识别的局限性。对于受欢迎的 JAFFE 数据集来说,只是针对女性的面部表情识别,广泛性不足;另外,不同地域的人面部结构不同,比如外国人的眼部相比中国人的眼部来说凹凸性较大,故对其进行归一化处理的效果就不如对中国人的眼部进行归一化处理的效果好,因为外国人脸部色彩分布比较复杂,比如眼部阴影较大。

（4）三维表情识别

人的面部运动主要是头部的刚性运动和面部的柔性运动的叠加,如果没有有效地分离这两种运动就很容易造成人脸面部表情提取的失败,如想解决这个问题,需要引入三维的表情信息,而当今的人脸面部表情识别主要是以单视角系统为主来研究的,故三维人脸面部表情信息的提取也是今后的一个热点研究问题。

（5）应用研究需要强化

现阶段的人脸面部表情识别研究较为广泛,但大多为一些潜在应用,实际性系统仍然很少,能结合工程应用的更是少之又少,故在开展人脸面部表情识别基础理论研究的同时,也应该强化一下工程应用。

总之,人脸面部表情识别的发展前景很广阔,需要解决的问题也很多。图像处理、人工智能、模式识别和心理学等的发展将为人脸面部表情识别提供一个比较大的研究平台,必将推动人脸表情自动识别技术的迅速发展。

4.4　语音交互技术

语音识别或者说自动语音识别(Automatic Speech Recognition,ASR)通常是智能语音交互的第一步。自动语音识别是指从麦克风采集到的语音波形信号中,解码出人们口中所说的内容的过程(如图 4-14 所示)。语音识别的过程即从语音信号到文字内容的解码过程。学术界通常把语音识别定义为一个广义的技术集合,认为语音识别是一个全栈的技术,包括语音转文字、声纹识别、语音关键词检出、口语评测等。而工业界对语音识别的定义则相对狭义,只表示语音转文字的过程。本节也只论述这个狭义的概念。

图 4-14　语音识别流程

4.4.1　语音识别技术的变迁

语音识别技术从一开始的模板匹配开始,经历了序列标签建模的兴起,到序列标签方法的改进、语音识别应用的发展、数据积累的爆发,引发了当前深度学习在语音识别中的高速迭代。从技术角度看,语音识别作为一个传统的模式识别问题,模板匹配的思维从来没有离开过研究者的大脑。

人类最早开始自动识别语音的思路是用模板匹配方法识别一个词或者短词组,紧接着基于统计的大词汇量连续语音识别问世(如图 4-15 所示)。

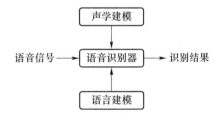

图 4-15　连续语音识别原理

连续语音识别中的声学模型可以理解为帮助计算机认知每个音素单元的声学特征,语言模型可以理解为计算机对人类用词习惯的认知。语音识别的过程就是在语音信号中不断地解析出各种可能的音素连接,这些连接受到词典和用词习惯的约束,把可能性最高的连接作为识别结果输出给用户。研究人员引入了序列建模,典型的模型是隐马尔可夫模型(HMM),用来描述如何在可变长的时序特征序列上打词标签。HMM 主持序列的流转,用来在时间序列上某个点打标签的代表模型是高斯混合模型(GMM)或者多层的神经感知网络(MLP),与此同时,为了表达人类在连续说话中的用词习惯,研究者把统计语言模型也融入了实验中。从序列标签模型引入起,研究者一直试图解决序列离散化假设缺陷,打标签目标不以结果为导向,但影响语音识别率的核心矛盾是模型分类能力。为了解决这个主要矛盾,基于模板的思路曾经在 2000 年后再度兴起,为 2011 年数据爆发和深度神经网络入主语音识别打下了思想基础(如图 4-16 所示)。

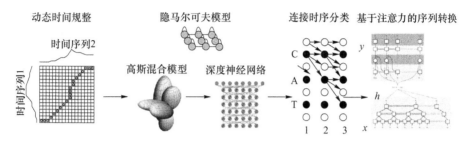

图 4-16　语音识别技术的变迁

从图 4-17 可以看出,从引入深度学习,到深度学习算法在语音上的全面迁移,语音识别的错误率又下降了一个很大的台阶。今天,业界推崇的端到端语音识别会成为未来语音识别的主流技术框架,目前它在工业界的实践可以被理解为以音节或者词为单位的软模板匹配。

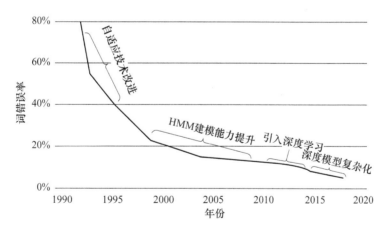

图 4-17　语音识别错误率的变化趋势

Google 于 2018 年 11 月 15 日提出了端到端的语音识别模型,从而引发了端到端语音识别的热潮。当下比较热门的端到端语音识别技术有两层含义:一是声学模型端到端;二是整个识别流程端到端。声学模型端到端理论上是指把序列标签中主持流转的 HMM 和序列中某个标签决策融合到一个模型里,比如图 4-16 中的 CTC(Connectionist Temporal Classification,连接时序分类)框架和基于注意力的序列到序列的识别。使用 CTC 表征声学和语言,目前在实际应用中效果不佳,所以仍然需要单独外接语言模型实现较高的语音识别率。所以,在此之上,人们希望通过整个声学和语音联合建模,即整个流程端到端。

4.4.2 语音识别技术的发展趋势

端到端语音识别必将成为语音识别技术的主流。与此同时,"端"的前后左右移动,即内外联合建模,也成为目前语音和自然语言处理社区关注的热点。

语音识别内部的联合建模技术是之前提到的把语音识别中用的语言模型和声学模型融合到一个模型里的技术,典型的技术是 RNN Transducer,大大地简化了语音识别的推理过程,以及对内存的需求。在接下来的几年内,业内各个团队都将试图让这个技术的识别率逼近工业界主流的识别引擎。

语音识别的外部联合建模也会在特定的任务和特定设备上发展起来,比如,从语音到任务完成型语义的识别,即语音到领域、意图和槽位的序列转换会简化设备端的本地识别和理解。再比如,某语种语音到其他语种的文本翻译,由于优化目标的统一和假设依赖的弱化,以及减少标注过程的错误传播上的优势,在理论上性能会超越现在先识别再翻译的两段式算法。

多任务学习也会进一步减少语音识别的错误。语音识别类的任务,如识别本身、说话人识别、语音标签、语音降噪、语种识别等算法,在训练时可以共用同样的输入数据,但不同的标签进行"综合"学习,可以使预训练模型对语音空间有更全面的"感知"和"认知",从而更适合复杂场景下的语音识别任务。

4.4.3 语音识别技术的应用领域

语音识别技术的应用十分广泛,语音识别经历了从孤立词的识别到关键词的识别,再到根据说话人连续的语言的识别的过程,如今许多社交软件都实现了从开始的键盘输入到语音识别输入,语音输入技术的突破给人们的生活带来了很大的便利,图 4-18 展示了一部分基于语音识别的应用网络,为未来的语音识别网络提供了可视化模型。

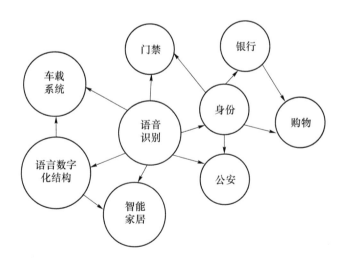

图 4-18 语音识别的应用网络

（1）语音助手

语音识别作为机器与人交流的媒介，在语音助手方向有很大的可操作性，目前已存在具有语言自动识别功能的小型机器人（例如天猫精灵、小度等），事先通过内部下载的程序进行机器人和手机的联合配对，针对使用者的语言进行开关电视、播放音乐、设置闹钟等操作，这是最终全面实现智能家居的一个发展趋势。智能家居是将语音识别系统嵌入家庭使用设备中，使家用设备系统网络一体化，这种操作能极大地丰富人们的生活；车载语音助手如今也有了明显的发展，利用语音传输进行音乐播放、导航配置的控制，在一定程度上改善了驾驶人的驾驶环境。

（2）身份确认

在如今科技高速发展的时代，人类身份的确认尤为重要，除了生物体特征识别之外，语音识别也能达到期望的效果。身份的确认基于说话人声道、发出声音频率的不同进行区分，解决了如今身份密码的缺憾，密码作为保护信息的一种途径容易被破解且固定不可迁移，现在技术高超的译码技术能通过枚举破解固定的密码，但人物语音的不同、发音习惯的差异对于身份的确认十分有益处。在门禁系统中，人物可以事先将自己的语言信息存储在系统模块库中，当涉及具体人物识别的时候，将采集的语音数据和存储数据进行识别对比就可得到说话人的身份；语音识别的身份确认在公安系统的案件侦查中也有很大的效用，将语音识别与身份证信息结合也是出彩的操作，语音输入技术加上生物体特征识别技术的配合就将得到多重身份保证。

4.4.4　语音识别技术的发展前景

语音识别技术在未来将是十分热门的领域，许多企业将加大对于语音识别的资金投入，首先基于其原理进行适当的展望；其次从应用领域进行可视化的分析，目前对于全球中大部分听觉受限的人员，每人都拥有人工耳蜗是不经济的也不现实的，但是语音识别技术将十分有优势，若配合语音识别系统，将对此问题有很大的帮助，将说话方的语言通过语音识别技术显示给听力受限的人群，通过一个类似于辅助助听器的应用软件，不仅有效而且经济；最后是技术层面，将噪音从获取的语音信息中完全过滤，使机器像人群一样不受限于嘈杂的环境，对于生活中嵌入的应用是很有发展价值的。

4.5　多点触控技术

多点触控技术（Multi-Point Touch Technology）是现代交互技术的必然产物，它摒弃了传统的输入工具键盘和鼠标，这种指尖操作让工作和学习变得更加高效和便捷，尤其是近几年，多点触控技术逐渐走进我们的生活和教育界，如学校图书馆的借书系统、教室里的交互式电子白板、时刻陪伴我们的智能触屏手机或平板电脑，可以说多点触控技术顺应了信息化时代的潮流。

4.5.1 多点触控技术的概念及原理

多点触控技术又称多重触控技术、多点感应技术和多重感应技术,顾名思义,该项技术支持单个用户多个手指或者多个用户多个手指同时在同一个设备界面上点触、旋转或拖拽并接纳多个信息采集点,改善了长期以来鼠标和键盘单信息输入的传统方式,多点触控技术桌面同时兼备输入和输出两种功能,使得人机交互更直接、反馈更及时。多点触控技术在工作时有其独特的优势:首先较之传统的按键操作设备更高效,它可以直接通过手指触控作用其操作对象,而且可以同时输入并及时反馈多个不同的信息;其次是多点触控技术的交互直接性,操作对象时无须敲击键盘输入而因手势的变换发生直接变化,而且降低了很多对键盘输入不熟悉的用户的操作难度;最后最直接的是其操作状态的多样性,用户可以任意选择单指、单手多指、双手多指或多人多指操作,增加了无限可能性。

多点触控技术的核心是受抑内全反射技术(Frustrated Total Internal Reflection,FTIR),具体可以解释为由发光二极管(LED)发出的光束从触摸屏截面照向屏幕表面并产生反射的工作原理。当屏幕上方没有任何阻挡物时,也就是说当屏幕上方是空气时,入射光会在屏幕上完全反射;而当有手指按压时,丙烯酸材料屏幕面板上的部分光束会透过表面投射到手指表面,手指会导致光束产生漫反射并透过触摸屏到达光电传感器,其作用是将光信号转化为电信号,最终系统得到触摸信息,如图 4-19 所示。这一原理充分发挥了人类手指的潜力,摒弃了传统鼠标的点击操作,因此多点触控技术成为新时代的宠儿。

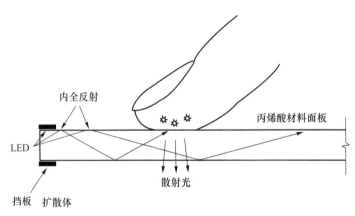

图 4-19　FTIR 原理图

4.5.2 多点触控的交互方式——手势

手势是人们用手掌、手指部位和其他形状来进行交流沟通的语言系统,本小节所说的手势是指人与计算机交互用的手势。多点触控手势是指基于多触点技术,在多触点平台上使用,能被多点触控手势识别系统识别的手势。多点触控手势具有直接操作的交互方式,具有用户接受和喜欢的自然和高效的特点。多点触控手势是用户使用多点触控技术的关键元素,手势是一种非语言的高效沟通方式,特别是在电子产品的应用中,可以实现众多键盘和鼠标无法实现的功能,可提高使用的趣味性及便捷性。多点触控的基本手势如表 4-2 所示。

表 4-2　多点触控的基本手势

手势				
名称	单击手势(tap)	双击手势(double tap)	拖动手势(drag)	快速滑动手势(flick)
手势				
名称	捏手势(pinch)	扩展手势(spread)	按住手势(press)	按住并单击手势 (press and tap)
手势				
名称	按住并拖动手势(press and drag)		旋转手势(rotate)	

4.5.3　多点触控技术的应用领域

基于多点触控的系统是将多点触控技术应用到人机交互界面中去的系统。随着多点触控交互的发展,已经有越来越多的商业产品应用了多点触控技术,而且多点触控屏幕的尺寸也有很多的选择,从小型到大型界面分别为小型多点触控界面(3″~9″)、中型多点触控界面(12″~25″)、大型多点触控界面(40″~60″)。多点触控系统界面在很多领域中得到了广泛的应用,发挥着巨大的价值,这其中包括:

- 互动信息展示:政府部门、企业成果展示、商业宣传、广告媒体、公共信息服务等。
- 指挥控制应用:地理信息、公安系统、国土资源、交通部门、电力行业、水利部门、军事单位等。
- 展会领域应用:各类产品展会,民用、工业产品展示。
- 房地产行业应用:房产销售中心、跨区域营销现场、大型的地产交易展厅等。
- 文教行业应用:科技馆、博物馆、高档娱乐场所、游戏厅等。

4.5.4　多点触控技术下的自然人机交互方式的发展

在多点触控设备中,触摸屏界面和其他界面的设计理念是一致的,就是"以人为本",让用户在首次接触了这个界面后就觉得一目了然,不需要多少培训就可以方便地上手使用,从而使用户第一次操作就获得快乐的感受。目前,多点触控中的自然交互方式从操作动作上来说是粗放的,往往需要重复大量的动作才能完成。捕捉到当前多点触控中存在的自然交互问题,才能确定操作的准确性。

① 提高多点触控的灵敏度。在多点触控技术中无法正确地触控,要实现多次点击和触

控,或者重启计算机。为了增加这种灵敏度,很多商家采用各种办法来避免这种操作误区,使得产品能提高工作效率,点击一步到位。从多点触控技术、操作系统匹配性出发能改变这种情况。

② 增强手势与设备的匹配程度。触控技术是基于人手触摸得以实现的自然交互技术,手的运动是整个多点触控交互的核心,必须符合人们的认知习惯和生活体验。制定系列标准手势设计库已是必然,同样的手势引起相同的效应,减少用户记忆负担,用户对待不同的智能产品时,都能轻松驾驭,增强手势与设备的匹配程度,可为实现智能触控产品的高效生产和全球共享设计打下良好的基础。

③ 提升操控与反馈的智能性。在智能产品中我们必须处理好软件与软件互相影响的问题,要能够准确反应触控所要引起的结果判断,使得所要操作的软件作出响应,把活动行为中暗藏的用户目的和意图识别出来,辨析用户在行为中的"规则",让默契也能在多点触控设备中淋漓尽致地体现出来。

④ 丰富性及愉悦性的多种反馈表现。从自然交互的角度来看,多点触控方式主要运用的是触觉通道和视觉通道,在触摸的过程中,它作为自然交互方式的一个种类,就必须考虑与其他感官通道联系起来,以期能更好地传输信息。

4.6 眼动跟踪技术

4.6.1 眼动的基本概念

所谓的眼动跟踪方法是通过记录眼动的注视时间、位置、轨迹等指标来了解人们对实时信息的获取和加工过程。眼动的方式比较复杂,其主要方式为注视、眼跳、平滑追随运动、眨眼及眼球震颤。

人们获取的信息大部分是通过注视完成的,也就是人眼的中央窝对准要观察的物体时间超过 100 ms,该过程中被注视的物体要成像在中央窝上才能获得充分的加工以形成清晰的像。当眼睛切换观察对象时,注视点突然发生改变,两个注视点之间眼睛的快速运动,通常称为"眼跳",在该过程中可获得时间与空间信息,但不能形成比较清晰的像。当个体与被观察物体存在相对运动时,为了确保眼睛总是注视该物体,眼球会追随该物体移动,称为"追随运动"。眨眼是一种快速的闭眼动作,也称为"瞬目反射"。眼睛不自主、节律性的往返运动被称作眼球震颤。通常为了更好地选择信息以便形成清晰的像,上述几种眼动方式可同时交替进行。

4.6.2 眼动跟踪的测量方法

眼动跟踪的测量方法经历了早期的直接观察法、机械记录法,随着技术的发展,瞳孔-角膜反射法、眼电图法(EOG)、接触镜法、双普金野象法、虹膜-巩膜边缘法等方法出现了,最终发展到现如今的基于微电子机械系统(MEMS)技术的跟踪方法。

1. 直接观察法

最原始的眼动跟踪测量方法是直接用肉眼观察被试者的眼球运动。1897 年 Javal 通过放置在被试者面前的镜子,站在其背后进行直接观察,1925 年 Miles 使用窥视孔法,即躲在阅读材料的后面,通过阅读材料中间的小孔观察被试者阅读材料时的眼动。在最初对眼动的研究中,观察法发挥着重要的作用,眼动的一些基本规律,如注视、眼跳等都是通过直接观察法发现的,但同时只能对眼动进行比较粗略的了解,而且观察的结果具有不确定性,现如今该方法很少被用于眼动研究。

2. 机械记录法

眼动的机械记录是指把眼睛与记录测验装置用机械传动方式连接起来实现眼动记录。该方法充分利用角膜凸起的特点,借助一个杠杆来传递角膜的运动情况。1898 年 Richardson 等人利用橡皮膏将一个杠杆连接在眼球上,第一次记录了被测试者阅读过程中的眼动轨迹,如图 4-20 所示。机械记录法一般有 3 种:支点杠杆法、角膜吸附环状物法、气动记录法。眼动的机械记录法所使用的装置较复杂且不易调整,更重要的是实验结果的准确性也很低,现在普遍被准确性相对较高的方法所取代。

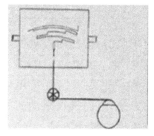　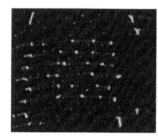　

(a) 机械结构原理　　　　　(b) 记录的轨迹　　　　　(c) 记录的场景

图 4-20　机械记录法

3. 瞳孔-角膜反射法

瞳孔-角膜反射法是眼动跟踪领域广泛认可的方法,其原理是基于眼角膜从眼球表面凸出的生理特性,当在需要保持眼睛相对头部位置不会改变的情况下对眼动进行测量时,可使用瞳孔-角膜反射法。用相机拍摄红外光照射眼睛后的反射图像,利用亮瞳孔和暗瞳孔原理,然后通过计算机进行处理,提取所拍图像中的瞳孔和角膜,把角膜反射点作为相机和眼球相对位置的基点,瞳孔中心位置坐标就表示凝视点位置。该方法具有准确性高、误差小、无干扰等优点,但对计算机图像处理能力的要求比较高。

4. 眼电图法

正常情况下眼球的视网膜具有很高的代谢水平,这就导致视网膜与角膜代谢作用的速度有所差异,角膜代谢速率慢,而视网膜则相对较快,正是这种差异形成了角膜网膜电位差。当眼球转动时,眼球周围的电势也随之发生变化,分别将两个贴在皮肤表面的电极放在眼部上下两端,眼球向上移动时,网膜的阴极便接近下面的电极,而阳极接近上面的电极,这样便会产生一定的电位差,若眼球向下移便产生相反的电极差。1955 年 Woodworth 等人记录了左右方向上的运动。眼球方向上的变化所产生的电位差,经放大后得到眼球运动的位置信息。记录的结果并非实际运动情况,需要间接地转换计算,被测试者的个体电位也存在差异,从而不能保证测量结果的准确性,且该测量方法在技术上较为复杂。眼电图的电极分布如图 4-21所示。

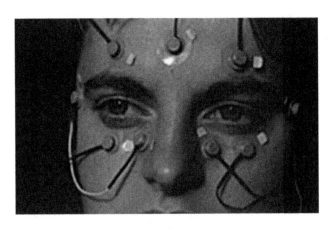

图 4-21　眼电图的电极分布

5. 接触镜法

接触镜法是一种精确的眼动跟踪测量方法,同时也是具有侵入性的方法。首先将机械或光学的参照物安装在眼镜的接触镜上,然后直接佩戴并使用附着在角膜上的石膏,通过机械连接记录笔进行眼动记录,后来逐渐演变成使用装有安装杆的现代隐形眼镜。虽然隐形眼镜方便易携带,但同时需要更大的尺寸以保证能覆盖角膜和巩膜。构成接触镜的附着装置常用的工具有反射磷光体、线图和线圈。其原理是根据眼动确定光学装置的方向,进而推算眼动的方向,安装在角膜上的反射镜可以将眼动产生的光束反射到各个方向以便提取眼动信号。

嵌入巩膜隐形眼镜的搜索线圈和电磁场框架如图 4-22 所示,隐形眼镜嵌入眼睛的方法如图 4-23 所示。虽然接触镜法是最精确的眼动测量方法之一,但镜片的插入操作要十分小心,佩戴后可能引起不适。

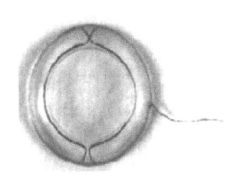

（a）搜索线圈

（b）电磁场框架

图 4-22　搜索线圈和电磁场框架

（a）吸附于镊子

（b）靠近眼睛

（c）贴附于瞳孔

（d）插入完成

图 4-23　隐形眼镜嵌入眼睛的方法

4.6.3 眼动跟踪技术的应用前景

近年来眼动跟踪技术的应用越来越广泛,随着研究的深入,人们在传统眼动跟踪原理的基础上提出了许多创新的跟踪方法。眼动跟踪技术与其他技术结合的方法成为发展的趋势,为眼动跟踪研究提供了全新的思路,眼动跟踪与 MEMS 技术、VR/AR 技术、生物识别技术等相结合,积极服务于与人们生活相关的各个领域,具有广阔的应用前景。基于 MEMS 技术研发的眼动跟踪设备使眼动技术应用到小型化设备,将会使系统具有更高的性能以及更广泛的用途,这对推动相关领域的发展具有重大意义。眼动跟踪技术的研究对现代化建设也具有重要意义,如航空领域对眼睛视线分析的研究、医疗领域对残疾人通信的研究、安防领域对生物识别的研究、交通领域对驾驶员状态的研究等。

随着眼动跟踪技术的发展,相应的眼动跟踪设备也不断被优化完善。凭借眼动跟踪技术所具有的独特优点,完全可以创造并改变人们的生活,眼动跟踪技术的研究也代表着跟踪领域未来的发展方向,应引起企业和研究机构的高度重视。

习　　题

1. 手势识别技术的缺点和优点有哪些?
2. 语音识别技术的应用领域有哪些?
3. 调研现在国内常用的对话式人工智能平台,试对比其技术指标。
4. 如果将眼动跟踪技术与虚拟现实结合,可以开发哪些新的人机交互应用?
5. 请思考:在大数据的背景下,眼动跟踪技术是否可以和大数据建立联系?

思政园地

科大讯飞把脉 AI 未来确定性

数字经济是全球经济复苏的关键动力,人工智能作为数字经济发展最核心的引擎,要充分发挥"头雁"效应。面对数字经济广阔蓝海,人工智能大有可为。

深耕人工智能领域二十多年,从语音产业的拓荒者,到首批"国家新一代人工智能开放平台",科大讯飞不断驱动人工智能产业聚集发展。科大讯飞的 AI 技术也正在从智慧教育、智慧医疗等产业,走向机器人、工业互联网等更广阔的市场。

在工业领域,基于讯飞开放平台,科大讯飞打造羚羊工业互联网平台,面向百万工业企业提供更多的基础通用服务,助力工业数字化转型。数据显示,当前羚羊工业互联网平台已入驻总用户数为 22.6 万,平台服务企业次数为 45.5 万,平台交易总额为 29.4 亿元。目前,科大讯飞已与美亚光电、铜陵有色、皖维等 30 多家龙头企业达成合作,构建可持续进化的工业大脑,助力产业升级。

除了工业互联网之外,作为数字经济新蓝海,科大讯飞在机器人产业的布局也取得快速发展。2022 年 2 月,科大讯飞正式启动"讯飞超脑 2030 计划",让"懂知识、善学习、能进化"的机器人走进每个家庭。该计划共分为 3 个阶段,其中第一阶段(2022—2023 年)将推出专业虚拟人家族的数字虚拟人,可养成宠物玩具、仿生运动机器狗等软硬一体机器人。

在 2022 科大讯飞全球 1024 开发者节上,科大讯飞揭示了讯飞超脑 2030 计划的最新进展和阶段性成果:当前讯飞虚拟人交互平台已有 468 家设计伙伴、700 项虚拟人资产,累计服务客户超 1 000 人,并发布了工业巡检和园区巡检的四足机器狗、专业虚拟人家族,以及综合了"交互大脑＋运动控制＋硬件模组"等多种 AI 能力的机器人超脑平台 AIBOT。

第5章 界面设计

　　界面是系统中支持用户输入、查看数据的业务功能,其是用户现实工作在系统中的映射,是人机交互的窗口。界面设计也称为"UI(User Interface)设计",即用户界面设计,主要解决的问题是如何设计人机交互系统、操作逻辑和美观的界面,以便有效地帮助用户完成任务。好的界面设计必然是以用户为中心的设计,既包含软件的个性、品味,也包含软件交互的简单、自由、舒适,应当充分体现软件的定位和特点。

5.1　界面设计的原则

　　根据表现形式,用户界面可以分为命令行用户界面、图形用户界面和多通道用户界面。

　　命令行用户界面(CLI)可以看作第一代人机界面,也有人称之为字符用户界面。如图 5-1 所示,该界面的操作方式需要用户记忆大量命令,输入数据和命令信息,界面输出只能为静态的文本字符。因此,命令行用户界面非常不友好,难于学习,错误处理能力也比较弱,交互自然性差。

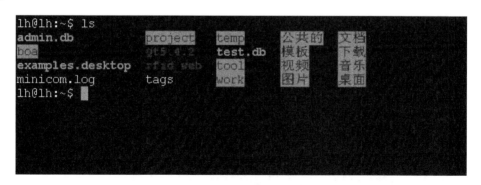

图 5-1　命令行用户界面

　　图形用户界面(GUI)可看作第二代人机界面。20 世纪 70 年代,施乐公司 Xerox Palo Alto Research Center(Xerox-PARC)的研究人员开发了第一个 GUI(如图 5-2 所示),开启了计算机图形用户界面的新纪元。由于引入了图标、按钮和滚动条技术,大大地减少了键盘输入次数,提高了交互效率。基于鼠标和图形用户界面的交互技术极大地推动了计算机的普及。图 5-3 展示了 2001 年的计算机人机交互界面。

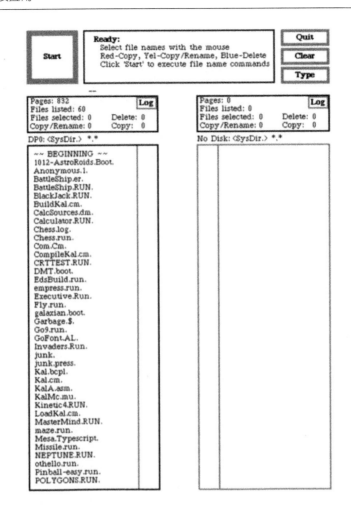

图 5-2　施乐公司的第一个图形用户界面

(a) Windows XP

(b) Mac OS X

图 5-3　2001 年的计算机人机交互界面

多通道用户界面则进一步综合采用视觉、语音、手势等新的交互通道、设备和交互技术,使用户利用多个通道以自然、并行、协作的方式进行人机对话,通过整合来自多个通道的、精确的或不精确的输入来捕捉用户的交互意图,提高人机交互的自然性和高效性。

在目前的计算机应用中,图形用户界面仍然是最为常见的交互方式之一,因此下面将主要针对图形界面设计来探讨。

5.1.1　图形用户界面的主要思想

图形用户界面包含 3 个重要思想:桌面隐喻(desktop metaphor)、所见即所得(What You See Is What You Get,WYSIWYG)、直接操纵(direct manipulation)。

1. 桌面隐喻

桌面隐喻是指在用户界面中用人们熟悉的桌面上的图例来表示计算机功能。对于计算机需要表示的对象、动作、属性或其他概念,可以用文字也可以用图例来表示,尽管使用文本表示某些抽象概念时,可能更直接,但是使用图例还是有很多优点:好的图例比文本更易于辨识;与文本相比,图例占据的空间较少;图例具有一定的文化和语言独立性,可提高目标搜索效率。

隐喻可以分为 3 种:第一种是隐喻本身就带有操纵的对象,称为直接隐喻,如 Word 绘图工具中的图标,每种图标分别代表不同的图形绘制操作;第二种是工具隐喻,如用磁盘图标隐喻存盘操作、用打印机图标隐喻打印操作、用垃圾箱隐喻删除操作等,这种隐喻设计简单、形象直观、应用普遍;第三种为过程隐喻,通过描述操作的过程来暗示该操作,如 Word 中的撤销和恢复图标。图 5-4 显示了 Word 工具栏中的 3 种隐喻。

在图形用户界面设计中,隐喻一直非常流行,但是晦涩的隐喻不仅不能增加可用性,反而会弄巧成拙。隐喻的缺点是难以表达和支持比较抽象的信息。

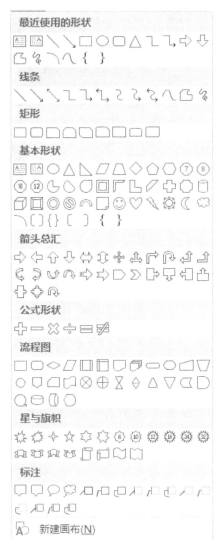

(a) 直接隐喻

(b) 工具隐喻　　　　　　　(c) 过程隐喻

图 5-4　3 种桌面隐喻示例

2. 所见即所得

在这种界面中,其所显示的用户交互行为与应用程序最终产生的结果是一致的。目前大多数图形编辑软件和文本编辑器都具有 WYSIWYG 界面,例如,在 Word 中以粗体显示的文本打印出来时仍然是粗体。

WYSIWYG 也有一些弊端。如果屏幕的空间或颜色的配置与硬件设备所提供的配置不一样,在两者之间就很难产生正确的匹配,例如,一般打印机的颜色域小于显示器的颜色域,在显示器上所显示的真彩色图像的打印质量往往较低。另外,完全的 WYSIWYG 也可能不适合某些用户需要。

3. 直接操纵

直接操纵是指可以把操作的对象、属性、关系显式地表示出来,用光笔、鼠标、触摸屏或数据手套等指点设备直接从屏幕上获取形象化命令与数据的过程。直接操纵具有如下特性。

① 直接操纵的对象是动作或数据的形象隐喻。

② 直接操纵可以代替键盘输入,操作简便、快捷,尤其是简化了文字输入,另外不需要记忆复杂的命令,对于非专业用户尤其重要。

③ 操作结果立即可见,用户可以及时修整操作。

④ 直接操纵用户界面可以更多地借助物理的、空间的或形象的表示,有利于解决问题和进行学习。

⑤ 在抽象的、复杂的应用中,直接操纵用户界面可能会表现出局限性,因为它不具备命令语言界面的某些优点。

5.1.2 图形用户界面设计的一般原则

1. 界面要具有一致性

在同一用户界面中,所有的菜单选择、命令输入、数据显示和其他功能应保持一致的风格。

2. 常用操作要有快捷方式

常用操作的使用频率高,应该减小操作序列的长度,这样会提高用户的工作效率,并且使得界面在功能上简洁高效。定义的快捷键最好要与流行软件的快捷键一致,例如,在 Windows 下新建、打开、保存文件的快捷键分别是 Ctrl+N、Ctrl+O 和 Ctrl+S。

3. 提供必要的错误处理功能

在出现错误时,系统应该能检测出错误,在保证系统状态不发生变化的前提下,应当提供简单和容易理解的错误处理功能,并且对所有可能行为,坚持用户确认,如图 5-5 所示。

图 5-5　Word 关闭时若用户操作错误将进行确认提示

4. 提供信息反馈

对操作人员的重要操作要有信息反馈。用户界面应能对用户的决定做出及时的响应,提高对话的效率,避免使用户产生无所适从的感觉。

5. 允许操作可逆

用户在使用系统的过程中,不可避免会出现一些错误操作,因此系统应当提供逆向操作功能,通过逆向操作,用户可以很方便地恢复到出现错误之前的状态。

6. 设计良好的联机帮助

对于新用户,设置联机帮助具有非常重要的作用。人机界面应该提供上下文敏感的求助系统,让用户及时获得帮助。

7. 合理划分并高效地使用屏幕

允许用户对可视环境进行维护,如放大、缩小窗口;用窗口分隔不同种类的信息;只显示有意义的出错信息;隐藏当前状态下不可用的命令。

5.2 以用户为中心的界面设计

以用户为中心的设计方法有很多种,包括图形用户界面设计与评估(Graphical User Interface Design and Evaluation,GUIDE)、以用户为中心的逻辑交互设计(Logical User-Centered Interaction Design,LUCID)、用于交互优化的结构化用户界面设计(Structured User-Interface Design for Interaction Optimisation,STUDIO)、以使用为中心的设计(Usage-Centered Design,UCD),以及 OVID 等。

以用户为中心的设计是一种设计方法,不局限于界面设计或设计技巧等。核心思想概括为:在进行产品设计时,需要从用户的需求和用户的感受出发,以用户为中心设计产品,而不是让用户去适应产品。以用户为中心的设计通常会关注以下要素:可用性、用户特征、使用场景、用户任务和用户流程。

以用户为中心的设计的宗旨就是在软件开发过程中要紧紧围绕用户,在系统设计和测试过程中要有用户的参与,以便及时获得用户的反馈信息,根据用户的需求和反馈信息不断改进设计,直到满足用户的需求,这个过程才终止。遵循这种思想来开发软件,可以使软件产品具有易于理解、便于使用的优点,进而提高用户的满意度。

5.2.1 以用户为中心的设计原则

以用户为中心的设计原则已成为任何现代产品或服务成功的重要组成部分。衡量一个以用户为中心的设计的好坏,关键点是强调产品的最终使用者与产品之间的交互质量,它包括三方面特性,即产品在特定使用环境下被特定用户用于特定用途时所具有的有效性(effectiveness)、效率(efficiency)和用户主观满意度(satisfaction)。延伸开来,它还包括对特定用户而言,产品的易学程度、对用户的吸引程度、用户在体验产品前后的整体心理感受等。

以用户为中心的设计原则如下。

1. 用户需求参与设计和开发过程

在产品设计中,一切都是为了为用户打造量身定制的产品,因此,有必要让用户从头到尾参与到产品设计中。

2. 明确且理解用户、任务和场景

由于某些技术问题,可能会发生错误,或者可能由于用户操作(如用户无法正确填写表单)而发生。这与设计师认为的体验与用户实际体验之间的轻微脱节有关。

3. 定期收集、分析并整合用户反馈

尊重用户的心理模型,进行彻底的可用性测试以及观察。离用户越近,设计师越了解他们的痛点和反馈,他们越有可能喜欢设计师的产品。

4. 不断迭代

以用户为中心的设计就是让数字说话。这是一个核心原则,可以帮助设计师在让用户做出决定时保持正轨运行。因此应当利用具有持续目标的迭代设计过程来改善用户体验。

5.2.2　以用户为中心的设计流程

以用户为中心的设计流程一般分为 4 步,同时它也是迭代循环的,有大循环,也有小循环,如图 5-6 所示。

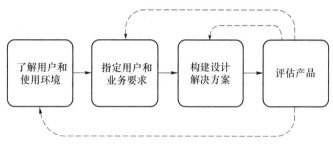

图 5-6　以用户为中心的设计流程

1. 了解用户和使用环境

用户研究是分析研究中最重要的环节之一。我们首先需要获得用户的特征(性别、职业、性格、三观等),其次是了解用户使用产品的场景,包括环境以及任务场景,最后是了解用户使用产品的痛点和需求。

常见的研究方法可以分为两类:一类是定性分析,另一类是定量分析。定性分析常采用的方法有焦点小组和情境访谈,参与人数较少。

(1)焦点小组

组织一组用户进行讨论,以了解用户的理解程度、想法、态度和需求。

(2)情境访谈

走进用户的现实环境,尽量了解用户的工作方式、生活环境,以及用户与产品交互的方式,尤其是有些产品或服务需要多人合作时(如护士和病人之间或者多组工作人员之间),这种观察能发现他们之间的全部、完整的互动。

定量分析的方式是问卷法,参与人数众多。

2. 指定用户和业务要求

在以用户为中心的设计中,关心的是如何从用户那里理解并获取他的思维模式,使他进行充分、直观的表达,并将其用于交互设计。

我们把需求分为两类,即商业/技术方提出的需求及用户的需求,当然这两者有时候是交叉的,而且最终表达为用户需求。我们还需要跟利益关系人(如发起人、研发总监、市场总监等)进行沟通,了解这些人对产品的期望和能够给予的资源等。同时,要做好前期审查工作,如尽可能阅读各种相关材料(商业计划、产品计划、市场调查报告、平台规范等),以便更综合地为设计做铺垫,同时还要尽量多做竞品分析,从多个角度对比类似产品,取其精华,弃其糟粕。

用户的观察和分析为设计提供了丰富的背景素材,接下来应对这些素材进行系统的分析。这比较考验设计师的细心和耐心,需要从用户需求、设计导向、市场环境等综合因素进行考虑,过滤掉没有用的需求,并给剩余需求进行优先级排列,列成需求列表,确定哪些是核心场景的核心需求。

3. 构建设计解决方案

这一阶段将根据产品目标和用户需求,开展故事板、旅程映射、线框图等设计,设计模型和用户流程,测试 UI 元素,以及确定有效的信息架构。

在软件的设计和开发阶段重要实用的工具是 UML(Unified Markup Language,通用标识语言)。UML 分静态图和动态图两种,其中常用的静态图有 5 种,动态图有 4 种,如图 5-7 所示。

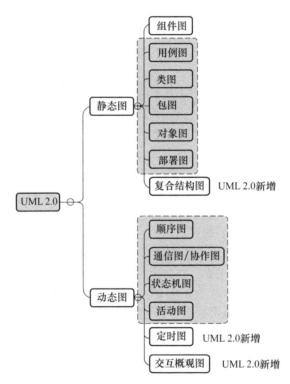

图 5-7　UML 2.0 图示分类

常用的静态图:用例图、类图、包图、对象图、部署图。

常用的动态图:顺序图、通信图(UML 1.×时称为协作图)、状态机图、活动图。具体介绍可参见表 5-1。

表 5-1　UML 图示

名　　称	说　　明	组成元素
用例图	用于向开发、测试同事说明需求中用户与系统功能单元之间的关系	参与者、用例、参与者与用例之间的关系(关联、归纳、包含、拓展和依赖)
类图	用于描述系统中所包含的类以及它们之间的相互关系	类、类之间的关系(依赖关系、继承/泛化关系、实线关系、关联关系、聚合关系、组合关系)

名　称	说　明	组成元素
包图	通常用于描述系统的逻辑架构（层、子系统、包等）	类、接口、组件、节点、协作、用例、图以及其他包
对象图	用于描述某一时刻的一组对象及它们之间的关系	对象、链
部署图	用来显示系统中软件和硬件的物理架构。部署图不仅可以显示运行时系统的结构，还能够传达构成应用程序的硬件和软件元素的配置和部署方式	节点、构件、接口、连接
顺序图（序列图、时序图）	描述对象之间传递消息的时间顺序（包括发送消息、接收消息、处理消息、返回消息等）	对象、生命线、消息（同步消息、异步消息、返回消息、自关联消息）
通信图/协作图	通信图描述的是对象和对象之间的调用关系，体现的是一种组织关系	对象、链接、消息
状态机图	描述一个对象在其生命周期中的各种状态以及状态的转换	状态、转换、事件、动作、活动
活动图	描述活动的顺序，展现从一个活动到另一个活动的控制流，本质上是一种流程图	起点、终点、活动名称、判断条件、分支与合并、接收信号、发送信号、泳道

通过 UML 工具，可以清晰地表达一个交互任务诸多方面的内容，包括交互中的使用行为、交互顺序、协作关系、工序约束等。图 5-8 所示为用例图示意，用例图从用户的角度描述了系统的功能，并指出各个功能的执行者，强调用户的角色特征，系统为执行者完成了哪些功能。图 5-9 所示为顺序图，顺序图的主要用途是把用例图表达的需求，转化为进一步、更加正式层次的精细表达。用例图常常被细化为一个或者更多的序列图。同时序列图更有效地描述如何分配各个类的职责以及各类具有相应职责的原因。

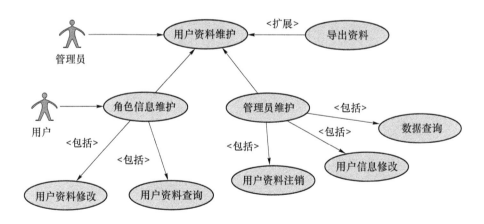

图 5-8　用例图示意

UML 图是软件工程的重要组成部分，软件工程从宏观的角度保证了软件开发各个过程的质量。图 5-10 展示了软件的各个开发阶段，包括需求分析阶段（定义阶段）和开发阶段，UML 其实在各个阶段都有不同的表达，更加有效地实现了软件工程的要求。图 5-11 展示了 UML 图在人员分工中的作用。

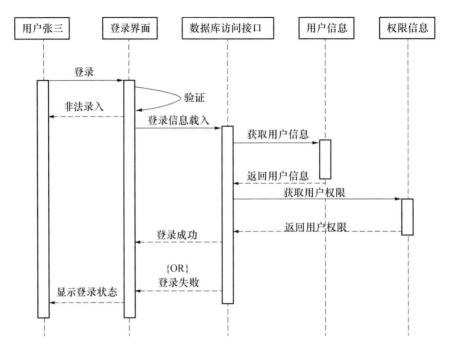

图 5-9 顺序图

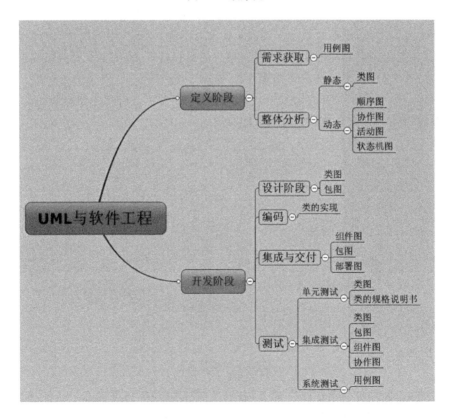

图 5-10 UML 在软件工程中的需求

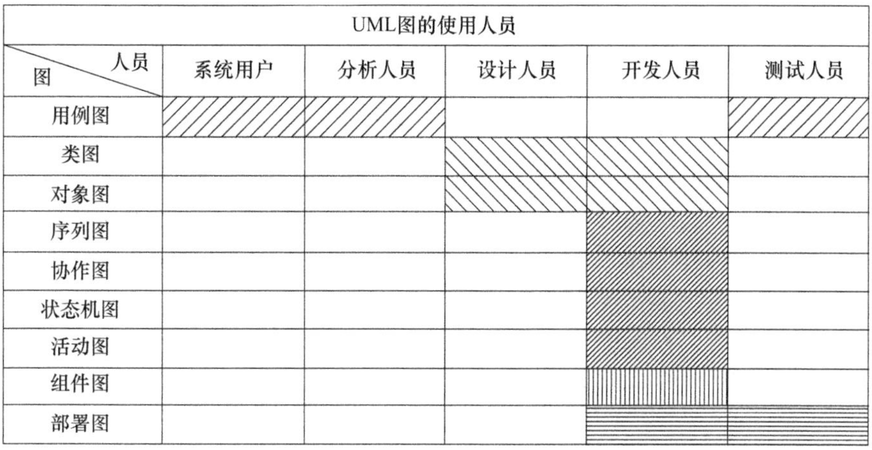

UML图的使用人员					
图 ＼ 人员	系统用户	分析人员	设计人员	开发人员	测试人员
用例图	▨	▨			▨
类图			▨	▨	
对象图			▨	▨	
序列图				▨	
协作图				▨	
状态机图				▨	
活动图				▨	
组件图				▨	
部署图				▨	

图 5-11　UML 使用人员图示

4. 评估产品

随着设计方案的进行,用户会被随时邀请参与到项目的原型设计中。这些用户将会进行模拟的或真实的任务,以此来评估原型设计的合理性。根据项目的不同和概念的深化程度,原型会有不同的展示方式,如脚本、手绘板、展板、纸介质或屏幕,一直到最后的拥有全部功能的工作模型。这些模型能让用户提出在整体上是否满足用户的需要以及它逐步可操作性的反馈。对意见、反馈样本进行分析评估,把得到的结果推展到设计思想,以进行下一轮的设计和评估。

5. 重复上述过程以进一步打磨产品

一旦完成上述流程,通常需要进行多轮迭代,直至用户满意,可进行设计发布和产品实施。产品实施或投入市场后,面向用户的设计并没有结束,而是要进一步搜集用户的评价和建议,以利于下一代产品的开发和研制。

5.3　桌面系统应用界面设计原则

界面设计的标准化非常重要,因为界面是用户认知系统的窗口,这个标准实际上是构建"人-机-人"工作环境的标准之一,标准化的界面形式可以减少用户的认知负担和培训成本。

5.3.1　桌面系统界面设计原则与标准

1. 界面布局的原则

界面的布局是用户理解业务功能的重要手段,布局一定要以"业务导向"为主:
- 同类界面的布局要统一;
- 重要信息放在界面的核心位置(如左上方位置);
- 界面上近似内容要放在相近处(如加框以示区别,或拉大与其他内容区域的距离);
- 重视用户界面友好性,易于操作、易于查看(例如:常用的按钮在鼠标移动距离最短的地方配置;工具栏的左端配置界面操作开始的功能按钮,右端配置界面操作结束的功能按钮等)。

- 要控制好界面横向显示信息量的多少,要以完成一次操作不用或少用横向滚动条为标准(纵向滚动条不限),因为频繁使用横向滚动条,实际会降低工作效率,会极大地造成用户满意度下降,解决的方法可以考虑采用分页表达的形式。

如图 5-12 所示,假设细表区的标题设置过多(A~J),致使大约有 40% 的信息处在窗口外,用户不使用横向滚动条就看不到,或者会出现看了右端会忘了左端信息的现象,因此用户体验不好。

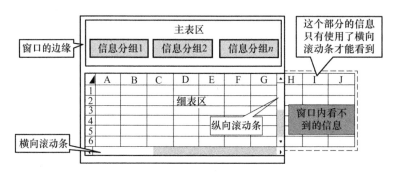

图 5-12　界面布局原则

要约定好界面上基本的控件距离、尺寸,以及使用文字的字号大小等,如图 5-13(彩色图片请扫二维码)所示。

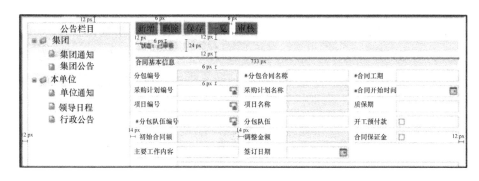

图 5-13　界面设计标准　　　　　　　　　　　　彩图 5-13

2. 子窗体设置原则

以主界面为第一层界面,子窗体的层数最好控制在 3 层以内。如果内容实在比较多,可以考虑另外再设置一个组件来分担处理的内容,否则,子界面过多,会造成界面混乱,降低用户的操作效率。

3. 颜色与装饰的原则

桌面系统界面虽然区别于宣传用的网站和电商平台,但美观易读仍然是最终衡量用户满意度的重要指标。界面风格要具有以下特点:

- 界面的整体要做到简洁、明了,界面上的各种要素(控件)的摆放位置、颜色以及是否采

用 3D 形式,都应认真琢磨,辅助功能不应当喧宾夺主;
- 使用淡雅的色彩作为基调原色,不要大面积地使用原色,容易造成眼睛疲劳;
- 要给用户以安静的感受,不要用有炫酷和跳跃感的要素去分散用户的注意力。

随着计算机技术的发展,界面风格也随之更加多样化,互联网风格页面、物联网的界面,以及硬件技术的进步也影响界面风格的变化,但基本理念、原则等还是适用的。这些原则和标准根据界面使用场景的不同、设计师设计理念的不同等都会有所不同,需要根据具体情况具体分析设计。

5.3.2 桌面系统应用界面的布局设计

为了满足客户的需求,软件界面的表达形式千差万别,但与网站的界面形式相比,作为企业管理类系统的界面形式一般比较低调、简洁、沉稳、布局规律性强,表达形式不需要过于炫耀、跳跃和刺激。

1. 界面区域的划分

在桌面系统应用界面设计时,为了使设计结果符合人体工程学的基本要求,对界面的定位坐标和区域划分做出如下约定(这个约定与技术设计和编码开发的约定是一致的),可参见图 5-14。

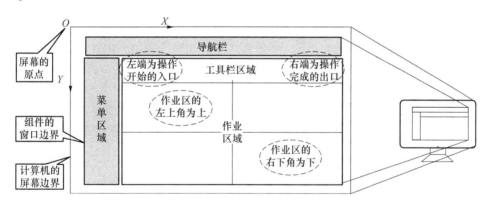

图 5-14 界面区域划分的基本原则

① 通常会将计算机屏幕的左上角定位为坐标原点,因此,界面的内容扩展或是面积增大时都是由左向右、由上向下进行延伸。

② 根据配置控件的使用目的不同,将界面分成两个大的区域:功能区域和作业区域。
- 功能区域:通常放在界面的四周,主要布置导航栏、工具栏、主菜单等。
- 作业区域:通常放在界面的中间部分,或是偏右下方的区域,这个区域是业务数据处理的核心区域,主要用来布置各类数据显示的窗口、字段框等。

2. 功能区域的规划

功能区域一般包含导航栏区域、工具栏区域、菜单栏区域和作业区域,如图 5-15 所示。

(1)导航栏区域

一般情况下,导航栏在左侧显示本界面/本组件的打开路径,如"系统名称＞子系统名称＞模块名称＞本组件名称";导航栏在右侧显示本组件的用户所属部门、姓名、登录日期等信息。

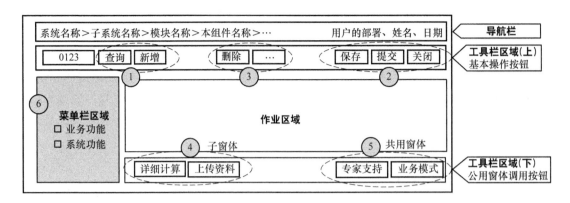

图 5-15　界面区域的划分

（2）工具栏区域（上）——基本操作按钮区

这个区域用来布置基本操作按钮,一般放在导航栏与作业区域之间。所谓的基本操作按钮,指的是用来对本界面上属于主表区内的数据进行操作的功能,细表区内数据的操作按钮通常布置在距离细表区的最近处。

工具栏的左右两侧是容易查找的位置,所以要将使用频繁的、重要的功能按钮布置在两侧,其余的布置在中间,布置在两侧的按钮遵循如下原则:左端布置本界面处理开始的功能(如查询、新增,或把用于查询的"业务编号"放置在第一个位置);右端布置本界面处理完成的功能(如保存、提交、关闭等);中间布置其他通用按钮或是个性化的功能按钮。

工具栏有固定方式,也有浮动方式。固定方式一般在框架的顶部位置,这种情况适用于工具栏中的命令较少而且对屏幕空间不可求的应用,像一般的管理信息系统的应用。浮动框可以贴合在框架的任何一边,既可以是一行,也可以是一列,或者是一个小的矩形网格面板。这种工具栏可以根据应用的要求设置多个,也可以由用户根据实际的需要打开和关闭,浮动的工具栏(如图 5-16 所示)大部分应用在命令状态很多、交互设计相对复杂的系统中,如图形图像编辑设计软件、字处理软件及软件开发设计工具等。

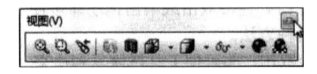

图 5-16　浮动的工具栏

（3）工具栏区域（下）——公用窗体调用按钮区

当前组件内容较多或功能较多,需要将部分功能安置在其他窗体中,并在主窗体中添加用来调用其他窗体的功能按钮。如图 5-15 所示,作业区域的左下端设置用来打开本组件附属子窗体的按钮(如详细计算用的窗体、上传资料用的窗体等);作业区域右下端设置用来调用外部组件窗体的按钮(如与本组件业务有相关关系的组件、企业知识库、参考模板等)。

（4）菜单栏区域

在一般的管理系统中,为了方便用户完成相应的业务,在主窗口的左侧有一个树形的菜单(如图 5-17 所示)。菜单按着模块组织成一个树形结构,树形菜单节点可以根据需要进行部分展开,这可以使得菜单区域既不受菜单空间的限制,又可以当菜单的层次比较深时不用每次像下拉式菜单那样逐层地从最高层到页节点,提高了交互命令选择的效率。

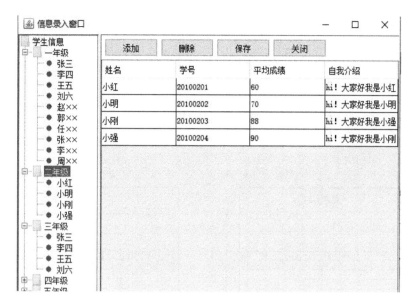

图 5-17　树形菜单示例

（5）作业区域

在整个框架中最重要的一个区域是作业区域（workspace），这个概念来自软件开发平台中用户主要操作的内容空间。在一般面向设计或文档编辑的交互系统中，此工作区是用户操作的主要区域，有时候根据需求会将整个区域切分成几个部分，每个部分根据要求显示文档的不同视图。这些切分的区域用户可根据需要任意进行调整，当然也可以随时将某一个视图设置为最大，其他隐藏，与此种方式类似的另外一种形式是在框架里可以同时打开多个窗口，这些窗口可以并列排列在框架中，也可以按照瓦片式重叠排列，这种方式往往会出现很多窗口，而用户总是在不停地打开、选择和关闭使用的窗口，浪费很多时间，目前这种交互方式已比较少见。

设计时要注意功能区域与作业区域面积的比例关系，作业区域面积占全屏幕总面积的比例越大，一次显示的信息量就越多，用户的体验就越好，反之就会比较差。例如，缺乏经验的设计师会将屏幕的 30%～50% 用于功能区域的布置（菜单、工具栏等），由于作业区域小，所以用户的操作体验非常差，因此，为了扩大作业区域的有效面积，可以采用收起菜单栏和工具栏的方法。但在一次显示的内容非常多的时候，最好还是另外弹出一个专用的子窗口，将主窗体的部分处理内容用专用的窗体显示为好，这样操作面积增大，用户体验就会相应变好了。

3. 作业区的分类

作业区的常见形式可以分为 5 类：卡片式、列表式、主细表式、树表式和页签式（如图 5-18 所示）。不同的数据结构需要采用不同界面形式，采用哪种形式要根据业务需求、数据数量、编辑权限、未来应用方法等综合考虑决定。

不论采用哪一种界面形式，以下界面选择条件都可以作为参考。

- 业务需求：如果原始需求是单据形式（发票、收据、出库单等），可以选用卡式；如果原始需求是统计表形式，就选用列表或主细表形式等。
- 数据结构：如果原始表单是简单的一览表，就可以采用列表或主细表形式；如果是由多级数据构成的父子结构，就需要采用树形界面。
- 数据数量：当原始表单的数据量不大时，可以采用能将所有数据整合在一起的主细表形

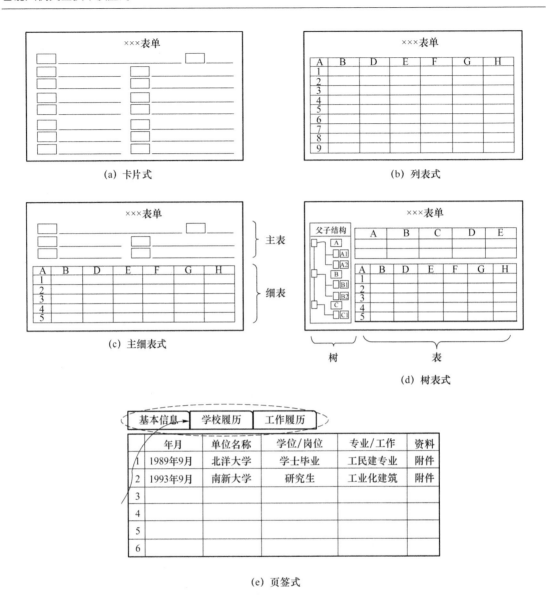

(a) 卡片式

(b) 列表式

(c) 主细表式

(d) 树表式

(e) 页签式

图 5-18 作业区常见的 5 种形式

式;如果数据量大,就可以考虑分页解决,如采用主表和细表分开或是多页签的形式。

- 编辑权限:如果权限要求非常严格,最好将数据按照权限分成不同的界面处理(如页签形式),避免在一个界面设置过于复杂的权限,这会给未来的界面维护和变更带来麻烦。

(1) 卡片式

卡片式风格的设计比较简单,它大多用于表达单条且没有分级的数据类型,全部的数据只有一行。对这样的数据设计通常不会用表达多行的"表"形式表达,而是采用"卡片"的形式表达,图 5-19(a)所示为卡片式界面的来由。卡片式界面设计时,为了易于快速地读取信息,还可以将这些数据按照不同内容划分成若干的小区,每个小区输入不同的数据,并在不同的小区配上一个分类的名称,如图 5-19(b)所示。另外,在设计时还要注意数据输入的顺序,通常输入的顺序是按 5-19(c)所示的顺序设定的,按键盘的回车键时按照上述顺序自动跳转。因此,在布置数据时,要注意数据所代表的业务逻辑,按照上述顺序安排数据的字段框的位置以使其符合业务逻辑。

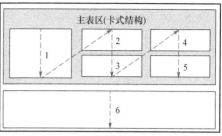

(a) 卡片式界面的由来　　　　(b) 界面的分区　　　　(c) 数据的输入顺序

图 5-19　卡片式作业区域设计

（2）列表式

这类界面一般都称为"××一览表"。列表式的界面形式通常用于一次展示多条数据的场景，每行显示 1 条数据，如图 5-20 所示，其他典型的应用场景还有收货一览表、出库一览表、课程计划表等。

	时间	履历	备注
1	1980年9月	南华小学	
2	1986年9月	天坛中学	
3	1989年9月	北洋大学	
4	1993年9月	大地咨询公司	
5	2005年10月	蓝岛建设工程集团	
6			

（上方为"导航栏信息区""基本操作按钮区"，右侧为"作业区域"，下方为"公用组件链接按钮区"）

图 5-20　列表式作业区域设计

（3）主细表式

当表达的每一条数据都是由更细小的复数数据构成时，就出现了数据的分级（父子结构），此时就需要采用主细表的形式。所谓的主细表就是以卡片式部分为主表（父），在卡片式区域的下面增加一个列表作为细表（子），主表显示的是这条数据的共同信息（如个人基本信息），细表表现的是同一条数据的详细构成（个人履历信息），如图 5-21 所示。其他典型的主细表应用场景有发票、收货、出库单、领料单等。

（4）树表式

前面 3 种形式都是在界面上加载数据后就不变动的情况，当要在一个界面上通过切换显示不同条的数据，且这些数据之间具有结构化的关系时可以采用树表的方式，即将主、细表区域的左侧加入一个菜单栏，用于在不同条数据之间进行显示切换。例如，图 5-22 显示了一个企业的各部门及部门员工信息，采用树表式界面，菜单栏（①）部分显示企业各部门、各部门的员工名称；主细表部分（②、③）通过对菜单栏内部门、员工的切换可以显示不同部门每个员工的主要信息和详细的履历信息。

当然树表式界面的右侧不一定总是主细表形式，右侧的上下也可以都是单纯的列表，如图 5-22（b）所示，单击菜单①，切换表 1 中的数据，单击表 1 中的第一条数据"A1"，切换表 2 中的数据。

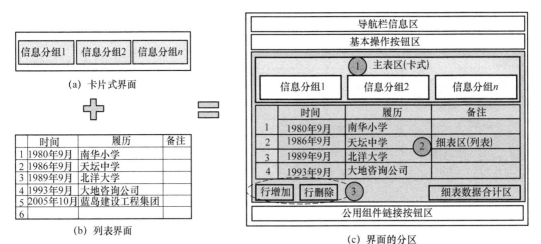

(a) 卡片式界面

(b) 列表界面

(c) 界面的分区

图 5-21　主细表式界面设计

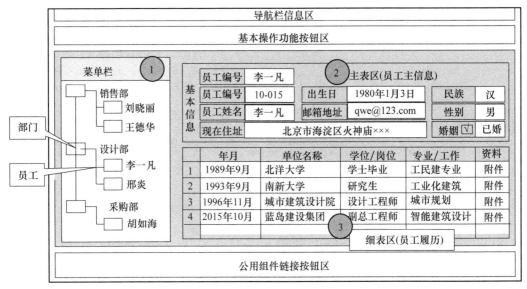

(a) 树表式界面

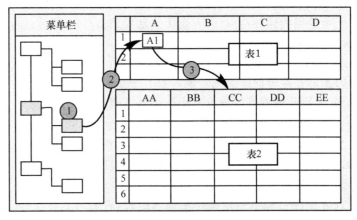

(b) 树表式界面的联动

图 5-22　树表式界面设计

（5）页签式

页签式不是一个独立的界面表达形式，它是同时显示若干条信息的界面形式，它允许在一个窗口内可以同时显示和保留多条信息，这种方式也适合于工作空间内容比较固定的交互，可以用于各类输入面板和查询输出结果的显示。这种作业区域是目前管理信息系统使用的较主流的交互方式。

例如图 5-23，在员工簿界面上顺次打开员工张兴初、李一凡和林晓青 3 人的信息，此时界面上同时保留了 3 个人的信息，分属于不同的页签。3 人的信息可以随时切换，并不需要重新加载，大幅度地提升了输入/查看的效率。

图 5-23　页签式界面用法 1

当然，也可以采用图 5-24 所示的方法，用页签的形式将原本一人份的信息按照不同内容拆分成 n 个部分，然后由不同的页签分别来显示。这种拆分显示的好处在于：

- 原来需要一次下载完全部的数据才能显示，改成分为 n 次下载，缩短了下载时间；
- 显示用的面积增大了 n 倍，可以从容地对界面进行布局，提升了用户的体验价值；
- 在权限设置上比较容易，不同查看权限的人可以单击不同的页签。

图 5-24　页签式界面用法 2

综上,可以看出这几种界面形式展示的数据量是不同的,按照展示数据量大小排序为:页签式＞树表式＞主细表式＞列表式＞卡片式。

5.4　桌面系统应用交互设计技术

桌面应用软件即在操作系统中,通过操作系统桌面窗体展现应用内容,并实现用户交互操作。编程语言有很多种,但不是每一种语言都具有支持 UI(User Interface,用户界面)开发的能力。桌面应用系统要想进行快速的用户交互界面开发,需要有专门的语言 UI 库支持,如C++中的 Qt 库、MFC 库,Java 的 Swing、AWT 相关依赖库等。在这里我们只讨论常用的广泛的桌面应用软件开发编程语言。

桌面应用开发方式分为三大类。

1. 原生编译运行的开发技术

这一类技术采用"编译→可执行文件"方式,生成的可执行文件将直接调用系统 API,完成 UI 绘制功能。这类开发技术有着较高的运行效率,但一般来说,开发速度较慢,技术要求较高。目前比较流行的开发技术是 Windows 平台上基于C++的 MFC 库和 iOS 开发中使用的 Objective-C 语言。

2. 二次编译或解释运行方式

这一类语言经过一次编译后,得到中间文件,通过平台或虚拟机完成二次加载编译或解释运行。运行效率低于原生编译,但经过平台优化后,其效率也是比较客观的,并且在开发速度方面,比原生编译技术要快一些。目前比较流行的托管平台有 Windows 平台上的基于 C♯ 编程语言的.NET Framework 框架、Java 中的 AWT 或 Swing 图形界面包。

3. 机箱模型

这一类技术类似于前面第二种基于平台或虚拟机的方式。但是这一类技术本身最初的开发目标不是桌面应用程序,而是 Web 应用开发,包括常见的 RIA(Rich Internet Applications,富客户端)开发技术和主流 Web 前端开发技术。当这一类技术应用于桌面应用系统的开发中时,一般包括两种方式,一种是单独开发基于桌面的机箱模式来提供运行平台;另一种是对机箱进行打包嵌套,给机箱再加个外壳,让机箱运行在外壳上。这类技术开发效率较高,运行效率也较高。

比较流行的富客户端开发技术有:

* Sun 微系统公司发布的基于 Java 语言的平台 JavaFX;
* 最初由 Macromedia 公司发布,后被 Adobe 公司冠以商标的 Flex\ ActionScript;
* Microsoft Silverlight。

比较流行的 Web 前端开发技术有:HTML5 和基于 Node.JS 的桌面应用(NW.JS 和 Electron)。

一般从运行效率上来看,原生技术＞托管平台＞富客户端和 Web 应用技术,但是从开发效率来看,则刚好相反,即原生技术＜托管平台＜富客户端和 Web 应用技术。

5.4.1　C++

基于C++语言进行桌面应用软件开发的框架和平台较多,包括 Windows 平台流行的 MFC,支持多平台的 Qt、GTK+等,都提供了 GUI 交互支持。用C++开发的应用软件,需要针对运行目标平台进行单独编译、生成可执行文件,运行效率极高,具有较好的性能。UI 效果与具体的 GUI 交互支持方式有关。在 Windows 平台中,UI 渲染有多种先进的图形库和渲染引擎支持,能够获得极佳的 UI 性能和效果。但用C++开发的程序跨平台能力较差,需要针对目标平台进行单独编译。当所使用的框架、类库不支持目标平台时,将导致失败的跨平台开发。如 MFC 目前不支持跨平台,仅支持 Windows 平台,Qt 和 GTK+对 Windows、Linux 和 Mac OS X 均支持。

5.4.2　C♯

C♯语言在 Web、系统服务、桌面应用、富客户端等方面多有涉及。C♯基于. NET Framework 开发的桌面应用软件,是 Windows 平台中的主流方式。C♯桌面应用基于托管式运行,无须考虑内存管理,但是运行效率比C++低。C♯的 UI 效果通过皮肤控制,由于C♯消耗的资源较多,在低配机器上,UI 流畅度较低。C♯可以跨平台,不过C♯跨平台不是运行在. NET Framework 上,而是运行在. NET Core 平台上。. NET Core 是适用于 Windows、Linux 和 Mac OS 操作系统的免费、开源托管的计算机软件框架。由于. NET Core 的开发目标是跨平台的. NET 平台,因此. NET Core 会包含 . NET Framework 的类库,但与. NET Framework 不同的是. NET Core 采用包化（Packages）的管理方式,应用程序只需要获取需要的组件即可。

5.4.3　Java

Java 是目前服务器端的主流语言之一。一些对性能有较高要求的应用,并不适合用 Java 开发,更适合用 C/C++,但 Java 最为突出的优点是"Write once,Run anywhere(一次编写,随处运行)",有着良好的跨平台能力。Java 的桌面程序最为知名的是 Eclipse,在 Linux 和 Mac 下,Java 程序的比例远高于在 Windows 下,但是在桌面应用 GUI 的表现上,Java 的优势不明显,其 UI 性能较弱,原生控件种类较少,因此早期 Java 提供了用来建立和设置图形用户界面的基本工具——AWT。AWT 中的图形函数与操作系统所提供的图形函数之间有着一一对应的关系,当利用 AWT 编写图形用户界面时,实际上是利用本地操作系统所提供的图形库,这种设计实际上与 Java 的跨平台信条相违背,因此在第二版的 Java 开发包中,AWT 的器件被 Swing 工具包替代,Swing 调用本地图形子系统中的底层例程,而不是依赖操作系统的高层用户界面模块。Java FX 是 Java 第三代图形和多媒体处理工具包集合,在底层使用了 DirectX、Metal 等渲染 API,可实现硬件加速,并且它将 Java 代码配合 FXML 布局文件开发,做到视图和逻辑代码分开,形成了一种方便、简洁、移动的开发模式。

5.4.4 Objective-C

Objective-C 是扩充 C 的面向对象编程语言。它是 iOS\iPad OS\Mac OS X 应用程序的开发利器,运行效率较高,属于原生编译运行,主要针对 MAC 系列开发,不具有跨平台能力。2014 年 Apple 推出了一种更简单的新方法来构建 iOS 应用程序——Swift。Swift 并不是 Objective-C 的直接继承者。这两种语言具有不同的功能,但都是面向 iOS 移动应用程序开发的。Xcode 是 iOS 或 OS X 应用程序开发工具包,包括工具、编译器、API 和框架,此外还可以在应用程序中使用自定义的预构建元素。关于 UI 开发的易用性,Apple 引入了 SwiftUI,这个内置在 Xcode11 中的 UI 设计工具在 iOS 13(或更高版本)中运行,它使得所有 Apple 平台构建原生 UI 变得非常容易,可以通过编写代码或调整预览来组装 UI。

5.4.5 富客户端

富客户端曾一度是浏览器的霸主,但随着 HTML5 的兴起,更多更绚烂的效果由 HTML5 实现,甚至 HTML5 肩负起了 RIA 的任务,老牌富客户端开发技术逐渐平淡,但不可否认的是,以 Flash 为主的富客户端依然对 Web RIA 拥有着不可撼动的主流地位。本章主要讨论桌面应用,在富客户端中,很大一部分可以实现桌面应用开发,当前流行的 Flex/Flesh 是典型的代表。富客户端技术开发语言根据平台的不同而不同,包括 Flash/Flex 的 ActionScript/OpenLaszlo、JavaFX 的 Java、SliverLight 的 C♯ 等。富客户端技术并不是一个单纯技术,而是以其他开发语言和技术支撑起来的复合型开发技术。富客户端的运行基于其特定的环境和平台,如 Flash 播放平台、JVM、.NET Framework 插件等,从而导致相比于原生编译程序,其效率较为低下,从而不适合进行复杂功能和高强度运算处理应用的开发。

富客户端通常具有较强的多媒体支持能力。Flash/Flex 支持更多的多媒体网络协议,如 RTMP 流媒体传输协议等,很多在线直播平台均采用该网络技术。富客户端都具有较好的跨平台能力。富客户端的开发成本需要根据不同类型的 RIA 区别对待。综合考虑,JavaFX 的开发成本较低,Flash/Flex 的开发成本稍高。

5.4.6 Web

Web 语言实现桌面应用开发,实际上和 RIA 类似,主要是利用浏览器引擎完成 UI 渲染,目前比较主流的是 IE 浏览器引擎和 WebKit 引擎。随着 HTML5 前端技术、Node.js 等的大肆兴起,桌面应用逐渐冷淡。但基于浏览器引擎开发桌面应用的技术,却因此而得到发展,如基于 Node.js 的 NW.js、基于 io.js 的 Electron 等,以及国内很多公司自主研发的开发平台。从运行效率来看,随着 V8 引擎的发布,Node.js 借助其实现了服务器端 JS 编程的可能,作为桌面应用,其性能也有大幅度提升,可以与其他桌面应用开发技术相提并论,拥有良好的跨平台能力。这种技术的 UI 效果会达到比较炫酷的级别,参考 HTML5 的效果就不难想象。

支持桌面应用软件开发的技术,只要具有相应的 UI 支持基础就能够实现,因此相关技术并不止上述几类,如基于 Python 的 PyQT、GTK＋、Ruby TK、Go 等,这些脚本开发语言能够实现快速开发,但由于其小众化,所以文档资源稍显匮乏,并且可能只支持特定的方言。

5.5 Web 界面设计

互联网是近年来对社会影响最大的技术进步之一,已成为全面支持多媒体、能在多种平台上运行的庞大信息服务系统,被广泛用于商业办公、业务管理、购物娱乐等人类生活的各个方面,更是人们获取信息的主要工具,使人类生活发生了巨变。Web(World Wide Web)即全球广域网,也称为万维网,是建立在 Internet 上的一种网络服务,为浏览者在互联网上查找和浏览信息提供了图形化的、易于访问的直观界面。Web 界面设计是人机交互界面设计的一个延伸,是人与计算机交互的演变,如何运用技术手段,创造简单、友好、人性化的网络信息浏览界面,是 Web 界面设计的核心。

5.5.1 Web 界面及相关概念

简单来说,WWW 是建立在客户/服务器模型之上的一个环球信息网络空间,主要使用:
- 超文本标记语言(Hypertext Markup Language,HTML);
- 超文本传输协议(Hypertext Transport Protocols,HTTP)。

通过 Internet 把遍布世界各地的服务器连接起来,它能够提供各种 Internet 服务,具有一致用户界面的信息浏览功能。

超文本是一种组织信息的方式,它通过超级链接方法将文本中的文字、图表与其他信息媒体相关联。这些相互关联的信息媒体可能在同一文本中,也可能是其他文件,或是地理位置相距遥远的某台计算机上的文件。这种组织信息方式将分布在不同位置的信息资源用随机方式进行连接,为人们查找、检索信息提供方便。

在 WWW 的背后有一系列协议和标准支持它完成如此宏大的工作,这就是 Web 协议族,其中就包括 HTTP。HTTP 是一个简单的请求-响应协议,通常运行在 TCP 之上,指定了客户端可能发送给服务器什么样的消息以及得到什么样的响应。

超文本标记语言是一种创建网页的标准标记语言。它包括一系列的标签,通过这些标签可以将网络上的文档格式统一,使分散的 Internet 资源连接为一个逻辑整体。它被用来结构化信息(如标题、段落和列表等),也可用来在一定程度上描述文档的外观和语义。

2013 年 5 月,HTML 第五个版本正式草案公布,在这个版本中新功能不断推出,以帮助 Web 应用程序的作者努力提高新元素的互操作性。2014 年 10 月,HTML5 作为稳定 W3C 推荐标准发布,随之,各个网站都开始从 Flash 转向 HTML5。

超媒体(hypermedia)是超文本和多媒体在信息浏览环境下的结合,不仅包含文字,而且还可以包含图形、图像、动画、声音和视频等。这些媒体之间也是用错综复杂的超链接组织的。正是超媒体技术的出现,使得 Web 的功能变得强大,促进了网络游戏、网络会议、远程教育等的快速发展。

5.5.2　Web界面设计原则

1. 以用户为中心

Web网站面向的访问群体可能不同，或者即使是相同群体也可能有年龄、性别等差异，因此Web界面设计只有了解不同用户的需求，从心理学的角度分析浏览者的心理状态，考虑目标用户的行为方式，才能在设计中体现用户的核心地位，设计出更合理、更能满足用户需求的界面，以吸引用户。

例如：

- 面向时尚青年的电子商务网站，应当在颜色上保持协调性，比如可以采用时尚撞色的表现形式，整体暖色调的使用可以烘托出整个网站的温馨时尚氛围。
- 人类的先天倾向在于把物品人化，把人的情感和信仰投射到物品中。所以拟人化的反应可以给产品使用者带来巨大的乐趣，可以让人们对产品产生更多的情感交流，所以我们在Web设计中应尽可能多地运用情感设计，来提升整个网站的用户友好度。
- 儿童网站的目标用户群体是儿童和家长，网站的定位主要是根据产品的特点进行的。如果企业的产品针对的是5岁以下的儿童，目标用户就是他们的家长，那么网站的定位就要结合家长的特点，比如说颜色风格应该比较成熟，界面布局内容要详细，甚至每一个栏目都应当是有价值的；如果产品是6岁以上的儿童在线教育类型，那么用户就是有一些基础知识的儿童，网站风格应当活泼可爱，色彩搭配应丰富鲜艳，这样才能吸引广大儿童的视线。
- 为老年人设计的网站需要考虑采用较大的字体、直截了当的信息显示和简单的浏览方式，以适用老年人可能逐渐减弱的视力和记忆力。

2. 站点架构层次清晰简单

网站站点架构也是结构设计，是网站设计的重要组成部分，也是界面设计的基础。在网站内容设计完成之后，网站的目标及内容主题等有关问题已经确定，结构设计要做的事情就是如何将内容划分为清晰合理的层次体系，比如栏目的划分及其关系、网页的层次及其关系、链接的路径设置、功能在网页上的分配等。这些虽然都是网站前端结构设计，但前端结构设计的实现需要强大的后台支撑，网站服务器端也应有良好的结构设计以保证前端结构设计的实现。

- 厘清网页内容及栏目结构的脉络，使链接结构、导航线路层次清晰。
- 要尽量减少浏览层次。据有关调查显示，网页的层次越复杂，实际内容的访问率其实会降低，信息也难传达给浏览者，所以Web界面设计时要尽量把网页的层次简化，使层次分明，尽量避免形成复杂的网状结构。
- 要可扩展性好，可动态进行修改和更新。

3. 内容与形式统一

内容指的是Web网站的信息、数据及文字内容等，形式指Web界面设计的版式、构图、布局、色彩以及它们所呈现的风格特点等。网页的形式是为内容服务的，但本身又有自己的独立性和艺术规律，其设计目的是使网页更加形象、直观，更容易被浏览者所接受。不同内容的网页应当采用不同的设计形式,但一致性的设计和结构内容会让用户有一种宾至如归的感觉。

- 色彩一致性。人的视觉对色彩要比对布局更敏感。也就是第一印象非常重要,一定要保持网站主体色彩的一致性,即整个网站采用一致的配色方案。如果企业本身有以某种色调设计的理念形象,最好延续这个形象,有利于企业形象的树立和品牌价值的建立。图 5-25(彩色图片请扫二维码)展示了中国移动门户网站采用一致的蓝色配色方案的效果。

图 5-25　中国移动门户网站采用蓝色配色方案

- 结构一致性。网站结构是网站风格统一的重要手段,包括网站布局、文字排版、导航、图片处理、整体设计风格等。网站的统一性是网站营销的重要保障。网站所有页面的导航元素应保持一致(如图 5-26 所示),网站布局应采用优雅的网格对齐方式,或者其他任何一种视觉排列方式,同一站点下的页面网格布局应保持一致。

彩图 5-25

- 特别元素使用的一致性。在网站设计过程中,一些具有特点的元素如果重复出现,也会给访客留下很深的印象。在不同的情况下复用相同的设计元素(如通知元件),或者在不同情况中通过颜色来区分这些相同元素,如图 5-27 中箭头标识的元素。

4. 简约之美

网页设计即运用图形、文字、动画、图像、影像与色彩等视觉认知语言的基础元素来突出主题,运用最简洁的表现形式来实现网页的实用功能和审美功能。网页设计为了给受众一个深刻的记忆,应尽量做到简约、精炼,才能符合人们的视觉认知心理。因为从网页艺术表现来说,简洁首先是为了突出主题,传达主要意图,删减不必要的琐碎细节。简洁并不意味着功能元素的缺少,而是指要确保网页上的每一个元素都应当是必不可少的,都必须有其存在的必要性。网页形式的简洁同语言上的简练意义相似,简洁在网页形式处理上应该是概括和提炼的结果,只有抓住要领、略去细节才能强化视觉记忆,使人印象深刻。鲁道夫·阿恩海姆(Rudolf Arnheim)说过:"由艺术概念的统一所导致的简化性,绝不是与复杂性相对立的性质,只有当

图 5-26　新浪新闻门户网站结构一致性

图 5-27　网站中的特别元素一致性

人们掌握了世界的无限丰富性,而不是逃向贫乏孤立时,才能显示出简化性的真正优点。"这句话道出了简与繁的相对关系,所以简化的网页形式同样可以表现丰富的内容,达到以少胜多的效果:

- 网页设计更加简洁易用,用户体验愉悦度将会极大提高;
- 网页设计简单且兼容性强,更易于软件或网页响应式设计;
- 简单干净的界面设计更符合现今快节奏的用户需求;
- 简约整洁的网页设计,加载速度快,能有效降低网页跳出率;
- 简洁低噪音的界面设计,更易于用户专注于界面内容和产品功能,提升产品销量。

例如著名的搜索网站 Google 的设计,页面虽然简洁明了,但它的搜索功能却极其强大,它的成功正是由于它强大的功能和简洁页面相匹配。

近几年,极简主义设计风格(简约设计风格)日渐流行,这是一种既能满足用户需求,又能体现设计师创造性和独特性的设计方式。它是现今热门的 UI 设计流行趋势。如何实现这种简约之美,大家可以参考如下。

① 利用自然留白,突出软件或产品功能/特色。与绘画中添加留白以增加作品神秘感,给予受众足够想象空间的目的不同,网页页面设计中留白的使用,则更偏向于减少界面噪音,突出界面展示内容,让用户更自然地将视线集中于展示的软件或产品功能、服务和特色,加深印象,从而增加产品销量,如图 5-28 所示。

图 5-28　界面留白突出页面展示内容

② 巧用色彩,让界面简约而不失视觉吸引力。简约设计风格并不等于毫无色彩或仅单调地使用一种或黑白两种色彩,事实上,即使简单使用一种色彩,结合色彩渐变、饱和度以及透明度的变化,也可以使整个网页设计简洁而极富视觉效果。大家可以结合图 5-29、图 5-30 和图 5-31(彩色图片请扫二维码)分析并欣赏简约设计风格下颜色的几种不同使用方法。

③ 优化界面字体以及排版,体现界面层次结构。优秀的简约网页设计一般不会使用太多字体和排版,结合文字大小、颜色、粗细、行间距以及排列位置等属性,能简单而直观地体现页面结构和层次关系,如图 5-32(彩色图片请扫二维码)所示。也可以通过适当添加图片来代替文本描述,更能清晰明了地表达设计师意愿,事半功倍。

(a) 同一色系与形状和背景图片结合的设计

(b) 黑白色系的设计

图 5-29　简单颜色的应用提升界面视觉吸引力

彩图 5-29

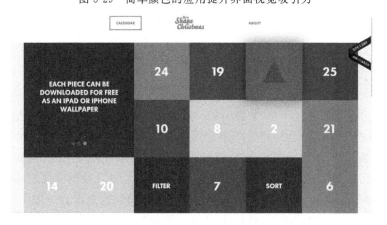

图 5-30　色块的使用也可以兼具界面功能/板块划分的作用

彩图 5-30

图 5-31　利用跳跃的色彩对比，提升页面视觉影响力

彩图 5-31

图 5-32　利用字体与排版的不同展现页面的层次关系　　　　彩图 5-32

④ 采用 Web 设计习惯用法，让网页设计更符合用户"口味"。由于网页设计中的习惯用法，是无数设计师根据用户需求，不断实践、调整和改进的结果，是符合用户"口味"的设计方法，所以我们在设计 Web 界面时，直接套用这些习惯，可以让界面更加实用，更易于用户识别区分，简化操作过程。例如 Web 导航习惯用法（包括站点 ID、搜索方式、实用工具、返回主页方式、导航栏目等）的使用，让导航真正发挥其引导作用。而且在一定情景下，设计所对应的解释文本都可以在不影响大意的情况下，直接省略，从而简化网页设计。例如，利用放大镜图标指代界面搜索功能。

此外，要权衡图像和多媒体信息的数量，在不影响网站效果的前提下，尽量精简数量和所占面积。对于某些网站类型，例如一些黄页类网站，太简单的界面设计，则极有可能降低网页权威性和可行性，所以，归根到底，我们还是应该根据网页或产品特色、目标客户以及受众的不同，有所取舍和选择。

5. 浏览器兼容性

浏览器兼容性问题是指不同的浏览器对同一段代码有不同的解析，造成页面显示效果不统一的情况。在网站的设计和制作中，做好浏览器兼容，才能够让网站在不同的浏览器下都正常显示。而对于浏览器软件的开发和设计，浏览器对标准的更好兼容能够给用户更好的使用体验。

要做到网站界面在各个浏览器和分辨率下的兼容,需要首先知道为什么会存在兼容问题。主流的浏览器有 5 个:IE(Trident 内核)、Firefox(火狐:Gecko 内核)、Safari(苹果:webkit 内核)、Google Chrome(谷歌:Blink 内核)、Opera(欧朋:Blink 内核)。四大内核正是 Trident(IE 内核)、Gecko(Firefox 内核)、webkit 内核、Blink(Chrome 内核)。同一浏览器,版本越老,存在的 Bug 越多,相对于版本越新的浏览器,对新属性和标签、新特性的支持越少;不同浏览器,核心技术(内核)不同,标准不同,实现方式也有差异,最终呈现的效果也会有差异。另外,还有最重要的一点,不规范的代码会使不兼容现象更加突出。

处理兼容问题的思路,首先考虑要不要做浏览器兼容。从产品的角度来看,根据产品的受众比例、效果优先还是基本功能优先考虑,也要从开发成本考虑有无必要做兼容;其次还要考虑针对哪些浏览器。

根据兼容需求可以选择合适的技术框架/库,或者选择兼容工具(html5shiv、Respond. js、CSS Reset、normalize. css、Modernizr. js、postcss 等),或者可以采用"渐进增强"/"优雅降级"方式实现高低版本浏览器的兼容,更多的时候需要结合 JavaScript 和 CSS 代码的兼容写法。

5.5.3　Web 界面要素设计

1. 语言与文化

网站应面向不同的用户,使用不同的语言,因此,全球服务型的网站还要考虑如何适应不同国家、不同类型的文化与语言环境。目前,许多跨国公司的网站都设置了多语言选择,并考虑了文化背景。例如,Google 网站不仅有中文版(www. google. cn),而且在 2009 年中国农历七月初七(七夕)当天,其界面通过鹊桥展示了"Google"的标志。

一般地,在设计 Web 界面时,要将选择语言版本的功能放在网站的主页,并以不同版本的语言进行标注。例如,NVIDIA 网站通过提供 19 种语言,适应不同的浏览者需求,可方便用户快速找到适合的语言版本。由于不同语言文字的物理结构不同,在设计界面布局时也要分别考虑。例如,在表达同样的意义时,德语书写所需要的长度一般要大于英语,而英语书写所需要的长度一般要大于汉语,并且汉语比英语或德语更容易对齐,因此在同样屏幕大小的不同语言版本上可能需要使用不同的界面布局,甚至不同的界面元素和表达方式。

设计不同语言的网站版本不仅是简单的语言翻译,还应当注意到不同地区的文化特点。例如,某些颜色在不同的文化背景下的理解是不同的,并且有些内容在一个地区是允许的或适用的,但是在另外一个地区却是不合适的。为不同地区设计的内容还应当符合各个地区的货币单位、时间格式的习惯等。应当避免显示对目标用户不适合的内容。

2. 框架布局

Web 界面布局就是指网页的整体结构分布。界面布局的目标是提高用户兴趣、方便用户阅读。过于花哨的页面可能会提高用户兴趣,但是也会影响用户浏览网站的视觉流,甚至成为用户使用产品的阻碍,因此要在视觉美观和页面内容中找到一个平衡点。网页布局有以下几种常见结构。

(1) POP 布局

POP 引自广告术语,就是指页面布局像一张宣传海报,页面设计通常以一张精美的海报画面为布局的主体,如图 5-33 所示。这是一种颇具艺术感和时尚感的网页布局方式。有的

POP 布局还有动画表现形式,或者直接在图片上放置对应链接。这种设计一般会出现在企业介绍的首页或个人网页,给人一种简洁、优雅的视觉享受。优点显而易见,缺点是网页加载速度慢,不过很多这种类型网页都会采用 HTML5 技术以提高网页的流畅度。

图 5-33　POP 页面布局

（2）"同"/"国"字形布局

"同"字形布局因与汉字"同"相似而得名。其页面设计参考图 5-34（彩色图片请扫二维码）。

- 界面顶部:一般放置网站标志和导航栏或 banner 广告。
- 下方左侧:二级栏导航菜单。
- 中间:网站具体内容。
- 下方右侧:链接栏目条。

彩图 5-34

图 5-34　"同"形页面布局

其优点是界面结构清晰、左右对称、主次分明、信息量大,因而得到广泛的应用。缺点是太过规矩呆板,需要细节色彩的变化来调剂。

"国"字形结构布局在"同"字形结构布局的基础上,在界面下方增加一个横条菜单或广告,或放置网站的版权信息和联系方式等。

（3）"T"字形布局

"T"字形布局结构因与英文大写字母"T"相似而得名。其页面设计参考图5-35（彩色图片请扫二维码）。

- 顶部：一般放置网站 logo 或 banner 广告。
- 下方左侧：导航栏菜单。
- 下方右侧：网页正文具体内容。

其优点是页面结构清晰、主次分明,是初学者最容易上手的布局方法之一。其缺点是规矩呆板。

彩图 5-35

(a)

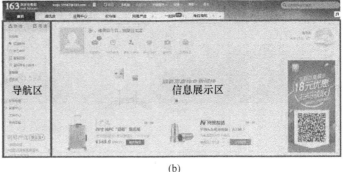

(b)

图 5-35 "T"字形页面布局

这种布局也被称为两栏式布局,是一种折中的界面布局方式,相比于一栏式,可以容纳更多内容,相比于三栏式,其信息不至于过度拥挤和凌乱,但不具备超大内容量的优点。这种布局也可分为左窄右宽式、左宽右窄式和左右均等式,每种方式的页面重点和视觉流都有所不同,其所适用的页面类型也不尽相同。

如京东商城的商品详情页,采用左窄右宽式布局,左侧放置推荐式导航和其他次要信息,右边是商品详细介绍。

左宽右窄式的布局方式更突出用户当前浏览的内容,引导用户将视线聚焦于当前内容上,这种界面布局方式常见于一些以内容为主导的网站,如图 5-36（彩色图片请扫二维码）所示的百度搜索结果页和知乎搜索结果页。

彩图 5-36

(a) 百度搜索结果页

(b) 知乎搜索结果页

图 5-36 "T"字形布局中左宽右窄式页面布局

还有一种基于"T"字形的左右对称布局,即左右两侧均为信息显示区,在宽度比例上,两侧相差较小,常见于一些不分内容主次的网页设计中。但这种网页布局不容易让用户发现重点内容,视觉流不够清晰,适合于罗列信息。因此这种布局较少被采用。

（4）三栏式布局

三栏式布局是最为复杂的界面布局方式之一,其布局若为中间宽、两边窄,则可等同于"同"字形布局,若两栏宽、一栏窄,则是该布局重点要提到的设计形态。它相比于"同"字形布局,能够展示更多的重点内容,可提高页面利用率,但缺点是缺少突出和集中,用户视觉流易分散。这种界面布局方式常见于信息量巨大的门户网站的首页设计上,如图 5-37(彩色图片请扫二维码)展示的腾讯网首页。

彩图 5-37

（5）一栏式页面

图 5-37　三栏式页面布局

顾名思义,就是整个页面都为信息展示区,它的结构特点如下。

- 上方:标题或广告等。
- 下方:显示正文。
- 页脚:网站信息、版权信息、友情链接信息等。

此种布局的特点是简洁明快,干扰信息少,用户视觉流清晰,页面重点突出;缺点是排版方式受到限制,页面可承载信息量小,适用于目标单一的网站,图 5-38(彩色图片请扫二维码)展示了企业网站首页、搜索引擎首页、表单填写页、登录注册页等。

（6）混合式布局

现在很多信息极丰富的大型网站,尤其是电商网站,其界面布局已经不单是以上中的某一种,而是几种布局方式的结合。以"京东"首页为例,页面第一屏为"同"字形布局,从左到右依次为列表导航区、信息展示区、推荐位导航区,而从滚动页面进入第二屏或第三屏页面,则为一栏式广告位、两栏式商品促销位、卡片式商品展示位等。这种多布局方式结合的页面设计,既利用导航引导了用户的视觉流,又利用精美图片吸引了用户的注意,而且保证了页面空间的充分利用,可以说是比较合理、高效的界面设计。

不论哪种 Web 界面布局方式,都是为信息展示服务的。无论是导航引导还是内容引导,无论是一栏还是多栏,都是帮助用户尽快地看到他们希望看到的内容。最终的核心还是:界面设计是为用户服务的,而不是为设计本身!

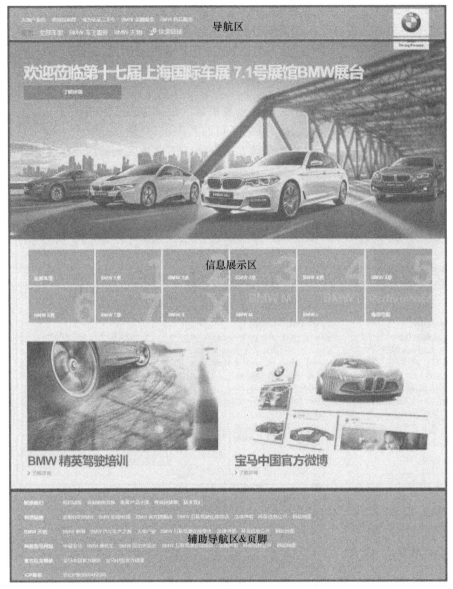

(a) 企业网站首页

(b) 搜索引擎首页

彩图 5-38

(c) 表单填写页

(d) 登录注册页

图 5-38　一栏式界面布局

3. 色彩

色彩在网站感知和展示上扮演着重要的角色。企业文化、网站特色都可以通过 Web 界面中的色彩混合或对比的方式体现出来。在设计界面时,借助色彩可以直观地展示背景色、导航栏、状态栏和操作按钮等构成的设计元素,并让产品设计界面的逻辑架构和信息层级得到很好的展现。

在产品界面设计中,不同的内容应该呈现不同的层级关系。利用同色系、色彩之间的色相差异可非常直观地区分内容的层级关系,同时还可以通过色彩间的强对比突出关键内容。如图 5-39(彩色图片请扫二维码)所示,豆瓣电影网站通过蓝色色彩的强弱区分视觉层级,重要文字使用蓝色,可以让画面内容的层级关系更清晰明确。

网站设计是一种艺术活动,按照内容决定形式的原则,在考虑网站本身特点的同时,可以大胆地进行艺术创新。网页配色很重要,网页颜色搭配得是否合理会直接影响到访问者的情绪。一般来说,普通的底色应柔和、素雅,配上深色文字,读起来自然、流畅。而为了追求醒目的视觉效果,可以使用较深的颜色,然后配上对比鲜明的字体,如白色字、黄色字或蓝色字。其实有时候,底色与字体的合理搭配要胜过用背景图画。可以借助图 5-40(彩色图片请扫二维码)所示的色相图,进行色彩搭配。

图 5-39　利用颜色区分内容的层级关系　　　　　　　彩图 5-39

图 5-40　色相图

- 同类色搭配：色环上相距 0° 的颜色为同类色，一般常用同一种色相的不同明度或不同饱和度方式组合，如蓝色与浅蓝色。同类色搭配对比效果统一、清新、含蓄，但容易让用户产生单调、乏味的感受。
- 邻近色搭配：色环上相距 30° 左右的颜色为邻近色，如紫色与蓝紫色。邻近色搭配能很好地保持画面的协调与统一，是设计中使用频率最高的配色方案之一。相比单色配色，邻近色配色在保持画面统一性的同时，能使层次感更丰富，如图 5-41（彩色图片请扫二维码）所示。

彩图 5-41

图 5-41　邻近色搭配的网页设计

- 类似色搭配：色环上相距 60° 左右的颜色为类似色，例如橙色与黄色、黄橙色与黄绿色等。类似色搭配对比效果较丰富、活泼，同时又不失统一、和谐的感觉，如图 5-42（彩色图片请扫二维码）所示。
- 对比色搭配：色环上相距 120° 左右的颜色为对比色，例如红色与黄色、红紫与黄橙等。对比色搭配对比效果强烈、醒目、刺激、有力，但也容易造成视觉疲劳，一般需要采用多种调和手段来改善对比效果。
- 互补色搭配：色环上相距 180° 左右的颜色为互补色。互补色搭配具有强烈的视觉冲击力。
- 多色搭配：由多种颜色组合而成，一般以不超过 4 种颜色为宜，规定一种作为主导色，其余作为辅助色和点缀色使用，搭配比例分别为 6∶3∶1。主导色主要用于网站的标志、标题、主菜单和主色块，给人整体统一的感觉。多色搭配会让画面更加丰富、多彩，充满趣味性，但若控制不好，也容易让画面花哨，失去平衡。搭配时注意区分主次，按比例进行调和。
- 暖色色彩搭配：例如红色、橙色、黄色、赭色等色彩的搭配。这种色调的运用可为网页营造出温馨、和煦和热情的氛围。
- 冷色色彩搭配：这种色彩搭配可为网页营造出宁静、清凉和高雅的氛围。冷色调与白色搭配一般会有较好的视觉效果。

图 5-42　类似色搭配的网页设计

彩图 5-42

暖色调和冷色调示意图如图 5-43（彩色图片请扫二维码）所示。

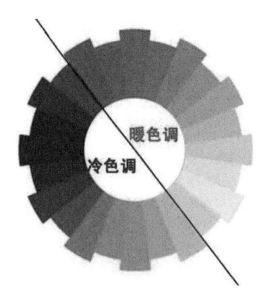

图 5-43　暖色调和冷色调示意图

彩图 5-43

在选择配色的过程中可以借鉴三步法完成。

① 先为品牌颜色选择一个主色调（如图 5-44 所示，彩色图片请扫二维码）。如果已经有了 logo，请确保 logo 的主要颜色之一是主色；如果没有主导品牌颜色，那就需要创造一个品牌颜色，就需要先了解颜色的含义，不同的颜色能带给人不同的感觉体验。品牌颜色被选择作为营销举措的一部分，不同的颜色有吸引特定类型购物者的能力。在网站中如何使用主色调呢？只有在希望访问者注意的有限数量的地方使用主色，一般主色要够突出，可以真实地强调网站想要访客关注的地方，如图 5-45（彩色图片请扫二维码）中红色文字标识的位置。

彩图 5-44

图 5-44　不同色调下的品牌带给人不同的感觉

② 整个网站上只有一种颜色显得比较单调，为了使网站的设计更有趣（和专业），需要用到辅助色，以突出网站值得注意的部分〔如副标题、辅助按钮、信息框、背景颜色等，如图 5-46（彩色图片请扫二维码）所示〕。可采用前面色彩搭配推荐的多种方法，但要注意，辅助色最好只有 1 或 2 种，如果辅助色太多，会混淆访问者的视线，使其迷失焦点。

图 5-45　在网站中使用主色调的方法示例　　　彩图 5-45

③ 选择合适的网站背景颜色。如果希望网站访问者能够轻松地浏览网站,不想让过于粗重或明亮的背景颜色吸收了页面内容,那么选择一个正确的背景颜色很重要。对于信息密集型或电子商务网站,最佳的背景颜色是白色或浅色,这样纯平的背景颜色可使访问者专注于内容或产品信息;企业或商业网站若为了促进品牌和服务,可以根据业务要关注的目的,使用主流或品牌颜色的色调作为背景色,这样可以加强访客品牌与颜色的关联认知,但若希望企业服务价值或投资的项目成为焦点,网站内容作为展示性内容,那么还是应该选择白色或中性背景颜色;若是关于时尚、设计、餐厅、美容或创意产业的网站,则可以打破规则,大胆尝试任何喜欢的颜色,只要确保文本或内容不难以阅读即可,如可使用黑色的菜单栏显得更加有张力,或采用互补颜色甚至多种混合色来创建一个触动人心的背景图像。

Where to use accent color
in your website

当前选择
的菜单

STUNNING 6 BED
HOUSE IN THE HEART
OF THE CITY

$2,000,000

ALL SALES

LATEST PROPERTIES FOR SALE

DOWN AVENUE

QUEENS WAY

RANDALL CLOSE

副标题

第二个高亮
信息显示区

CHASE AVENUE

$500/per week

彩图 5-46

图 5-46　在网站中使用辅助色的方法示例

4. 文本

在网页设计中，文字排版对于建立网站和用户之间良好的沟通以及帮助用户实现目标起着重要的作用。良好的文字排版使网页更易于阅读。正如 Oliver Reichenstein 在他的文章

"Web Design is 95％ Typography "中写道："排版的目的是优化可读性、访问率、可用性，以及保持文字和图形的平衡关系。"换言之，优化排版也在优化界面。文本设计可以遵循以下几个原则。

① 在网站排版中建议最多不要使用超过 3 种字体类型，不然会使网站看起来松散不专业，太多的字体尺寸也会破坏网页布局，如图 5-47 所示。如果使用多种字体，请确保几种字体是和谐的。

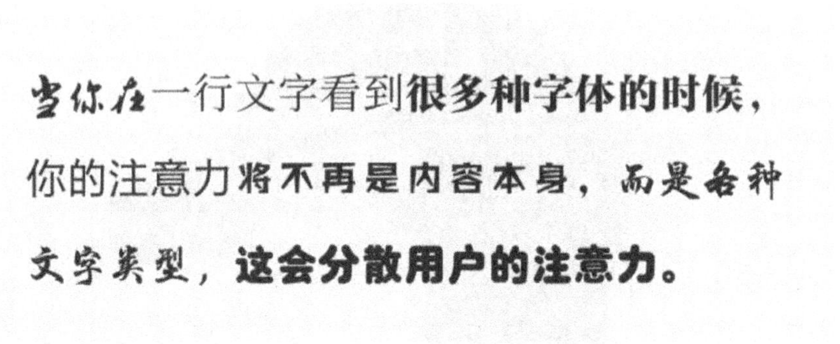

当你在一行文字看到很多种字体的时候，你的注意力将不再是内容本身，而是各种文字类型，这会分散用户的注意力。

图 5-47　较多的字体类型会分散用户的注意力

② 尽可能选择标准字体（近几年网页中中文通常使用"思源黑体""PingFang"，英文常使用"Arial""Calibri"，尽可能避免使用衬线字体，如宋体），因为用户更熟悉标准字体，因此他们可以更快地阅读。特殊的、少量的字体可以制作成.svg 格式的素材嵌入 Web 使用。

③ 定义合适的行文字长度。如图 5-48 所示，若每一行文字太长，读者的眼睛会难以专注于文字，因为长时间阅读容易串行；若太短，会使得用户的眼睛经常看到下一行，打破用户的阅读节奏，甚至用户会忽略潜在的重要词句。以 Google 和百度为例，如图 5-49 所示。

④ 避免在界面中大量地使用大写字母，与小写字母相比，大量地使用大写字母会严重降低用户的阅读效率和愉悦感。

⑤ 为了保证文本的可读性和易读性，使文本形成线性的阅读感受，在网页设计中，通常情况下将行间距控制在字体大小的 1.5～2.0 倍之间（中文字体）。英文字体推荐使用默认行间距，或根据默认行间距微调。

⑥ 重视标题的处理。可以通过文本颜色、大小和背景颜色的关系来控制文字标题的视觉层级。灰色通常作为辅助色使用，通过灰色的层次区分信息层级如图 5-50（彩色图片请扫二维码）所示。

⑦ 避免使用红色和绿色单独传达信息，因为红绿色盲是最常见的色盲形式之一。避免使用闪烁的文字，因为这可能会分散访问者的注意力或者使他们感到烦躁。

5. 多媒体元素

Web 中的多媒体是我们可以在网页中看到和听到的一切元素，包括图形、图像、动画、音频和视频等。而基于此之上的互动多媒体，则进一步丰富了 Web 交互，它具有更强的实时互动性，是集成视频、语音、文字、数据、流媒体的互动通信，在 Web 上的表现形式丰富多样，如点播、直播、实时通信、云游戏，甚至视频编辑等，而互动多媒体创新应用更是突破了传统的媒体传播方式，走向了艺术与技术化的深度融合。

图 5-48　选择合适的行文字长度

图 5-49　Google 和百度的行文字宽度

辅助色
Auxiliary color

辅助色A
色值:#000000
使用规则:除特殊情况,
尽可能避免使用全黑

辅助色B
色值:#333333
使用规则:用于标题和重要
内容,包括已填写内容和重
要叙述性内容

辅助色C
色值:#4F4F4F
使用规则:用于不重要的叙述
性内容、灰色按钮文字内容

辅助色D
色值:# 828282
使用规则:用于灰色按钮文
字的使用

辅助色E
色值:# BDBDBD
使用规则:辅助色用于文字描
述、数字展示、次级按钮等辅
助灰色使用

辅助色F
色值:#E0E0E0
使用规则:用于背景色等辅助
灰色使用,用于分割线,占位
提示性、灰色按钮

辅助色G
色值:#F8F8F8
使用规则:用于背景色,
高亮提示文字使用

辅助色H
色值:#FFFFFF
使用规则:用于背景色,
高亮提示文字使用

彩图 5-50

图 5-50　灰色作为文字分层级的辅助色

确定媒体类型常用的方法是查看文件扩展,如.wmv、.mp3、.mp4、.avi、.swf 等。MP4 格式是一种普及的因特网视频格式,HTML5、Flash 播放器以及所有视频网站均支持它。WAVE 是因特网上很受欢迎的无压缩声音格式,音质好,但占用存储空间大。目前流行的MP3 和 WMA 两种格式兼顾了节约空间和音质质量。不同的浏览器对音频、视频、动画等的支持方式不同,某些元素能够以内联的方式处理,而某些则需要额外的插件。早些年,不同的浏览器对音频、视频的支持不同,因此需要安装不同的插件,但是自 HTML5 新的网络标准提出后,其提出的用于视频处理和音频处理的标签,统一了混乱的插件网络环境。

图形与图像元素主要包括背景、按钮、图标、图像等。设计者需要考虑如何把它们布置在界面的"画布"容器中。很多时候提到的界面设计,也被狭义地理解为如何制作这些图形与图像的技术问题。

常见的动画类型有 GIF 动画、Flash 和 SilverLight 类动画、HTML5 Canvas 动画、SVG 动画和 CSS3 动画。

- GIF 动画是历史最悠久的动画表达方式,它是静止图像的汇集,可以按照指定的图序列号和速度重复运动,文件小、工具多,浏览器兼容性好,但支持的颜色少(最多 256 色),Alpha 透明度支持性差,因此适用于颜色少、画面简单的动画表现。
- Flash 和 SilverLight 类动画是通过浏览器插件来支持特定文件格式的动画,处理复杂的动画效果得心应手,但占用的资源多,易导致浏览器崩溃,需要安装插件,移动设备无法支持。
- JavaScript 与 HTML 结合,通过动态修改 DOM 节点及属性来实现动画,兼容性好,对于桌面 Web 端和移动端都友好,尤其是伴随着 HTML5 Canvas 的出现,动画效果更强大,运行效率高,可硬件加速,且无须任何插件。
- SVG(Scalable Vector Graphics)即可缩放矢量图形,是一种 XML 应用,可以一种简洁、可移植的形式表示图形信息,功能丰富,包含各种图形、滤镜、动画等功能。SVG 属于对图像的形状描述,所以它本质上是文本文件,体积较小,且不管放大多少倍都不会失真,SVG 文件可以直接插入网页,成为 DOM 的一部分。
- CSS3 动画就是通过 CSS(Cascading Style Sheet)代码创建的网页动画,允许设计师通过编辑网站的 CSS 代码来添加页面动画,从而轻松取代传统动画图片或 Flash 动画的设计方式。它包括常见的鼠标悬停动画、网页加载动画、页面切换动画、文本动画以及背景动画等,能够有效地提升网页趣味性和视觉吸引力,也是网页设计中比较流行的方式。
- Video 动画通过 HTML5 Video(视频标签)的功能来实现动画效果,由于它符合 HTML5 标准,资源占用少,无须插件,是一种很好的动画表达方式,但是交互比较麻烦。

全景图是 Web 中虚拟实景的一种重要表现形式,会让网页浏览具有较好的沉浸感。360°的高质量全景图主要有 3 个特点:①全方位,全面展示 360°球形范围内的所有景致,可在其中通过鼠标拖动等观看场景的各个方向;②真实的场景,三维全景大多是在照片的基础之上拼合得到的图像,最大限度地保留了场景的真实性;③三维立体效果,虽然照片都是平面的,但是通过软件处理之后得到的三维全景却能给人以三维立体的空间感觉,使观者犹如身在其中。

5.5.4 Web 界面设计技术

在 Web 界面设计中常用到 HTML 标记语言、JavaScript 客户端脚本语言、ASP/JSP 等服务器端脚本语言、AJAX 以及 WebGL 等技术。

1. 标准通用标记语言

HTML(HyperText Markup Language)即超文本标记语言。超文本指页面内可以包含图片、音乐、链接甚至程序等非文字元素。HTML 是一种跨平台语言,已经成为 Web 文档信息的标准方法,是构成 Web 界面的主要工具。HTML 标准定义了构成语言的每一个独立元素,这些元素用于指示如何在浏览器中显示 HTML 文档的指令或标记符。这一标准可确保在不同的浏览器和计算机平台上超文本显示的一致性。

从结构上讲,HTML 文件由各种标记元素组成,用于组织文件的内容和指导文件的输出格式。如果只用这些标记元素,则只能实现静态网页。

CSS即层叠样式表,是用于网页排版的标记性语言,能对网页中的排版进行像素级控制,主要用于对网页中的字体、颜色、图像、背景等其他元素进行控制,是对 HTML 的补充,"HTML+CSS"可以实现具有较好布局样式的静态网页。

JavaApplet 就是用 Java 语言编写的小应用程序,可以直接嵌入网页中,并能够产生特殊的效果。在 HTML 页面中,通过<applet></applet>标记,当支持 Java 的浏览器遇到这对标记时,便下载相应的小程序代码在本地运行,因此执行速度不受网络带宽或者 Modem 存取速度的限制。在 JavaApplet 中,可以实现图形绘制、字体和颜色控制,动画和声音插入,人机交互及网络交流等功能,Applet 还提供了抽象窗口工具箱(Abstract Window Toolkit,AWT)的窗口环境开发工具。但是 Flash 技术出现后,Applet 的发展受到抑制,再后来出现了 HTML5 技术,JavaApplet 已经被完全淘汰了,Sun 公司推出了 JavaFX 作为替代。

2014 年万维网联盟宣布 HTML5 标准规范最终制定完成并公开发布,在这个版本中推出了很多新功能,HTML5 主要在图像、位置、存储、速度等方面进行了改进和优化。HTML5 引入了 Canvas 标签,通过 Canvas,用户将可以动态地生成各种图形、图像、图表以及动画,不仅如此,HTML5 也赋予图片图形更多的交互可能,HTML5 的 Canvas 标签还能够配合 JavaScript 来利用键盘控制图形图像,这无疑为现有的网页游戏提供了新的选择和更好的维护性、通用性,脱离了 Flash 插件的网页游戏必然能够获得更大的访问量和更多的用户。一些统计数据表格也可以通过使用 Canvas 标签来达到和用户的交互。

HTML5 通过提供应用接口 Geolocation API 在用户允许的情况下共享当前的地理位置信息,并为用户提供其他相关的信息。Geolocation API 的主要特点在于:本身不去获取用户的位置,而是通过第三方接口来获取,如 IP、GPS、WIFI 等方式;用户可以随时开启和关闭,在被程序调用时也会首先征得用户同意,保证了用户的隐私。

HTML5 的 Web Storage API 采用离线缓存生成一个清单文件(manifest file),这个清单文件实质就是一系列的 URL 列表文件,这些 URL 分别指向页面当中的 HTML、CSS、JavaScript、图片等相关内容。当使用离线应用时,应用会引入这一清单文件,浏览器会读取这一文件,下载相应的文件,并将其缓存到本地,使得这些 Web 应用能够脱离网络使用,而用户在离线时的更改也同样会映射到清单文件中,并在重新连线之后将更改返回应用,工作方式与现在所使用的网盘有着异曲同工之处。缓存的强大并不仅在于离线应用,同样在于对 cookies 的替代。目前经常使用的保存网站密码,使用的就是 cookies 将密码信息缓存到本地,当需要时再发送至服务器端。然而,cookies 有其本身的缺点,4 KB 的大小且反复在服务器和本地之间传输,并无法被加密。cookies 的反复传输不仅浪费了使用者的带宽、供应商的服务器性能,也增加了用户信息被泄露的危险。Web storage API 解救了 cookies,它将至少支持 4M 的空间作为缓存,对于日常的清单文件和基础信息已经足够使用。速度的提升方式在于,Web storage API 将不再无休止地传输相同的数据给服务器,而只在服务器请求和做出更改时传输变更的必需文件,这样就大大地节省了带宽,也减轻了服务器的压力。

2. 脚本语言

脚本语言又被称为扩建的语言或动态语言,通常以文本保存,只有在被调用时才进行解释或编译。JavaScript 是一种内嵌于 HTML 中的脚本语言,它是一种基于对象和事件驱动并具有安全性能的脚本语言,可以弥补 HTML 无法独自完成交互和客户端动态网页任务的不足,与 HTML JavaApplet 一起实现在一个 Web 界面中链接多个对象,提供了一种实时的、动态的、可交互的表达手段,可使基于 CGI(Common Gateway Interface)的静态 HTML 界面提供动态实时信息,并对客户端操作进行反馈。后缀名为.js 的文件就是 JavaScript 文件,可用于多平台多操作系统,被大多数浏览器支持。

3. 数据存储和传输语言

XML(Extensible Markup Language)即可扩展标记语言,是 W3C 的推荐标准,它是一种很像 HTML 的标记语言,但它和 HTML 为不同的目的而设计。XML 被设计用来结构化、存储及传输信息。XML 数据以纯文本格式进行存储,因此提供了一种独立于软件和硬件的信息传输工具。数据能够存储在独立的 XML 文件中,这样我们可以专注于使用 HTML/CSS 进行显示和布局,并确保修改底层数据不再需要对 HTML 进行任何的改变,通过使用几行 JavaScript 代码,就可以读取一个外部 XML 文件,并更新网页的数据内容。

JSON(JavaScript Object Notation)即 JS 对象标记,是一种轻量级数据交换格式,能够代替 XML 的工作,即可以处理前端(JavaScript)和后台(Web 服务器端)之间的数据交互。其特点是切合人们的读写习惯,易于机器的分析和运行,形式为一个以"键-值"对形式表示的字符串。JSON 跨语言,在移动端数据都可以由 JSON 来传输。

4. AJAX 技术

AJAX(Asynchronous JavaScript and XML)即异步 JavaScript 和 XML,其本身不是一种新技术,而是一个在 2005 年被提出的新术语,用来描述一种使用现有技术集合的新方法,包括 JavaScript、DHTML、XHTML 和 CSS、DOM、XML 和 XSTL、XMLHttpRequest 等技术。其中,使用 XHTML 和 CSS 实现标准化呈现,使用 DOM 实现动态显示和交互,使用 XML 和 XSTL 进行数据交换与处理,使用 XMLHttpRequest 对象进行异步数据读取,使用 JavaScript 绑定和处理所有数据,这样可使网页从服务器请求少量的信息,而不是整个页面。

AJAX 的实质是遵循 Request/Server 架构,所以这个框架的基本流程是:对象初始化→发送请求→服务器接收→服务器返回→客户端接收→修改客户端界面内容。只不过这个交互过程是异步的。这样把以前的一些服务器负担的工作转嫁到客户端,利用客户端闲置的处理能力来处理,以减轻服务器和带宽的负担。

AJAX 可使 Web 应用程序更小、更快、更友好,并能独立于浏览器和平台。AJAX 不需要任何浏览器插件,但需要用户允许 JavaScript 在浏览器上执行。AJAX 更新页面时并不是刷新整个页面,因而后退功能是失效的,对于流媒体的支持不如 Flash 和 JavaApplet。一些手持设备现在还不能很好地支持 AJAX。但它的不足对于大部分 WebGIS 开发的影响不明显,而它的优点给用户带来的方便却是显著的,所以在 WebGIS 开发中可以充分发挥 AJAX 的作用,这一点在 Google maps、Gmail 中已得到证明。

5. 服务器端语言

目前流行的三大服务器端脚本语言是 ASP、PHP、JSP。我们通常浏览网页基于 BS(Browser-Server)的模式。浏览器作为客户端,在单击链接或者输入地址时,向目的主机发送 HTML、FTP 等服务请求,然后目的主机根据请求类型和内容给予响应。这种万变不离其宗的服务形式普遍存在于所有的网络通信模式中。服务器脚本很简单,它主要应用于提交和处理表单,实现内容动态更新。想象一下一个中型网站有几千个链接地址,总不能为每一个地址都增加一个页面。于是,服务器脚本从底层抽象出逻辑,把框架相同但是内容不同的页面进行综合。最重要的是将逻辑处理与数据分开。多个用户提交一个请求,大家享用了共同的逻辑处理方式,但是因为某一用户提交的表单不一样,相应处理也会不同,于是返回的内容也就不同。

（1）ASP

ASP(Active Server Pages)是一种使用很广泛的开发动态网站的技术,它通过在页面代码中嵌入 VBScript 和 JavaScript 脚本语言来生成动态的内容,其中微软的 COM(Component Object Model)无限地扩充了 ASP 的能力,正因为这一点,ASP 主要用于 Windows 平台中。ASP 简单易学,一般需与 Microsoft 的 IIS 一起使用,以支持 ASP 的应用程序。ASP.NET 是基于.NET Framework 的 Web 开发平台,一般前端用 HTML+CSS,后端用 C♯。ASP.NET 的 Web Forms 允许在网页的基础上建立强大的窗体,并且可以使用可视化的控件,而这些控件允许开发者使用内建和自定义的控件来快速建立网页页面,使得代码简单化,开发的周期也会缩短很多。

（2）PHP

PHP 的雏形最早出现于 1995 年 Rasmus Lerdorf 发布的第一个供他人使用的 PHP 版本,即 Personal Home Page Tools,而其现在的含义是一种广泛使用的服务器端编程语言,PHP 也就成为 Hypertext Preprocessor 的缩写。它是一种开源的、跨平台的、独立于架构的、解释的、面向对象的 Web 服务器端动态网页开发语言,混合了 C、C++、Perl、Java 的一些特性。用 PHP 编写的代码与 Linux、Windows、UNIX 和 macOS 兼容,支持 20 多个数据库和大多数服务器。该语言具有巨大的自定义潜力、快速的数据处理能力和与不同 CMS 的平滑集成,因此是动态网页的一个不错的选择。PHP+Apache+MySQL 是一个完全免费、性能优越的 Web 服务器应用开发组合,已经成为绝大多数中小型网站的应用解决方案。LaraveL 是最流行的 PHP 框架之一,它具有丰富的功能集,可提高 Web 应用程序开发的速度;Symfony 是一个高度灵活的框架,灵感来自 Django,主要用于处理具有数百万个连接的企业应用。

（3）JSP

JSP 即 Java 服务器页面(Java server pages),是一种动态网站开发语言,有点类似于 ASP 技术,在传统的 HTML 页面文件中插入 Java 程序段(Scriptlet)和 JSP 标记(tag),从而形成 JSP 文件,后缀名为 ∗.jsp。JSP 开发的 Web 应用是跨平台的,可以运行在 Linux 或其他操作系统下。Servlet 是 JSP 的基础,大型的 Web 应用开发需要 Servelet 和 JSP 同时配合。客户端发出请求,Web 服务器接收 http 请求,如果是 HTML、css 等静态资源则 Web 服务器可以自行处理,如果遇到动态资源(比如 jsp)便将请求转至应用服务器中,由应用服务器处理。应用服务器也具有处理 http 请求的能力,可能没有 Web 服务器那么专业,应用服务器同时也包含 Web 容器。在应用服务器中,jsp 转换成 servlet,在 servlet 容器中检索是否已经存在匹配的 servlet 实例,若没有则由 servlet 容器加载并实例化这个 servlet 类的一个实例对象,再由 servlet 容器初始化并运行;若 servlet 容器中已存在,则直接运行。

习　　题

1. 通过查阅网络资源、文献参考以及研究分析等多种方法探究一下桌面系统应用界面的设计趋势,并撰写一份调研报告。

2. 简述桌面交互系统设计主要的要素。

3. 网站首页常常会放大量的分类信息和导航栏,怎样改进并提升用户体验?

思 政 园 地

遵循设计规范的意义

众所周知,制定交通法规表面上是要限制行车权,实际上是保障公众的人身安全。试想如果没有限速,没有红绿灯,没有靠右行驶条款,谁还敢上路?

大多数人都讨厌规则,因为它束缚了我们的自由,然而,无论是个人还是组织,规则是发展中必不可少的环节,尽管我们有时可能很难看出规则的直接价值。应用设计、软件研发是一类严谨的工作,其不仅需要严谨的逻辑思维能力,还需要一个完善的研发规范流程。俗话说"不以规矩,不能成方圆""磨刀不误砍柴工",对于界面设计来说,遵循设计原则,遵守规范和标准,并不是消灭应用内容的创造性、优雅性,而是限制过度个性化,推行相对标准化,以一种普遍认可的方式一起做事。只有在这样的框架下,设计的产品才会久盛不衰。同时良好的文档和文档管理是项目或产品成功的关键要素之一,它能有效地解决项目开发中的极大部分问题,如业务规范、开发人员职责划分、技术规范、项目管控、项目测试、项目上线、项目运营、bug 追踪等。

应用界面规范的重要性及其目的如下。

① 统一识别。规范能使页面相同属性单元统一识别,防止混乱,避免用户在浏览时理解困难。无论是控件使用、提示信息措辞,还是颜色、窗口布局风格,应遵循统一的标准,做到真正的一致。用户接触应用程序后对界面上对应的功能一目了然,不需要多少培训就可以方便地使用系统。

② 节约资源。除了门户网站、活动推介等个性页面外,相对于后台系统、物联网系统、数据统计系统等界面设计,使用规范标准能极大地减少设计时间。

③ 重复利用。相同单元属性,页面新建时可以执行此标准重复使用,减少无关信息,就是减少对主题信息传达的干扰。

④ 设计规范使设计的迭代与交接更加无缝。设计同研发过程一样,也需要不断优化、迭代。在这一过程中,规范的存在使每一阶段的设计修改都有标准可参照,不会使更迭偏离整体风格。

⑤ 效率提高。以标准化的方式设计界面,能提高工作效率,开发编码人员相互之间更轻松,可改变并减少责任不明、任务不清及由此产生的信息沟通不畅、反复修改、效率低下的现象。

⑥ 产品设计通过规范的方式来达到以用户为中心的目的。

第6章 移动交互设计

近年来,智能手机、PDA(Personal Digital Assistant)等各式各样的移动设备不断出现,广泛地应用于人们的日常生产和生活中。相关的移动应用开发受到了越来越多的关注,其中针对移动应用的界面设计已成为人机交互技术的一个重要研究内容。

移动界面的设计应符合人机交互设计的一般规律,可以利用人机交互界面的一般设计方法。但由于移动设备的便捷性、位置不固定性和计算能力有限性,以及无线网络的低带宽、高延迟等诸多限制,移动界面设计又具有自己的特点。

6.1 移动设备与交互方式

6.1.1 移动设备

移动设备也称为移动装置(mobile device)、流动装置、手持装置(handheld device)等,是一种口袋大小的计算设备,通常有一个小的显示荧幕,带有触控输入或是小型的键盘。

目前主要的移动终端设备种类包括智能手机、PDA 以及各种特殊用途的移动设备(如车载电脑等)。其中,基于可移动性的考虑,手机与 PDA 是目前常见的主流移动设备。不过随着技术的进步,各种设备之间的界限正在逐渐淡化,也出现了一些新的移动设备形态,特别是介于 PDA 和笔记本计算机之间的移动互联网设备(Mobile Internet Device,MID)以及超移动个人计算机(Ultra-Mobile PC,UMPC)。

图 6-1 给出了华为技术有限公司目前主流的几种移动终端设备,这些设备设计精巧,屏幕一般为 3~6 英寸(1 英寸=2.54 cm)大小,携带方便,具备手写输入功能,同时拥有接近于传统笔记本计算机的计算能力与存储空间,并支持主流的无线连接技术,比如 Wi-Fi 无线局域网技术与 Bluetooth 等无线个域网技术,甚至具有 4G、5G 等无线广域网及 WiMax 等无线城域网连接功能,再配合长时间的电池供电能力,能够很好地满足移动互联的要求。

当然,不同品牌甚至不同型号的移动设备所采用的软硬件平台差别,也会给开发通用的移动应用及设计通用的移动界面带来一定的难度。

|　　(a) 车载智慧屏　　　　　　(b) 平板电脑　　　　　　(c) 智能手表　　　(d) 智能手机|

图 6-1　华为移动设备

6.1.2　交互方式

移动设备种类繁多,其相应的输入方式也相当复杂。特别是对于目前主要的移动设备形式——智能手机与掌上电脑而言,由于尺寸较小,接口较为简单,全尺寸键盘、鼠标等诸多传统的输入/输出设备较难在移动界面中使用,因此需要设计专门的输入/输出方式,以适应移动界面的特点。本小节将从输入和输出两个方面来介绍移动交互方式。

1. 输入方式

（1）键盘输入

键盘输入是传统计算机获取文本信息的最主要形式,手机等移动设备同样离不开键盘。但由于尺寸限制和多点触摸屏幕的普及,目前大多数移动设备采用软键盘方式,如图 6-2 所示,常见形式为 QWERTY 键盘和 T9 键盘。用户在屏幕上选择软键盘形式并完成输入。

|　　　　(a) QWERTY键盘　　　　　　　　　　　(b) T9键盘|

图 6-2　Apple 手机的输入法形式

软键盘的设计假设用户已经习惯了某种键盘的输入形式,通过模拟用户的习惯输入方式达到提高输入效率的目的。不过,受移动设备屏幕尺寸的限制,软键盘按键的大小往往比手指尖小,且软键盘缺乏硬件键盘按下后的力反馈,因此软键盘的输入效率和准确率会小于传统的手机硬件键盘。为了提高用户输入的准确率,软键盘在用户触摸某个按键后,通过在交互界面上放大按键或者变换颜色等方式给予用户反馈。

（2）手写输入

手写输入也是目前移动设备端常用的输入方式，如图 6-3 所示。特别是在中国，由于汉字书写的复杂性，手写输入成为最自然、最符合中国人书写习惯的输入方式之一。在移动设备上常用的手写输入方式有手写笔输入和手指输入两种。随着手写识别技术的成熟，目前移动设备支持的手写输入能力也在逐步增强。例如，支持 Android 4.0.3 及以上版本的移动终端的手写输入支持 82 种语言，能识别楷书、草书等 20 种字体，并且还能识别手画的表情符号。

图 6-3　手机的中文手写识别

（3）语音识别

语音技术是新一代人机交互中最重要的技术之一。随着移动互联网等相关技术的发展，语音输入通过和云计算的结合，用户可以在任何场合随时随地利用具有语音通信功能的移动设备和具备语音识别与合成技术的语音门户网站进行对话，享受诸如收听天气预报、获取最新咨询、导航或预订航班与酒店等各种信息服务。语音识别还可以用于人机界面的语音命令导航，使得用户可以直接用语音发出各种操作命令。

当然，目前的语音识别技术仍存在诸多问题，如对于一些含有方言口音等的语音识别率还不够高，因此能够实现的应用领域还有一定的局限性，不会立即给人机交互方式带来本质性的影响。

和语音识别技术相关的输入方式就是语音录制。例如，微软公司的 Pocket PC 系统提供的语音录制（voice recorder）程序可以随时在任何可执行屏幕手写或绘制操作的程序中进行语音录制。

（4）多点触控手势输入

目前移动设备大多具有多点触控屏，支持多点触控手势输入。在人机交互过程中常用的基本手势如图 6-4 所示。图 6-5 所示为大屏移动设备的多点触控常见手势。

图 6-4　人机交互基本手势图

导航操作			
效果 图示	滚动	显示命令	平移
动作1	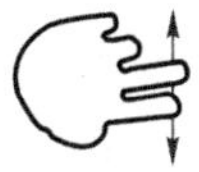 两指拖动	 按与敲击	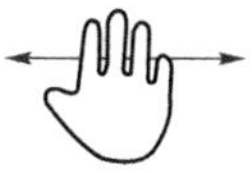 手掌拖动
动作2	 滑动	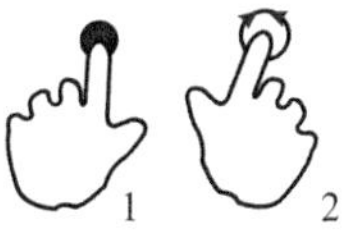 按与敲击	

图 6-5　大屏移动设备的多点触控常见手势

目前上面这些手势都是被大多数用户接受和认可的。如果从方向上体现的功能来分析，可以把手势的功能大致这样分类：

- 横向滑动赋予的功能有：删除、平级切换、返回首页、开关、滑块、附属功能。
- 竖向滑动赋予的功能有：下拉刷新、底部加载更多、全屏、上下篇切换、返回上一级。
- 拖动功能有：拉出附属功能或其他隐藏内容。
- 捏、拉功能有：图片、字体放大，亮度调节，打开开关，新增删减等。
- 按住并拖动功能：一般用于自定义，如改变顺序、加入、拉出等。

通过用户习惯分析的结果可以给予手势操作模式提供指导性方案，尽可能地接近用户平时的操作习惯，将会为新的软件应用推广最大化降低成本。

（5）其他感知信息输入

相对于 PC，移动设备一般还集成摄像头、运动和方向传感器等设备，因此具有更多的感知信息输入方式。

- 地理定位：常用的移动设备提供 GPS、Wi-Fi、基站 3 种地理定位方式。其中 GPS 可定位到 10 m 精度，耗时 2～10 min，可在户外使用，但是耗电量大；Wi-Fi 可定位到 50 m 精度，耗时、耗电可忽略不计；基站可定位到 100～2 500 m 精度，耗时、耗电可忽略不计。
- 运动方向：通过手机内置的加速器侦测手机运动方向。
- 手持定向：通过手机内置的数字罗盘实现，智能手机可识别用户是横向还是竖向握机，从而自动调整页面。
- 视频/图片：利用照相机捕捉或输入图片。
- 环境识别：手机可感知周围环境光线的强弱，可以依据环境光强度自动调节界面亮度。
- 电子标签：通过射频信号自动识别目标对象并获取相关数据，可用于图书馆借书、超市购物、物流管理等应用。
- 生理识别：具有视网膜、指纹识别等功能，可以通过指纹实现锁定手机。
- 陀螺仪：在智能手机、穿戴式智能移动设备中使用微机电陀螺仪，可以 360°感知设备运动，可以应用于游戏中的体感控制。

2. 输出方式

移动设备的输出方式较简单，主要是显示屏幕和声音输出。

（1）移动显示技术

移动显示电子设备经历了 3 个阶段。最早的核心功能是短信和电话,因此对于显示的要求不高,只要能提供简单的文本显示就行。从 2002 年开始,整个移动电子设备进入了多媒体时代,除了基本的通信功能,还有游戏、拍照、录像和上网等功能,我们对显示的要求越来越高,希望图像更大更清晰。到现在为止,电子移动设备承载了通信技术、媒体技术、IT 技术、触摸技术等。从某种意义上说,显示屏好坏是现在购买电子移动设备的重要考虑因素。显示技术在移动电子产品中是一个和用户交互的重要窗口,对显示技术来说,有如下几个基本关键因素:分辨率、色彩、尺寸、功耗及显示响应速度。

最初的移动设备显示技术主要来自 LCD(液晶显示技术,具体可参见 3.1.5 节中显示器技术原理的讲解)。在 LCD 的黄金年代延续了大约 20 年后,一项革命性显示技术——有机发光二极管(OLED)技术又迫不及待地上位了。OLED 是由铟锡氧化物、电力正极和金属阴极组成的三明治结构状的薄膜,并不是像 LED 一样的灯珠。OLED 最大的特点是具有自发光属性,不像 LCD 需要光源,因此能耗更低。这也让 OLED 在"一格电量一寸金"的智能手机领域大放异彩,随着生产成本降至与 LCD 相当,OLED 还跨入了 VR 等新兴市场。当然,OLED 也并非完美无缺。一方面,在大尺寸应用中,OLED 虽然在显示视觉方面有所改进,但降低成本一直未能实现,这也阻碍了其在市场中的进一步拓展;另一方面,受到发光材料和调光原理的限制,OLED 亮度有限,最高光度与 LED 仍有不小差距,因此灰度表现一直不太好。此外,OLED 采用的是有机材料,容易发生老化,如果长时间显示同一图案,该区域的像素就会出现不可逆的光衰现象,也就是我们常说的"烧屏"。

面对 OLED 的强势来袭,LCD 产业还以应对之道——Mini LED。其尺寸非常小,通常小于 100 μm,其是 LCD 显示与 LED 背光技术的结合。Mini LED 使用了大规模 LED 灯珠作为背光,通过对数以万计的 LED 灯珠进行控制,可以精确地控制显示区域的明暗,从而提升画面的对比度和峰值亮度,保留更多的画面细节。不过 Mini LED 终究是 LCD 显示的延续,即使可以做到更精细的分区控光,但在黑暗画面上依然会有光晕,且成本较高。

正当人们对于 OLED 和 Mini LED 孰优孰劣议论纷纷时,一个新名词又出现了——Micro LED。从名称上看,它貌似是 Mini LED 的升级版,但实际上更接近于 OLED,这种技术可以看成 Mini LED 和 OLED 的结合。Micro LED 是将 LED 背光源进行薄膜化、小型化和阵列化后,批量转移到电路基板上,随后再加上保护层和电极,封装好后制作成显示屏。其中的每个 LED 单元都可作为发光显示像素,可定址、单独驱动,省电的同时反应速度还快。换句话说,Micro LED 的本质就是把 Mini LED 上的"灯珠"做得更小、更密,然后把整块"LED 灯板"直接当作自发光的显示面板来用,因此它既继承了 Mini LED 的灯珠阵列形式,又有 OLED 的自发光特性。Micro LED 的出现虽然令人眼前一亮,但在商用的道路上还存在诸多技术瓶颈。比如,如何制造出更小单元的 LED 颗粒?如何将这些微米级别的 LED 转移到基板、黏接和实现电路驱动?如何把成本降下来?

所以,从当前市场的角度来看,Micro LED 的商业化还有一段路要走,未来几年内将会是 Mini LED 和 OLED 正面交锋的状态。电视、显示器、笔记本计算机、平板电脑、车载显示市场为 Mini LED 的重要出货市场,而 OLED 仍旧是智能手机显示屏的主流。

屏幕的作用已经从单纯的"显示器"逐步向"显示+控制"的角色不断变化。对未来移动显示技术的要求有:显示屏要更清晰;有三维显示技术和虚拟增强技术的支持;更主动的交互;实现柔性可变形(如图 6-6 所示)、可穿戴等。我们可以看出屏幕显示正在以各种形态来渗透到各个生活场景中,改变未来人机的显示、交互方式。

(a) 联想、京东方等企业展示柔性屏产品

(b) 深圳市柔宇科技股份有限公司展示弧形汽车中控产品

(c) 华为Mate Xs折叠屏手机

图 6-6　各种柔性可变显示技术

(2) 声音输出

和早期的个人计算机仅能发出单调的声音类似,手机与 PDA 等掌上设备的声音输出功能一般较弱。近年来逐渐引入声音合成技术,使得其可以播放较为动听的 MIDI(Musical Instrument Digital Interface)电子音乐。其工作原理与计算机中的 MIDI 合成系统基本相同,效果好坏主要可以从复音数目、合成技术及扬声器效果等角度进行评价。

移动设备的音乐合成技术主要包括两种:调频(Frequency Modulation,FM)合成与波表(wave table)合成。其中后者的效果要好很多。波表合成技术将真实乐器的音色采样用于合成,因此波表容量越大,效果就越好。一般手机由于存储空间的限制多采用 FM 合成技术,不过也有一些高档机型采用波表合成技术,成本较高。

复音就是俗称的"和弦",指的是音乐合成系统中能够同时发出的声音数目,而并非音乐理论中的和弦。一般而言,达到 16 个复音以上的系统效果较好,如果能够达到 40 甚至 64 个复音,表现复杂的乐曲就绰绰有余了。

掌上设备的发声装置(即扬声器或小喇叭)的效果好坏也会直接影响声音输出的效果。

6.2 移动界面设计

6.2.1 移动界面设计原则

在开发移动用户界面时,简易性对于良好的用户体验至关重要。移动界面应保持一致,避免用户的认知超负荷和让用户感觉到混乱。为了满足和权衡用户交互的作用,我们在以下几个方面进行思考。

1. 内容优先、合理布局

受到成本、能耗以及移动性的要求限制,移动设备的计算能力、存储容量、显示屏幕大小、屏幕分辨率等参数往往小于普通 PC,且移动设备接口欠缺,无法连接丰富的外围输入/输出设备等,这从根本上限制了其对于现有应用系统的直接访问。例如,一般网站的默认分辨率高于手机的显示分辨率,且目前手机尺寸多在 4～6 英寸(1 英寸 = 2.54 cm),屏幕大小的限制使得普通的手机和 PDA 往往无法直接访问一般的网站,需要设计专门的浏览器,或者定制网站内容,使其适应移动设备的能力。同时常用的手机计算能力依然比较低,且缺乏独立的 GPU 等硬件加速卡的支持,因此难以运行高质量的 3D 交互游戏。

移动界面并非简单的、缩小版的桌面系统用户界面,二者的设计应该从理念上就加以区分:桌面系统用户界面采用的一般是并行展示(parallel representation),其中各种选择可以在一个大小可调的屏幕中同时显示出来;而在移动界面中,这些选择只能采用顺序展示(sequential representation)的方式,用户一屏一屏地浏览,而且用户对这些元素的操作往往受到很多限制,并且很多用户不一定有计算机的操作经验,因此移动应用中的界面应该尽可能简单、直观,易上手。图 6-7 展示了一个企业应用在移动界面和桌面浏览器界面中不同的展示需求和设计效果。

为了提升屏幕空间的利用率,界面布局应以内容为核心,优先突出用户需要的信息,简化页面导航。

2. 避免不必要的文本输入

单击操作是 PC 时代交互的基础,在移动设备上,触摸屏上基于手指的手势操作已经代替了鼠标的单击操作。并且在大多数移动设备中,文本输入需要用到的软键盘空间有限,不利于手指操作,因此要尽量避免用户不必要的文本信息输入,而采用选择列表或模糊查询,即输入一部分查询关键词就可以获得检索目标或包含目标的列表,可供用户选择,这样可以减少用户进行关键字文字输入的麻烦,因为移动设备特别是手机等掌上设备的文本输入较为烦琐。

例如 12306 手机订票软件,进行验证码的输入时,为了减少用户文本输入的负担,将传统的字母、数字输入方式改为图片验证码,通过选择图片的方式进行验证。

3. 界面风格一致

一致性是良好 UI 的基本属性,是最直观的设计之一,是可用性和可学习性的最重要因素之一。例如,从交互层面上来说,表现为页面切换方式、导航设计的一致性;从视觉层面上来说,是指色彩、字体、图标等元素的一致性。图 6-8 所示为 Pixso 社区资源中财务管理钱包 App 设计案例,整个界面配色统一,字体、图标等设计元素也保持一致。同时,页面切换方式和导航设计也应保持一致。

(a) App界面　　　　　　　　　　　　(b) Web站点

图 6-7　中国南方航空公司 App 和 Web 站点的用户界面比较

图 6-8　财务管理钱包 App 设计案例

由于屏幕尺寸小，移动界面很受限制，因此将应用程序简单化并把重心放在用户想要完成的任务上尤为重要。如果界面变得过于复杂和混乱，可能是因为它试图去满足许多不同的条件，实际上应该被拆分成不同的应用程序。

也要注意，界面风格应该是一致的，但不应该是千篇一律的。新信息应该在熟悉的框架内呈现（例如模式、隐喻、日常用语），这样信息更容易被人们接收。

为了保证界面风格一致，尤其是当多个开发者协作开发时，编写风格指南或规范是最有效的方法之一。可用性指南是一系列关于移动设备的概念、用户界面和信息结构的建议，一般应该通过大规模的用户测试之后得到。通过这些指南，可以避免一些典型的可用性问题。因此，各种移动应用开发平台都应提供某种形式的应用界面风格指南，仔细研究这些指南对于移动应用的界面设计非常重要。

4. 多通道设计

多通道设计是指系统的输入和输出都可以由视觉、听觉、触觉来协作完成，协同的多通道界面和交互也会让用户更有真实感和沉浸感。当前各个系统平台的基础技术已经越来越成熟，语音输入、手势识别及其他由多种传感器组成的综合识别系统会给用户带来更接近自然的感觉。

5. 设计必须有爱

评价一个移动产品用户体验的好坏，除了要看它是否满足用户需求外，还应考虑它是否能让用户感受到惊喜有趣、智能高效和贴心。可以从如下几个方面考虑。

（1）充分考虑用户的使用习惯

根据用户单手操作还是双手操作，或者单手操作时习惯右手操作还是左手操作，来设计界面交互位置，或可避开手指的触碰盲区。

（2）尽量减少产品层级以及深度

在移动设备上，过多的层级会使用户失去耐心而放弃对产品的使用。如果产品层级确实过深，考虑用以下几种方法扁平化层级结构：使用选项卡（tabs）结合分类和内容的展示；允许穿越层级操作，比如允许用户在第一层级对第二层级的内容进行直接操作。

（3）设计要主次分明

将主流用户最常用的 20% 功能进行显现，其他进行适度隐藏。要明确提供返回上一级的导航操作，不能中断操作流程。操作栏的主要目的是突出重要操作，在应用内统一导航和视图切换体验，减少界面上的杂乱布局，操作栏其实是需要实现的最重要的设计元素之一。一般来说，App 底部的操作栏数目以 3～5 个为最佳，如果某个操作符合 FIT 准则，则放在操作栏里，否则，它应属于"更多"操作（如图 6-9 所示）。对于 FIT 的理解如下：

- F——频繁，用户在访问界面时，是否会频繁使用这个操作；
- I——重要，这个操作对于用户来说是否真的很重要；
- T——典型，在类似的 App 中，是否把这个操作作为典型的第一操作。

（4）自动保存用户输入的内容或一些输入提示信息

如微信的消息发送，在没有联网的情况下发送会显示叹号，并将发送信息保存在手机端，联网后只需重新发送信息即可，不需要重新键入信息。新浪微博在网络不好的情况下进行转发或评论，相应的信息会自动保存在草稿箱，联网后操作一下即可。

图 6-9　操作栏中的"更多"功能

6.2.2　Android 应用界面要素设计

移动界面与一般的图形用户界面一样,包含很多种类的设计要素,在设计时需要遵循一定的原则才能更好地满足移动用户的需要。目前移动应用主要分为两个平台:一个是 Android 平台,另一个是 iOS 平台。这两个平台大家都不陌生,其实这两个平台很多应用的设计几乎都是一样的,随着移动互联网的开发节奏越来越快,版本迭代的周期越来越短。如果分别设计并维护这两个平台的 UI,成本代价是非常高的,从团队效率来看,大多数公司都会选择设计一个平台的一套 UI,再适配到另一个平台的策略。对于用户来说,他们大的诉求大多数是可以很流畅并且无障碍地使用 App,双平台细小的改变或者区别对于用户来说并不是重点关注的地方。

Android 系统界面一直以来并没有统一的规范(具体可参见本章的"知识加油站"),直到 2014 年 Google I/O 推出了 Material Design(MD)。MD 设计语言的目标是创建一种优秀的设计原则和科学技术融合的可能性(create),并给不同平台带来一致性的体验(unify),并且可以在规范的基础上突出设计者自己的品牌性(customize),这种风格形成了独一无二的 Material Design,也被业内人士称为足以媲美 iOS 系统的设计语言。图 6-10(彩色图片请扫二维码)展示了几款采用了 MD 设计风格的 App 应用界面。Material Design 几乎在大多数网页,包括 App 设计中都有广泛的运用,它提出了基于易用性的各类 UI 素材的更合理搭配设计,希望大家可以关注和学习。

1. 菜单

移动界面中的菜单主要是用于提供项目选择,同时不占用屏幕空间,可以采用列表或弹出式的选项菜单的形式。Android 中菜单类型有 3 类:选项菜单(option menu)、上下文菜单(context menu)、子菜单(submenu)。

 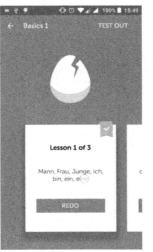 

图 6-10　几款采用了 MD 设计风格的 App 应用界面　　　　彩图 6-10

图 6-11 给出了 Android 常用的两种菜单形式。选项菜单〔如图 6-11(a)所示〕是常规的菜单。当用户长时间按键不放时,弹出的菜单称为上下文菜单,如图 6-11(b)所示。把相同功能的分组进行多组显示的菜单称为子菜单,图 6-12(b)所示为图 6-12(a)中"难度星级"的子菜单,单击子菜单后出现弹出菜单〔如图 6-12(c)所示〕。

(a) 选项菜单　　　　　　　　　　　　　(b) 上下文菜单

图 6-11　Android 菜单

为了设计适用于移动界面的可用性好的菜单,建议遵守以下规则。

- 供选择的项目应该根据需要进行逻辑分类,如按日期、字母顺序等。如果没有逻辑顺序,可以按优先级分类,即将被选择频率最高的项目放在列表的最顶端。
- 每一屏中不宜设计过多的选项,如果一个菜单上的选择项目太多,应该建立一个"更多"链接,将菜单扩展到多个屏幕。
- 菜单上的每一选项一般应当简明扼要,不宜超过一行。占据多行甚至多个显示窗口的大量文本则应当换行,并可以通过设计"跳过"链接使用户能够直接进入下一个选项。

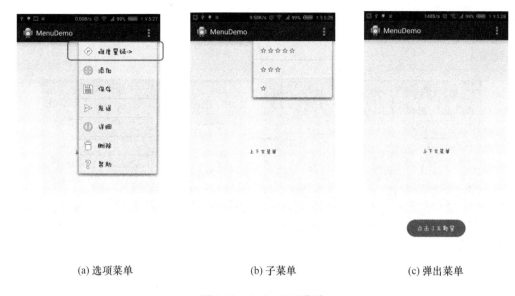

(a) 选项菜单　　　　　　　(b) 子菜单　　　　　　　(c) 弹出菜单

图 6-12　Android 子菜单

2. 按钮

在按钮属性的设置上根据所显示的应用类型和信息类型,应该使用风格和标注一致的标签。如果使用了"确定"按钮,就在整个应用中的同等场合下使用同样的标签,而不是随意地只求意思相近即可,否则容易引起用户的混淆。如果采用英文标签,除个别始终用大写体的单词(如 OK)外,其他单词只有首字母需要大写。汉字标签则一般需要注意字数的控制。

例如,红色一般代表警戒和删除,如图 6-13(彩色图片请扫二维码)所示,QQ 以及微信中删除好友均采用红色按钮。

(a) QQ删除好友功能　　　　　　　(b) 微信删除好友功能

图 6-13　不同应用的删除按钮

彩图 6-13

又如,在按钮的排列位置方面,Android 的按钮保留和 Windows 系统一样的用户习惯,即固定把"确定"(或积极意义的操作)放到左边,把"取消"(或消极意义的操作)放到右边,如图 6-14 所示。

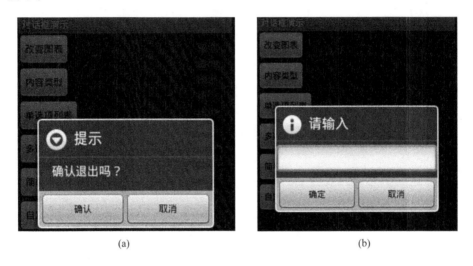

图 6-14　按钮设置

3. 多选列表

应用可能需要处理大量的数据,而列表则是将数据规则化呈现的一种方式。列表界面应该足够清晰,为用户提供一个好的概览,同时,列表界面的操作栏应该允许用户对列表进行单项或多项操作,如图 6-15 所示。

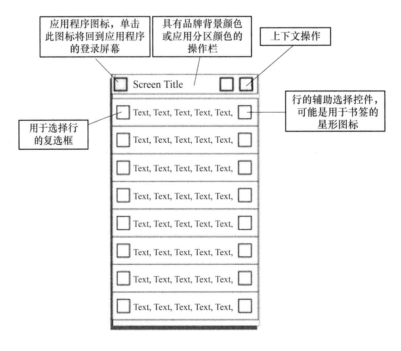

图 6-15　列表设计

需要注意的是,列表的选择框通常在左边,图 6-16(a)所示为 Google Mail 列表界面,但是在 Aldiko〔如图 6-16(b)所示〕中,文件夹图标在左边非常突出,于是 Aldiko 选择框放在了右边,达到界面上的一种平衡。

<table>
<tr><td>(a) Google Mail列表界面</td><td>(b) Aldiko列表界面</td></tr>
</table>

图 6-16　列表中的选择框位置

对于列表的操作有:列表信息的载入、单项信息的操作和多项列表信息的操作。根据操作的不同,可以在列表上方悬浮操作栏或悬浮情景菜单,设计效果如图 6-17 所示。

4. 文字显示

文字显示控件主要用于显示数量较多的文字信息,如显示电子邮件信息、新闻项目或股票行情等,一般不能用于文本输入。根据显示的需要,可以使用以下几种形式的链接。

- View(查看):如果一个数据列表中每个项目都包含额外的详细信息,可以使用该链接来显示这些数据。
- More(更多):一般作为数据页末尾的一个链接,使用户进入下一页的相关数据。
- Skip(跳过):跳过当前选项,链接到下一个类似的数据,如下一封电子邮件信息。

每一个屏幕显示的内容不宜过多,如果信息较多,应定义一个 More 链接。一般情况下文字信息应当使用换行方式进行显示。

5. 数据输入

针对数据输入的可用性原则包括以下几点。

- 对于数据输入一般应该进行长度、数据类型以及取值范围等形式的格式化,以指导用户输入合法的可用信息。如果用户必须输入的信息中有身份证号时,这个输入字段可被格式化为接受 15 个或 18 个字符,还可以进一步被限制为只接受数字或个别字母。

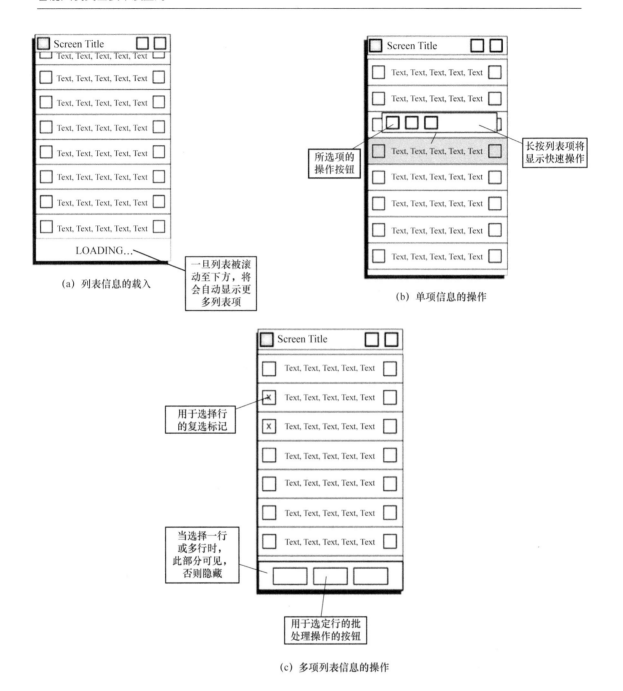

图 6-17　列表的操作

- 建立数据输入标题，并根据需要在标题中加入所要求的输入格式。
- 如果已经可以确定数据的某些输入部分，可以预先填好，且不允许用户修改。
- 应当具有检错机制，如果某些信息必须填写，应当设置成禁止提交空数据，如图 6-18（彩色图片请扫二维码）所示。
- 在格式设置中适当地添加分隔符，以提示用户输入合法的信息。

图 6-18　数据输入检错

彩图 6-18

6. 图标

一般而言,图标是具有高度概括性的、用于视觉信息传达的小尺寸图像。图标常常可以传达丰富的信息,并且常和词汇、文本搭配使用,或隐晦或直白地共同传递其所包含的意义、特征、内容和信息。在数字设计领域,图标作为网页或者 UI 界面中的象形图和表意文字而存在,是可用性和导航的关键,也是达成人机交互这一目标的有效途径。

(1) 基于功能来划分的图标类型

- 解释性图标——这种图标用来解释和阐明特定功能或者内容类别的视觉标记,如图 6-19 (彩色图片请扫二维码)所示。它常常作为视觉辅助元素而存在,以提高信息的可识别性。不过有时候图标表达的含义可能不够完整或清晰,最好将图标和文案搭配起来使用,降低误读的可能性。

(a)

(b)

图 6-19　解释性图标

彩图 6-19

- 交互图标——这种图标不止用于展示,还会参与到用户交互中,帮助用户执行特定的操作,触发相应的功能,如图 6-20 所示,是导航系统不可或缺的组成部分。

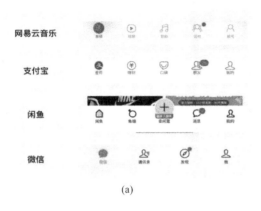
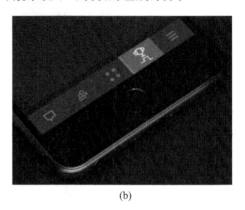

(a)　　　　　　　　　　　　　(b)

图 6-20　交互图标

- 装饰用图标——这种图标通常用于提升整个界面的美感和视觉体验,具有特定的风格外观,可提升整个设计的可靠性和可信度。装饰用图标通常呈现出季节性和周期性的特征。
- 应用图标——这种图标是每个数字产品的身份象征,是产品在各个操作系统平台上的入口和品牌展示用的标识。它会将品牌的 logo 和品牌用色融入设计中,也有的图标会采用吉祥物和企业视觉识别色的组合。真正优秀的应用图标设计,其实是市场调研和品牌设计的组合。图 6-21(彩色图片请扫二维码)展示了常见的移动应用图标。

图 6-21　常见的移动应用图标

彩图 6-21

- Favicon——是 Favorites icon 的缩写,也被称为 website icon(网页图标)或 url icon(URL 图标),是表达与某个网站或网页相关联的图标,一般被理解为"收藏夹图标"。Favicon 是身份识别用的图标,在网页的宣传和推广以及视觉识别上都有重要的意义。

(2) 基于视觉特征来划分的图标类型

- 字符图标——在现代的数字设计中,字符图标在古老的字符系统上有了新的发展。字符图标包含字母、数字和图形。字符图标使用简化和通用的图形,当用户在使用它的时候，它拥有足够的识别度和灵活的适用场景。图 6-22 所示是 Material Design 的字符图标集。

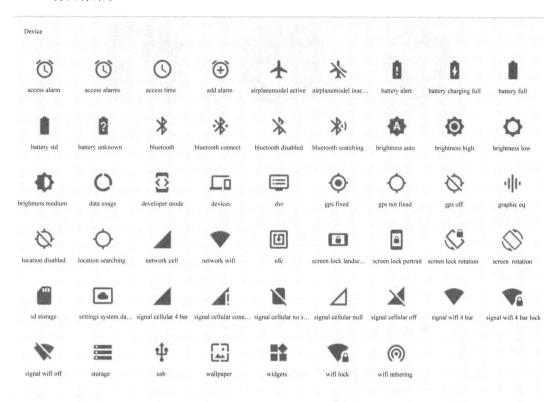

图 6-22　Material Design 的字符图标集

- 扁平化图标——扁平化图标的设计比起字符图标要复杂得多，其中增加了色彩和其他元素的填充，和字符图标一样，扁平化图标同样专注于清晰而直观的视觉信息传达，为用户提供一目了然的视觉内容，如图 6-23 所示。扁平化图标设计最突出的功能在于，在二维平面上，不借助复杂的纹理和阴影来明了地、视觉化地传达信息，和拟物化图标正好相对。扁平化图标的实质是"线＋面"或"面＋面"，表现方式多样，拓展性强，同样设计风格的图标，在更换颜色后就能体现并传达不一样的信息。

图 6-23　扁平化图标

- 拟物化图标——是扁平化图标的对立面，"拟真"是它的特点，尽可能将现实世界中的形状、纹理、光影都融入整个图标的设计，如图 6-24 所示。拟物化图标这一设计趋势几乎是跟随着 Macintosh 的诞生和进化一步一步走过来的，走到极致，然后从 UI 设计领域开始,被扁平化设计所替代。不过,拟物化图标现在依然被广泛地运用在不同领域,尤其是游戏设计和游戏类产品的图标设计当中。

拟物化图标　　　　　　　　　2.5D图标　　　　　　　　　应用图标

图 6-24　拟物化图标与 2.5D 图标和应用图标的对比

- SVG 图标——SVG(Scalable Vector Graphics)是基于 XML 的 2D 矢量图标技术,它的技术标准被 W3C 所推行,并且得到所有主流浏览器的支持。SVG 图标现在越来越受欢迎,它在很大程度上改善了在跨平台、跨屏幕设计的时候图标显示上的兼容性问题。图 6-25 展示了 Simple Icons 收录的热门品牌 logo 的 SVG 图标。

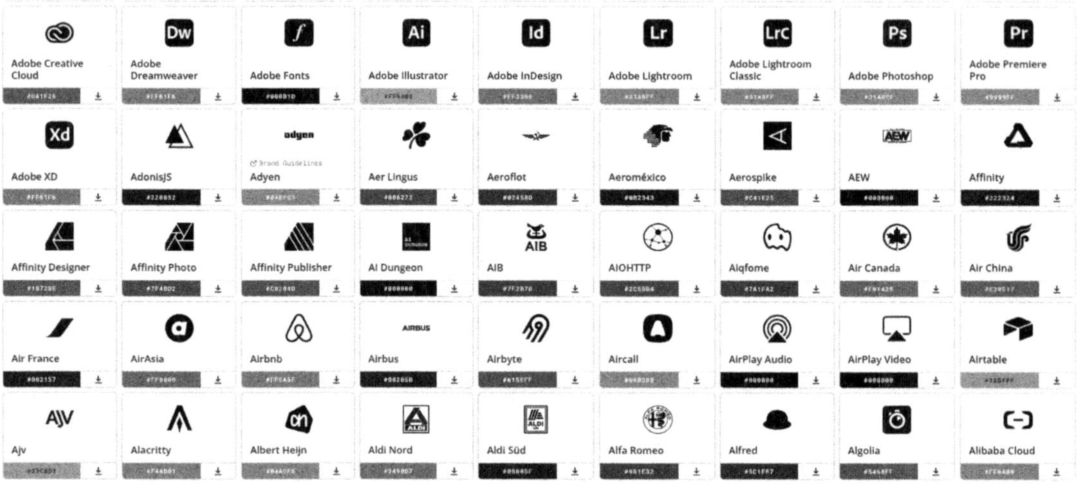

图 6-25　Simple Icons 收录的热门品牌 logo 的 SVG 图标

（3）基于图像隐喻来划分的图标类型

著名的可用性研究专家 Jackob Nielsen 曾经在 NNGroup 的文章中披露了这种图标类型划分的标准。图标基于其中所反映出来的隐喻,可以划分为 3 个主要类型。

- 相似图标——它将现实世界中的物理实体符号化,这种设计典型的应用有用于搜索的放大镜图标、购物车图标、邮件图标等。
- 参考性图标——它是使用类比对象的方式来设计的图标,如压缩、解压缩类的工具图标。
- 随意式图标——这种图标的设计和功能/含义并没有关联,它本身并不传递出功能性的含义,依靠的是用户长时间的查看、使用,逐步习惯来熟悉其中的含义。如"保存"按钮采用的是软盘图标,软盘实际上早已退出历史舞台,许多用户甚至都不知道软盘的存在,但是用户会在长时间的使用过程中了解它的功能,并在大脑中形成这样的概念回路。

7. 警报提示

警报提示(alert)主要起到反馈的作用,可以将用户所关心的最新信息通知给用户,或向用户提供有关当前情况的信息。一般使用文字信息,也可能加入一定的图标。如果要让用户看到所发出的信息并要求其回应,一般不使用提示。

常用的提示类型有以下几种。

(1) 确认提示

这种提示向用户发出操作成功的信息,一般持续时间较短,提示音比较柔和,如在 E-mail 或短信发出后提示"消息已送达"。不能在每种操作成功后都使用这种提示,否则容易引起用户的反感。

(2) 信息提示

这种提示提供设备使用期间的异常状况信息,一般持续时间较长,提示音比确认提示音更突出,用于不太严重的错误提示。

(3) 警告提示

这种提示提示用户完成某个必要的操作,一般持续时间很长,其提示音也非常突出,可马上引起用户的注意,例如电池的低电量报警。

(4) 出错提示

当用户执行可能引起严重问题的某种操作时才使用这种提示。如用户输入了错误的 PIN 码,由于如此重复几次会锁定 SIM 卡,应当使用出错提示。对大多数不太严重的错误,应该使用信息提示。

(5) 持久性提示

这种提示在屏幕上保留一段不确定的时间,用户必须对此做出反应,例如提示插入 SIM 卡。

(6) 等待提示

当执行某个耗时的操作时会用到这种提示。为了使用户能够终止该操作,一般需要提供"取消"按钮或功能键。提示信息往往含有进度图标或等待图标,其中等待图标是一个不确定时间间隔的动态图片,而进度图标则是一个不断增长的进度条,用于估计完成该操作的可能时间。

8. 图像与多媒体展示

虽然移动设备的多媒体性能与桌面计算机相比并不尽如人意,但目前移动设备的多媒体支持还是进步很大的,已经可以播放大多数类型的音频和视频文件,甚至还可以使用内置或外接的摄像头来抓取图像或者视频。因此移动应用开发平台也开始提供支持多媒体数据的编程接口,如 Android 平台媒体库支持多种常用的音频、视频格式的回放和录制,同时支持静态图像文件,编码格式包括 MPEG4、H.264、MP3、AAC、AMR、JPG、PNG 等。

为了制作能够在移动设备上播放的多媒体音频或视频文件,应当注意以下问题。

- 尽量使用标准文件格式。如在手机平台上可以考虑的视频格式有 3GPP、MPEG1/2、MPEG4 或 AVI 等,其中 3GPP 是由 3G 标准制定组织 3GPP 提出的,采用 MPEG4 标准。音频文件则可以包括 WAV、MIDI、MP3 等。
- 根据平台的计算能力特点,选择合适的格式。虽然新的多媒体文件格式可以提供更小的文件尺寸,但是往往同时要求更高的运算能力,因此需要量力而行。使用简单的压缩甚至非压缩格式往往也是可行的。

- 不必一味地追求动态视频，有的应用场合中静态图像也可以达到很好的展示效果；一旦使用动态效果，应当尽可能保证播放的速率达到一定的标准，如视频播放的帧速率要尽可能高，使得画面比较流畅，这可能需要牺牲一定的画面质量。
- 高品质的音视频文件可能在很多移动平台上很难进行完美的回放，因此也没有必要保留过多的细节，要根据平台的多媒体回放能力制作相应质量的多媒体数据。如手机平台上视频的画面大小如果超过屏幕分辨率就意义不大，反而增加了数据传输时间与存储空间。
- 视频内容应该精炼，特别是比较短的视频没有必要包含太多的特技效果。
- 如果在应用中使用音频增强效果，音频的使用与否应当不改变程序的运行结果；如果使用，应当根据应用场合区分音频的属性，如在游戏中过关的声音应当比较欢快，而失败的声音则应当比较沉重。
- 了解目标设备所支持的图像格式，如果希望应用跨平台使用，应当尽量使用得到较多支持的图像格式，如 wbmp 格式和 png 格式。
- 对于不支持图像的设备，应当提供替换的信息展示方式。
- 进行图像浏览时，图像默认应当充满整个可用区域，并在允许的条件下通过缩放使用户看到完整的图像。必须滚屏时，尽量使用垂直滚屏。
- 尽量使用户在上下文中直接浏览嵌入的图像，而不必使用独立的显示工具。

9. 导航设计

导航布局是设计时重点考虑的部分。一个好的导航布局能够扁平化用户的任务路径，减少用户操作成本，从而提升用户体验。导航的设计与产品所在行业、产品的特点、产品的商业目标有着密不可分的关系。确定移动界面导航一般应该在应用设计完成后，建立导航流程图表，规划移动应用的导航流程。导航设计的基础是按传统的树结构编排的层次状态结构。常见的导航有 8 种形式，如图 6-26 所示。

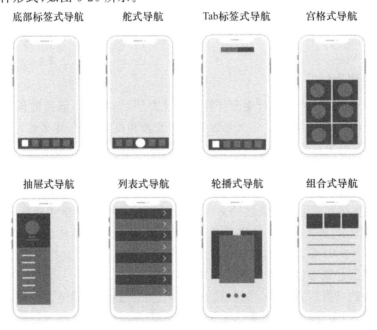

图 6-26　常见的导航形式

在日常所接触的移动应用中,很多都采用标签式导航,标签式导航可分为底部标签式导航、舵式导航和 Tab 标签式导航。

（1）底部标签式导航

这是目前最常见的导航形式之一。它的典型特点是底部的标签是固定不动的,通常以图标或图文组合的形式出现（如图 6-27 所示）,一般采用 3～4 个标签,最多不会超过 5 个。它的优点是入口直接清晰,便于在不同功能模块间进行跳转,缺点是功能之间无主次,扩展性差,不利于后期功能扩展。

图 6-27　底部标签式导航

（2）舵式导航

它是底部导航的一种扩展形式,像轮船上用来指挥的船舵,把核心功能放在中间,标签更加突出醒目,两侧是其他操作按钮,是主功能标签的扩展功能,如图 6-28 所示。这种导航常应用于产品需要特殊引导的场景,如 58 同城,引导用户发布任务。

（3）Tab 标签式导航

一般用于二级导航,当内容分类较多时,常采用顶部标签导航设计模式,如图 6-29 所示。标签数量可以随意根据需求变化,可以左右滑动,衍生出更多标签,但它的缺点是操作热区较小,App 设计时交互前后样式差异不大,容易造成误操作的困惑。

（4）宫格式导航

宫格式导航主要将入口全部集中在主页面,各个入口相互独立,无法跳转互通,如图 6-30 所示。采用这种导航的应用越来越少了,往往用在二级页面作为内容列表的一种图形化形式呈现,或者作为服务型和工具型的应用。

图 6-28　舵式导航

图 6-29　Tab 标签式导航

图 6-30　宫格式导航

（5）抽屉式导航

它的核心思路是"隐藏"，隐藏非核心的操作与功能，一般用于二级菜单，如图 6-31 所示。抽屉里的项目样式不限定，常见的是文字列表或者带图标的列表。抽屉式导航的优势是可以节省更多的展示空间，将注意力聚焦在当前页面。其缺点是会将功能隐藏起来，很多功能不明显，或多或少影响使用感。

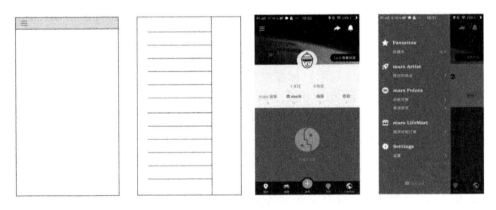

图 6-31　抽屉式导航

（6）列表式导航

列表式导航是常用的导航之一，是现有 App 中一种主要的信息承载模式，常用于二级导

174

航。列表的长度没有任何限制,可以无限地通过滚动屏幕浏览,列表中的内容形式有文字、图标和文字混合、图片、视频缩略图等,如图 6-32 所示。遵循由上至下的阅读习惯方式,信息排布简单,易于用户理解与阅读。

图 6-32　列表式导航

（7）轮播式导航

对于 Banner 轮播式导航,当应用信息足够扁平、内容比较单薄时使用,如图 6-33 所示。轮播式导航的优点是交互层级低,一般不需要用户更多的单击操作,同时可以保证界面的整洁度,但缺点是对于设计师的审美要求比较高,如果构图和排版存在问题的话,会导致页面非常糟糕。这种导航比较少见,如较早时的腾讯极光 App、应用市场等。

图 6-33　微信读书采用轮播式导航

每一种导航都有它自身的特质以及优缺点,在设计过程中某一种导航的出现都不是固定的、死板的,要灵活地去组织各种导航,让它们发挥最大的功效,如"标签式＋列表式""标签式＋宫格式""舵式＋列表式＋标签式"等。

6.2.3 iOS 应用界面要素设计

iOS 是运行于 iPhone、iPad 和 iPod touch 设备上,最常用的移动操作系统之一。理解并熟悉平台的设计规范有利于提高工作效率,保证用户良好体验。设计主旨和原则是 iOS 平台区别于其他平台的重要内容。

大多数 iOS 应用都是由 UI Kit 中的组件构建的。UI Kit 是一种定义通用界面元素的编程框架,这个框架不仅让 App 在视觉外观上保持一致,同时也为个性化设计留有很大空间。界面基本组成元素包括状态栏、导航栏、标签栏(工具栏)以及内容区域。在图 6-34 中,状态栏是显示信号、运营商、电量等手机状态的区域;导航栏显示当前界面的名称,包含返回或跳转按钮;内容区域展示应用提供的相应内容,是整个应用中布局变更最为频繁的部分;标签栏提供整个应用分类内容的快速跳转。表 6-1 提供了几种 iPhone 型号对应的尺寸要求。

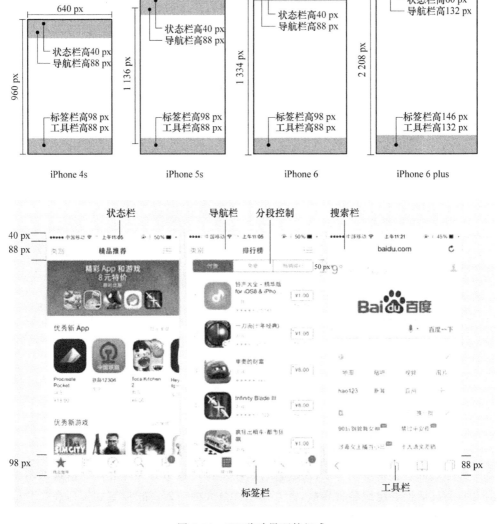

图 6-34 iOS 移动界面的组成

表 6-1　几种 iPhone 型号对应的尺寸

指　　标	iPhone 1\2\3	iPhone 4\4s	iPhone 5\5c\5s\SE	iPhone 6\7\6s\7s	iPhone 6 plus\7 plus\6s plus\7s plus
设计尺寸/px	320×480	640×960	640×1 136	750×1 334	1 242×2 208
物理尺寸	3.5 英寸	3.5 英寸	4 英寸	4.7 英寸	5.5 英寸
PPI	163 ppi	326 ppi	326 ppi	326 ppi	401 ppi
状态栏高度	20 px	40 px	40 px	40 px	60 px
导航栏高度	44 px	88 px	88 px	88 px	132 px
标签栏高度	49 px	98 px	98 px	98 px	146 px
App Store 图标	512×512(90 px)	1 024×1 024 (160 px)	1 024×1 024 (160 px)	1 024×1 024 (160 px)	1 024×1 024 (160 px)
程序应用图标	120×120(22 px)	120×120(22 px)	120×120(22 px)	120×120(22 px)	180×180
主屏幕图标	57×57(10 px)	114×114(20 px)	114×114(20 px)	114×114(20 px)	114×114(20 px)
spotlight 搜索图标	29×29(5 px)	58×58(10 px)	58×58(10 px)	58×58(10 px)	87×87
标签栏图标/px	38×38	75×75	75×75	75×75	75×75
导航栏/工具栏图标/px	30×30	44×44	44×44	44×44	66×66
图标命名	××@1x.png	××@2x.png	××@2x.png	××@2x.png	××@3x.png

1. 图标和按钮

　　每一个应用程序都需要应用程序图标和启动文件或图像。图标按照最大的尺寸 1 024×1 024 像素来设计,之后按比例缩小到每个尺寸,进行调整,提交没有高光和阴影的直角图形〔如图 6-35(a)所示〕。苹果开发了具有黄金分割比例的栅格系统,可用来正确地调整和对齐图标上的元素。不过,甚至是苹果设计师的原生 App Icon 也没有完全严格地遵守栅格系统。所以如果 Icon 上的元素在没有严格遵守栅格系统的情况下能更好地展示,那可以考虑打破一些固有的规则〔如图 6-35(b)所示〕。

　　(a) 应用程序图标提交后会显示为圆角图标　　　　　　(b) 图标的栅格系统

图 6-35　iPhone 应用图标

　　iOS 提供了许多在内置的应用程序中所使用的标准工具栏和导航栏按钮,可直接采用 iOS 提供的图标尺寸,如表 6-2 所示。所以在设计过程中最好多使用 iOS 提供的标准图标按钮或在其基础上进行"适当"修改。各种"栏"中的按钮图标都应该至少有两种状态:默认状态和活跃状态。不要在按钮上添加任何额外的效果,如下拉阴影或者内阴影,按钮图标应该在一个透明背景上以一种纯色进行绘制。

表 6-2 **iPhone 应用所提供的 6 种图标尺寸**

图标名称	iPhone 4s(@2x)	iPhone 5s 和 iPhone 6(@2x)	iPhone 6 plus(@3x)
应用程序图标/px	120×120(iOS 7 以上) 114×114(iOS 5/6)	120×120	180×180
App Store/px	1 024×1 024	1 024×1 024	1 024×1 024
Spotlight 搜索结果图标/px	80×80	80×80	120×120
设置图标/px	58×58	58×58	87×87
工具栏和导航栏图标/px	≈44×44	≈44×44	≈66×66
标签栏图标/px	≈60×60(最大:96×64)	≈60×60(最大:96×64)	≈90×90(最大:144×96)

2. UI Kit 界面组件

UI Kit 提供的界面组件有 3 类:栏(bars)、视图(views)、控件(controls)。

- 栏可以告诉用户在 App 中当前所在的位置,能提供导航,还可能包含用于触发操作和传递信息的按钮或其他元素。栏分为 6 种:状态栏、导航栏、工具栏、搜索栏、侧边栏、标签栏。
- 视图包含用户在 App 中看到的基本内容,例如文本、图片、动画以及交互元素。视图可以具有滚动、插入、删除和排列等交互行为。
- 控件是用于触发操作并传达信息的,包括按钮、开关、文本框、进度条等 15 种控件。

(1) 状态栏

状态栏包含最基本的系统信息,如电量、时间、运营商、电池状态等(如图 6-36 所示),它在视觉上是与导航栏一起的,并且使用相同的背景填充。

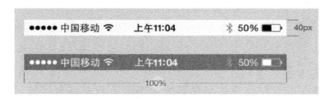

图 6-36 iOS 状态栏

(2) 导航栏

导航栏通常在屏幕的顶部、状态栏的下方。在默认情况下,导航栏的颜色是半透明的,也可以是纯色的、渐变的,或者是自定义的位图形式,在长页面中导航栏下面还有模糊的背景。

(3) 工具栏

工具栏通常在屏幕的下方,包含用于管理或者操作当前视图中内容的一些操作。和导航栏类似,工具栏的背景填充也能调整,在默认情况下工具栏本身是半透明的,在其下方还有模糊的视图内容。当一个特定视图要求有 3 个以上主要活动,但放在导航栏上又显得凌乱时,建议使用工具栏,如图 6-37 所示。

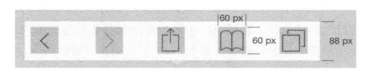

图 6-37 iOS 工具栏

（4）搜索栏

搜索栏默认有两种风格，即突出的和最小化的，如图 6-38 所示。两种类型的搜索栏在功能上是一样的。只要用户没有输入文本，搜索栏中就会展示占位符文本。键入搜索项目后，占位符消失，一个清晰的删除按钮会出现在搜索栏的右侧。搜索栏可以利用提示或短句来介绍搜索的上下文环境。

图 6-38　iOS 搜索栏

（5）标签栏

标签栏通常在屏幕的底部。在默认情况下，导航栏的颜色是略半透明的，在长页面中标签栏下面也有模糊的背景。一般 iPhone 上最多展示 5 个标签，一旦标签数量超过了可容纳的最大数量，更多的标签将隐藏在"更多"标签中，并且有一个选项可以重新排列标签的顺序，如图 6-39 所示。

图 6-39　iOS 标签栏

（6）视图

表视图——以单列或多列形式展示少数或多个列表风格的信息，并有能将内容进行分组的选项，根据展示的数据类型，通常可使用两种基本的表视图风格，如图 6-40 所示。除此之外，根据需求表视图还可以分为带有副标题的表视图和带有数值的表视图，如图 6-41 所示。

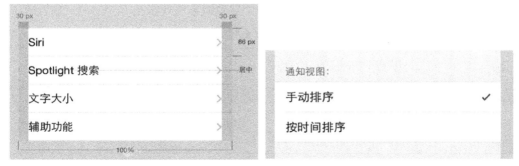

(a) 无格式表视图　　　　　　　　　　(b) 分组表视图

图 6-40　无格式表视图和分组表视图

(a) 带有副标题的表视图　　　　　　　　(b) 带有数值的表视图

图 6-41　带有副标题的表视图和带有数值的表视图

活动视图——用以展示特定的任务,这些任务可以是系统默认的任务,比如通过可用选项分享内容,或者是完全自定义的活动。活动视图页面通常要求用户确认执行列表中的任务,或通过取消按钮来关闭视图。

提醒视图——用来通知用户一些关键的信息,通常包含一个标题文本、两个按钮(确认或取消)。

弹出视图——当某项特定操作要求多个用户输入才能继续进行时弹出视图就非常有用了。弹出视图是一种非常强大的临时视图,可包含类似导航栏、表视图、地图或者 Web 视图等对象,如图 6-42 所示。随着弹出视图所包含内容和元素的增加,其窗口也能滚动展示。

图 6-42　弹出视图

3. 字体

iOS 文字大小的设置与所在页面、所在层级、所表达内容属性密切相关,表 6-3 所示为 iPhone 不同尺寸字体的大小,表 6-4 所示为主流平台下的字体样式。

表 6-3　字体大小设计

大　　小	iPhone 1\2\3	iPhone 4\4s	iPhone 5\5c\5s\SE	iPhone 6\7\6s\7s	iPhone 6 plus\7 plus\ 6s plus\7s plus
导航栏标题	34 px	34 px	34 px	34 px	52 px
常规按钮	32～36 px	32～36 px	32～36 px	32～36 px	48～52 px
内容区域	24～28 px	24～28 px	24～28 px	24～28 px	36～42 px
工具栏	20 px	20 px	20 px	20 px	30 px
辅助性文字	20～24 px	20～24 px	20～24 px	20～24 px	30～36 px

表 6-4　字体样式设计

字体样式	iOS	Android
中文字体样式	苹方/PingFang SC	思源黑体/Noto Sans Han
英文字体样式	San Francisco Pro	Roboto

关于 iOS 基本界面设计元素的学习内容比较多,本章在"知识加油站"中提供了参考学习链接。

6.3　实验:手机 App 原型设计

6.3.1　实验设计概述

1. 实验设计

本实验将设计一个简单的关于美食分享主题的手机 App 应用。原型设计只重点考虑了布局和尺寸,大家可以在此原型的基础上添加具体内容,以完善应用。

2. 设计工具

移动端 App 的原型设计工具有很多,原型设计以能满足用户需求为主,以高保真设计、简单易用为出发点,因此不局限于开发环境。本实验案例采用了国产完全免费的原型设计工具——"摹客"。由于它预设了高扩展性组件和图标、高自由度编辑,能实现高保真设计,并有一套多种触发方式的交互系统,能轻松完成弹窗、滚动区、轮播图、锚点定位、循环旋转等精细动画效果,并且支持多人实时编辑,更支持多款主流设计工具(Figma/Sketch/PS/XD/Axure 等)的设计稿交付,因此采用该工具可以快速尝试移动端 App 原型创作。

3. 原型尺寸方案

设计移动端原型理论上来说最佳的原型尺寸最好是和目标用户手机尺寸保持完全一致,但是随着 Android 的崛起,各种国产机盛行,屏幕分辨率已有数百种,所以兼顾所有的屏幕是不现实的事情。我们一般会采用使用频率较高的屏幕分辨率尺寸。

iPhone 的分辨率从 320×480 到 640×960 再到 750×1 334,一直演变到 1 242×2 208。由于 750×1 334 尺寸占比最多,所以考虑将它作为原型设计尺寸;使用比例排名第二的分辨率是 1 242×2 208,与 750×1 334 尺寸是 1.5 倍等比关系;而排名第三的分辨率为 640×1 136,则与 750×1 334 尺寸是 0.85 的倍数关系。所以 iOS App 的视觉稿用 750×1 334 来做比较合适,其他尺寸可以等比放缩。考虑画原型的方便性,最好使用 375×667,这也是 iOS 官方定义的 iPhone 6/6s/7 的逻辑分辨率。

Android 的分辨率太分散,只考虑几个占比多的尺寸,分别为 720×1 280、1 080×1 920、480×854、540×960,这些分辨率约为 9:16 的比例关系,所以仍然可以考虑使用 375×667 的设计比例。

综上,375×667 是移动端原型设计的最佳分辨率。

6.3.2 实验过程

1. 创建项目

登录摹课官网(https://www.mockplus.cn/),可以下载摹课客户端安装程序,也可以从官网注册登录后,直接在线设计。打开摹课 RP,新建项目,如图 6-43 所示,可以看到摹课 RP 提供了手机、平板电脑、网页以及自定义尺寸 4 种项目类型及多种画板尺寸。填写好项目名称,选择好适配的项目尺寸,项目就创建完成了。

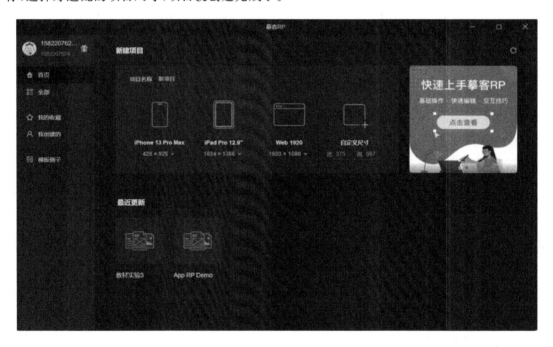

图 6-43　摹课 RP 新建项目

2. 快速布局

首先应根据需求设计原型框架,然后就可以利用摹课 RP 预置的丰富组件和图标,来快速完成原型框架的页面搭建。

① 制作底部标签导航。使用摹课 RP 的“分段控件”组件制作底部标签导航。双击修改选项名称,再将组件两端拉至与画板同宽,圆角设置为 0,如图 6-44 所示。

② 新建两个页面,创建相同的底部标签导航,每个页面都采用摹课 RP 中的组件进行页面框架填充,效果可参考图 6-45。其中文本输入框可以调整圆角值,以得到需要的样式。

“主页”用到的组件有:分段控件、图片、文本、输入框、按钮、图标。

“收藏”用到的组件有:分段控件、图片、文本、输入框、按钮、图标。

“我的”用到的组件有:分段控件、选项卡、图片、文本、输入框、按钮、图标。

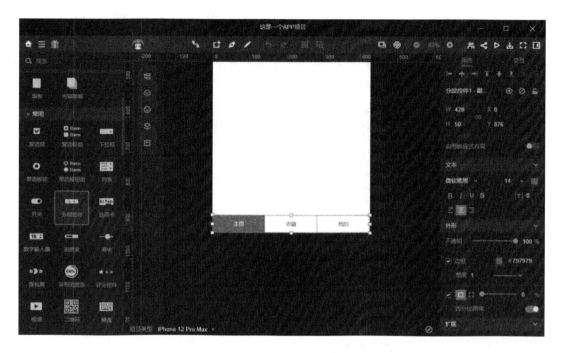

图 6-44　创建底部标签导航

图 6-45　页面原型设计

3. 制作交互

为了将需求传达得更加明确,我们需要为原型添加一些简单的页面跳转交互。在每个页面底部的导航双击,进入分段控件的编辑模式,拖动选项后面的链接点,链接到左侧项目树中的对应页面〔如图 6-46（a）所示〕。在弹出的交互设置面板中，选择"点击""页面跳转"交互，若想要更生动的交互效果，可以在"效果"及"缓动"等参数处设置〔如图 6-46（b）所示〕。对于页面中按钮、图片等其他组件的交互设置，需要选择相应组件，单击右侧"交互"面板中的"添加交互"，之后的操作同上述交互设置操作。

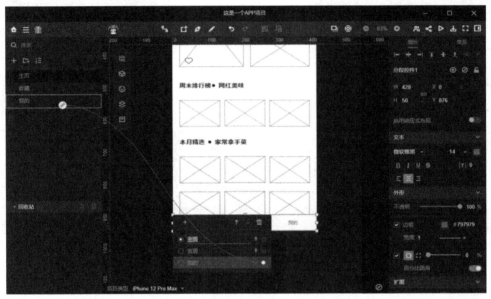

(a) 交互链接设置

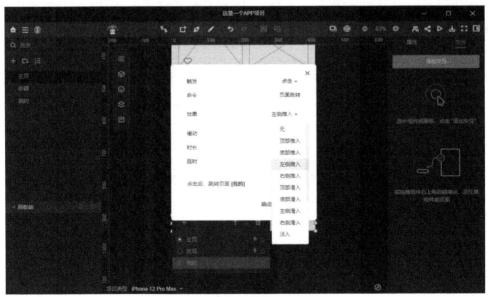

(b) 交互动画设置

图 6-46 原型交互设置

4. 分享演示

完成原型设计后，单击摹客 RP 界面右上角菜单中的"演示"按钮（三角形图标），可以在模拟机上展示原型最终效果。我们也可以找到"下载离线演示包"按钮，如图 6-47 所示，在弹出的菜单面板中,可以设置原型的设备外壳和相关参数。打包下载后,在离线状态下也可以查看演示。

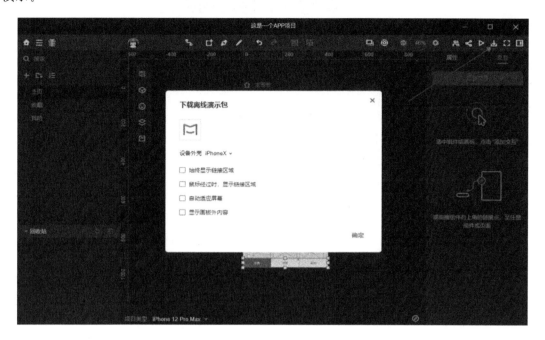

图 6-47　"下载离线演示包"功能

当然也可以分享在线演示链接,如图 6-48 所示,在"运行"后的界面中找到浮动工具条,单击其中的"分享"按钮,可以获得一个分享链接,同样可以设置对应的参数。若对项目进行更新,演示链接也会同步更新,不需要重新分享。

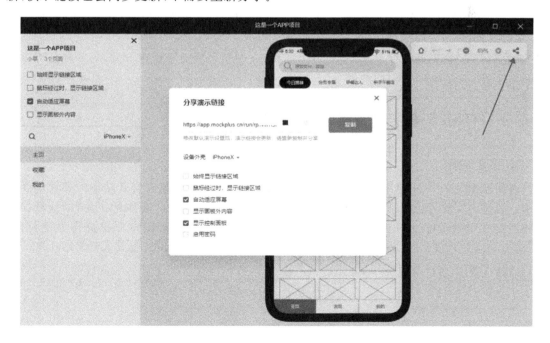

图 6-48　"分享演示链接"功能

6.4 实验:H5 轻应用交互

6.4.1 H5 轻应用的定义

轻应用(Light App,LAPP)是一种无须下载、即搜即用的全功能 App,既有媲美 Native App 的用户体验,又具备 Web App 的可被检索与智能分发特性,可有效解决优质应用和服务与移动用户需求对接的问题。轻应用以 HTML5 技术为基础。国内最早是 2012 年百度开始推广轻应用,但由于技术以及用户体验等因素没有打开市场,两年后推出百度直达号,仍然以 HTML5 技术为基础。但轻应用或者说 HTML5 的大热依靠的是微信的兴起,最为直接的就是各类 HTML5 小游戏以及 HTML5 场景在微信的接入,一方面是因为微信庞大的用户群体,另一方面是因为微信允许 HTML5 游戏及页面在微信之间传播。

HTML5 并不是一项技术,而是一个网页开发标准,是 HTML 的第五个版本。HTML5 本质上不是什么新技术,但由于其在功能特性上有了极大的丰富,加上各大浏览器性能的支持,HTML5 相对以前的 HTML4 有着更广泛的应用。由于 HTML5 标准带来了很多新的特性,尤其是新增的 canvas 标签(具有强大的绘图及动画处理能力)、audio/vedio 标签(音频视频加载播放等多媒体功能)、本地存储特性、webSocket 通信,同时也包括盒模型、绝对定位等一切前端的基本知识,因此基于此标准实现的页面可以具有酷炫的展示和生动灵活的交互。HTML5 是英文规范简称,但 H5 就完全是国内特定人群的叫法,以现在的定义,H5 特指基于 HTML5 技术的交互网页应用,以商业用途为主,尤其是移动端的轻量级应用。所以我们在谈论 H5 的时候,实际上想表达的是一个解决方案,一个看起来酷炫的交互灵活的移动端网站解决方案。

H5 应用场景非常广泛,包含小游戏、节日贺卡、弹幕、产品推广动画、趣味测试、总结报告、交互视频、户外大屏交互、网页广告动画等。

建立 H5 轻应用有多种方式,主要分为两种,一种是采用前端程序开发,另一种是可以直接套用模板(参见本章"知识加油站")。

6.4.2 HTML5 春节贺卡制作案例

1. 实验目标

本实验案例采用 HTML5 前端开发技术,模拟了一个简单的具有交互功能的移动端春节贺卡。通过该实验可让大家对移动端 H5 轻应用的开发流程有一个基本的了解,学会根据设计稿进行整套项目的需求剖析及开发,可以应用切图、前端的知识对项目进行灵活控制。HTML5 前端技术很灵活,本实验案例的实现方法不唯一,本实验案例涉及以下关键知识点:

- HTML5 项目基本结构层;
- CSS3 网页表现层;
- JavaScript 鼠标监听交互;
- HTML5 新特性中 canvas 的绘图和动画;
- CSS3 动画特效;
- Audio API 实现音乐的播放与暂停。

2. 原型设计

本实验案例设计实现以"春节贺卡"为主题的轻应用,原型设计如图 6-49(彩色图片请扫二维码)所示。

(a) 贺卡封面　　　　　　　　(b) 贺卡内页

图 6-49　H5 轻应用"春节贺卡"

彩图 6-49

贺卡美术风格采用喜庆欢快的表现形式,与中国传统风格相结合。贺卡只做了两页:封面和内页。在封面中心有闪动的黄点,提示用户交互区域,用户可以单击屏幕任意处打开贺卡;右上角有唱片图标,能实现背景音乐的控制,在默认情况下唱片图片在播放音乐的同时旋转,单击该图标后,图片停止旋转同时音乐停止,当再次单击时,将重新播放音乐,并且音乐不跟随翻页,位置固定;在贺卡内页中实现了不停绕中心旋转的"福"字。

3. 素材准备

根据原型设计,本实验案例主要包括以下切片素材:封面背景(page1_bg.jpg)、内页背景(page2_bg.jpg)、唱片图标(music_Btn.png)、"福"字图像(fu.png)、黄色提示图片(p1_lantern.png)。具体如图 6-50 所示。

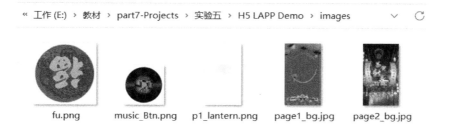

图 6-50　素材切片展示

切片图以 375×667 尺寸大小制作,由于原型设计简单,因此只采用了 Photoshop 来实现,并通过层和分组体现出不同的分页图,如图 6-51 所示。图片保存并导出时要注意格式,其中保存为 *.png 格式的是带有透明图层的图片。对"福"字和"唱片"图标都进行了裁剪切图。由于设计简单,因此贺卡内页的很多文字都没有做动画特效,而是简单地做成了一张背景图。

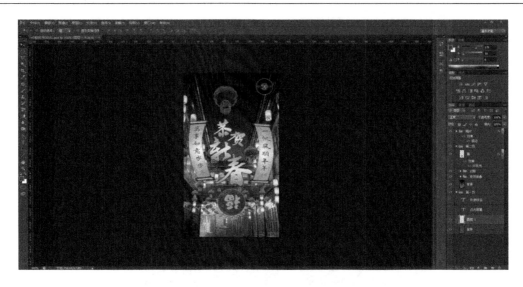

图 6-51　Photoshop 分层制作原型

4. H5 轻应用开发——结构层

本实验案例的实现首先需要 HTML5 基本框架作为项目结构层,这里需要用户有 HTML、CSS、JavaScript 的认知基础。对程序的编辑环境没有过高要求,本实验案例采用了 Visual Studio Code 代码编辑器(也可采用 SubLime Text/Atom/WebStorm/Dreamweaver/文本编辑器等)。程序运行在浏览器端,建议使用 Chrome 浏览器,使用 Chrome 浏览器的开发者模式可以调试程序,可以看到手机模拟器运行效果,当然更推荐采用 WampServer 为本地服务器测试环境。

首先创建 HTML5 基本框架。新建 index.html 网页显示文件,结构层分为两个<div>,第一个<div>用来放置"唱片"图片,第二个<div>内有 HTML5 Canvas,用来绘制画面和动画,文字提示在 HTML 中创建,并放置在内层<div>中。

```
## index.html 代码演示:##
    <!DOCTYPE html>
    <html lang = "Zh-cn">
    <head>
    <meta charset = "UTF-8">
    <title>H5 新春贺卡</title>
    </head>
    <body>
    <div class = "music"><!-- 创建层:唱片图标 -->
        <img class = "play" id = "music" src = "images/music_Btn.png">
    </div>
    <div class = "page"><!-- 创建层:贺卡封面 -->
        <canvas class = "bg" id = "c1" width = "375" height = "667">
        很抱歉,您的浏览器暂不支持 HTML5 的 canvas! 请更换浏览器为 Chrome,以便
        能看到应用效果!
```

```
</canvas>
    <div class = "p1_lantern" id = "p1_lantern">单击屏幕< br >开启好运</div>
</div>
<audio autoplay = "true" id = "audio"><!-- 音乐控制标签 -->
    < source src = "audio/bgsound.mp3" type = "audio/mpeg"/>
</audio>
</body>
</html>
```

创建 JavaScript 脚本(文件命名为"CardMain.js"),并关联至 HTML 页面中:

```
< script src = "CardMain.js"></script>
```

在该脚本中首先需要获取 HTML 页面中的 Canvas 绘图上下文,然后加载所有的图片素材,并创建动画循环函数。程序的启动来自整个浏览器窗口的加载事件监听,window.addEventListener("load",Init,false)中 Init()函数为主程序入口函数。

```
## CardMain.js 代码演示:##
    var mycanvas,ctx;                         //创建全局变量
    var page1_bg = new Image();               //页面1背景图片对象定义
    var page2_bg = new Image();               //页面2背景图片对象定义
    var fu_img = new Image();                 //"福"图片对象定义


    /** 程序入口函数 */
    function Init(){
    /** 1. 获取 canvas 绘图上下文 */
        mycanvas = document.getElementById("c1");     //获取 canvas 标签元素
        ctx = mycanvas.getContext("2d");              //绘图上下文准备
    /** 2. 加载外部图片素材 */
        page1_bg.src = "images/page1_bg.jpg";
        page2_bg.src = "images/page1_bg.jpg";
        fu_img.src = "images/fu.png";
    /** 3. 当所有素材加载准备完成后,开启动画循环 */
        fu_img.onload = function(){
    //HTML5 时间控制函数,由系统来决定回调函数的时机
            requestAnimationFrame(AnimationLoop);
        }
    }


    /** 动画循环函数 */
    function AnimationLoop(){
    /** 1. 清除画布 */
```

```
    ctx.clearRect(0,0,mycanvas.width,mycanvas.height);
/**2.重绘*/
    Draw();
/**3.更新*/
/**4.循环开启*/
    requestAnimationFrame(AnimationLoop);
}


/**主绘制函数*/
function Draw(){
    DrawPage1();                        //绘制页面1
}


/**绘制页面1*/
function DrawPage1(){
ctx.drawImage(page1_bg,0,0,mycanvas.width,mycanvas.height);
}
window.addEventListener("load",Init,false); //添加页面加载事件监听
```

在 Chrome 浏览器中运行 index.html,此时应当出现贺卡封面效果。单击浏览器菜单中的"更多工具→开发者工具",在 Console 台面板菜单中选择"Toogle Device Toolbar",将页面以手机设备大小显示,如图 6-52 所示。

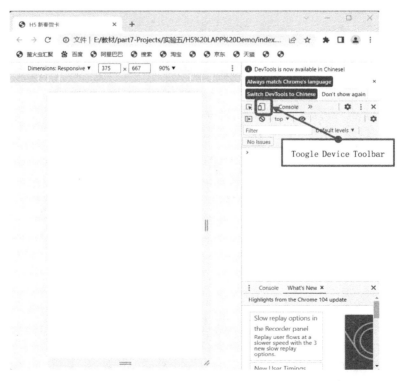

图 6-52　在 Chrome 浏览器开发者模式中开启移动设备模拟器

5. H5 轻应用开发——表现层

创建样式文件"CardStyle.css",并链接至 HTML 文件中:

```
< link href = "CardStyle.css" rel = "stylesheet" type = "text/css" />
```

样式文件对整个页面中所有元素的位置、大小、Z 轴深度、相对定位等做了设定。关于样式文件的全部代码可在本章"知识加油站"中找到,这里只讲几个难点和重点。

① 唱片图标的不断旋转动画。其采用了 CSS3 中关键帧定义@keyframes,通过百分比设定动画关键帧位置,调用了 rotate()变换函数实现不断自转。

```
.music > img.play{
    -webkit-animation:music_disc 4s linear infinite;
    animation:music_disc 4s linear infinite;
}
@keyframes music_disc{
    0 %{
        -webkit-transform: rotate(0deg);
        transform: rotate(0deg);
    }
    100 %{
        -webkit-transform: rotate(360deg);
        transform: rotate(360deg);
    }
}
```

② 封面单击提醒特效。封面上的文字被创建在了 class="p1_lantern"的层上,在 CSS 中定义了该样式类的宽、高及背景图,同时添加了关键帧动画,实现了 Scale 大小放缩和透明度变化。

```
.page >.p1_lantern{
    width: 100vw;
    height: 100vh;
    font-size: 2.506rem;
    position: absolute;
    top: -3.4 %;
    right: 0;
    left: 0;
    color: #fff;
    margin: auto;
    background:url("images/p1_lantern.png") no-repeat center bottom;
    background-size: 100 %;
    padding-top: 31vh;
    box-sizing: border-box;
```

```
    text-align: center;
    -webkit-box-sizing: border-box;
    -moz-box-sizing: border-box;
    -ms-box-sizing: border-box;
    -o-box-sizing: border-box;
}


.page > .p1_lantern::before {
    position: absolute;
    top: 0;
    bottom: 0;
    left: 0;
    right: 0;
    z-index: -1;
    content: "";
    margin: auto;
    border-radius: 50%;
    width: 15vw;
    height: 15vw;
    background: #ffee58;
    opacity: .1;
    -webkit-box-sizing:0 0 15vw 15vw #ffff37;
    -moz-box-sizing: 0 0 15vw 15vw #ffff37;
    -ms-box-sizing: 0 0 15vw 15vw #ffff37;
    -o-box-sizing: 0 0 15vw 15vw #ffff37;
    box-sizing: 0 0 15vw 15vw #ffff37;
    margin: auto;
    -webkit-animation: p1_lantern .5s infinite alternate;
    animation: p1_lantern .5s infinite alternate;
}


@keyframes p1_lantern{
    0% {
        opacity: .2;
        -webkit-transform:scale(.8,.8);
        transform:scale(.8,.8);
    }
    100% {
        opacity: 0.7;
    }
}
```

③ 页面切换变换。当单击封面时,首页会移动至浏览器显示画面外,同时重新绘制第二页,这部分的实现需要 CSS 和 JavaScript 共同作用,此处先介绍 CSS 部分的实现:

```
/*页面移动样式*/
.page.fadeOut{
    opacity: .3;
    transform: translate(0, -100%);
    -webkit-transform: translate(0, -100%);
}
```

6. 背景音乐交互

音乐交互包含的内容比较多,首先是唱片图标显示,这个部分的内容在前面基本结构部分已提到过:

```
<div class="music"><!--创建层:唱片图标-->
    <img class="play" id="music" src="images/music_Btn.png">
</div>
```

其次是音频文件的载入:

```
<audio autoplay="true" id="audio"><!--背景音乐标签-->
    <source src="audio/bgsound.mp3" type="audio/mpeg"/>
</audio>
```

最后是在 JavaScript 中获取前面两者的标签,并采用 Audio API 实现音乐的播放。
① 定义两个全局变量,分别代表音频图像和音频声音对象:

```
var music,audio;
```

② 在 CardMain.js 中的 Init()函数中获取 HTML 标签元素:

```
music = document.getElementById("music");
audio = document.getElementById("audio");
```

③ audio.play()可以实现音乐的播放,但是由于在 iOS/Android 上浏览器禁止有声音的多媒体自动播放,因此,声音的播放必须在与浏览器进行一次交互之后才能运行,故本实验案例将声音的播放设置为单击屏幕任意位置,开启音乐。

```
/**鼠标单击事件监听函数*/
function HandleMouseDown(e){
    audio.play();
}
window.addEventListener("mousedown",HandleMouseDown,false);//添加鼠标单击事件监听
```

④ 音乐结束后,唱片图标停止旋转的动画实现主要采用了对音频文件的事件监听,当音乐结束后("ended"),设置图标样式类为空,即可实现动画停止。

```
audio.addEventListener("ended",function(event){
    music.setAttribute("class","");
},false);
```

若在页面展示过程中,音乐未结束,但是人为单击按钮停止音乐播放,则为该图标添加onclick事件,在其中添加音乐是否在播放的状态标记musicPlay,全局初始化为false。当再次开启音乐时,设置music标签的class=play。

```
var musicPlay = false;     //定义全局变量,判断音乐是否在播放状态


        /**与唱片图标的交互*/
        music.onclick = function(event){
            if(musicPlay){
                audio.play();
                //音乐重播,唱片图标开始旋转
                music.setAttribute("class","play");
                musicPlay = false;
            }else{
                audio.pause();
                musicPlay = true;
                music.setAttribute("class","");
            }
        }
```

7. 页面跳转

单击封面任意位置,跳转至下一页,该功能的实现包含两个部分:一部分是封面页的消失,大家可在本小节"5. H5轻应用开发——表现层"中③部分找到CSS部分的代码实现;另一部分是在JavaScript中添加鼠标事件监听:

```
window.addEventListener("mousedown",HandleMouseDown,false);
```

添加全局判断变量mouseClicked,用来判断是第几次单击,若为第二次单击则设置为true,同时绘制第二个页面〔DrawPage2()函数〕,并将第一个页面的样式修改为class=page.fadeOut。

```
var mouseClicked = false;        //判断是否单击了屏幕,将会开启下一页

/**主绘制函数*/
function Draw(){
    if(mouseClicked){
        DrawPage2();
    }else{
        DrawPage1();          //绘制页面1
    }
```

```
}

/**鼠标单击事件监听函数*/
function HandleMouseDown(event){
    audio.play();
    mouseClicked = true;
}


/**绘制页面2*/
function DrawPage2(){
    p1_lantern.setAttribute("class","page fadeOut");
    ctx.drawImage(page2_bg,0,0,mycanvas.width,mycanvas.height);
}
```

知识加油站

本实验案例的全部代码如下:
index.html

```
<!DOCTYPE html>
<html lang = "Zh-cn">
    <head>
        <meta http-equiv = "Content-Type" content = "text/html; charset = UTF-8">
        <meta http-equiv = "X-UA-Compatible" content = "IE = edge,chrome = 1">
        <meta name = "viewport" content = "width = device-width,initial-scale =
            1,minimum-scale = 1,maxmum-scale = 1,user-scalable = no">
        <meta name = "format-detection" content = "telephone = no">
        <title>H5 春节贺卡</title>
        <link href = "CardStyle.css" rel = "stylesheet" type = "text/css" />
        <script src = "CardMain.js"></script>
    </head>
    <body>
        <div class = "music"><!-- 创建层:唱片图标 -->
            <img class = "play" id = "music" src = "images/music_Btn.png">
        </div>
        <div class = "page"><!-- 创建层:封面内容 -->
            <canvas class = "bg" id = "c1" width = "375" height = "667">
                很抱歉,您的浏览器暂不支持 HTML5 的 canvas! 请更换浏览器为
                Chrome,以便能看到应用效果!
            </canvas>
            <div class = "p1_lantern" id = "p1_lantern">单击屏幕<br>开启好运</div>
        </div>
```

```
        <audio autoplay = "true" id = "audio"> <! -- 背景音乐标签 -->
            < source src = "audio/bgsound. mp3" type = "audio/mpeg"/>
        </audio >
    </body >
</html >


## CardStyle.css ##
@charset "UTF-8";
/ * 所有的样式 * /
* {
    margin: 0;
    padding: 0;
    border: none;
}

html,body{
    height: 100 % ;
    overflow: hidden;
}
/ * 音乐的样式 * /
.music{
    width: 15vw;
    height: 15vw;
    position: fixed;
    top:3vh;
    right:4vw;
    z-index: 5;
}
.music > img:first-of-type{
    position: absolute;
    top:24 % ;
    right: 2.5 % ;
    z-index: 1;
    width: 28.421 % ;
}
.music > img:last-of-type{
    width: 100 % ;
    position:absolute;
    top:0;
    right: 0;
```

```
    z-index: 0;
    bottom: 0;
    left: 0;
    margin: auto;
}
.music > img.play{
    -webkit-animation:music_disc 4s linear infinite;
    animation:music_disc 4s linear infinite;
}
@keyframes music_disc{
    0%{
        -webkit-transform: rotate(0deg);
        transform: rotate(0deg);
    }
    100%{
        -webkit-transform: rotate(360deg);
        transform: rotate(360deg);
    }
}

@-webkit-keyframes music_disc{
    0%{
        -webkit-transform: rotate(0deg);
        transform: rotate(0deg);
    }
    100%{
        -webkit-transform: rotate(360deg);
        transform: rotate(360deg);
    }
}
/*背景样式*/
.page{
    height: 100%;
    width: 100%;
    position: absolute;
}
.page >.bg{
    height: 100%;
    width: 100%;
    position: absolute;
```

```
        z-index: -1;
}
.page > .p1_lantern{
    width: 100vw;
    height: 100vh;
    font-size: 2.506rem;
    position: absolute;
    top: -3.4%;
    right: 0;
    left: 0;
    color: #fff;
    margin: auto;
    background:url("images/p1_lantern.png") no-repeat center bottom;
    background-size: 100%;
    padding-top: 31vh;
    box-sizing: border-box;
    text-align: center;
    -webkit-box-sizing: border-box;
    -moz-box-sizing: border-box;
    -ms-box-sizing: border-box;
    -o-box-sizing: border-box;
}
.page > .p1_lantern::before {
    position: absolute;
    top: 0;
    bottom: 0;
    left: 0;
    right: 0;
    z-index: -1;
    content: "";
    margin: auto;
    border-radius: 50%;
    width: 15vw;
    height: 15vw;
    background: #ffee58;
    opacity: .1;
    -webkit-box-sizing:0 0 15vw 15vw #ffff37;
    -moz-box-sizing: 0 0 15vw 15vw #ffff37;
    -ms-box-sizing: 0 0 15vw 15vw #ffff37;
    -o-box-sizing: 0 0 15vw 15vw #ffff37;
```

```css
    box-sizing: 0 0 15vw 15vw #ffff37;
    margin: auto;
    -webkit-animation: p1_lantern .5s infinite alternate;
    animation: p1_lantern .5s infinite alternate;
}


@keyframes p1_lantern{
    0% {
        opacity: .2;
        -webkit-transform:scale(.8,.8);
        transform:scale(.8,.8);
    }
    100% {
        opacity: 0.7;
    }
}


@-webkit-keyframes p1_lantern{
    0% {
        opacity: .2;
        -webkit-transform:scale(.8,.8);
        transform:scale(.8,.8);
    }
    100% {
        opacity: 0.7;
    }
}
/* 页面移动样式 */
.page.fadeOut{
    opacity: .3;
    transform: translate(0, -100%);
    -webkit-transform: translate(0, -100%);
}


## CardMain.js ##
var mycanvas,ctx;                 //创建全局变量
var page1_bg = new Image();       //页面1背景图片对象定义
var page2_bg = new Image();       //页面2背景图片对象定义
var fu_img = new Image();         //"福"图片对象定义
var music,audio;                  //音频图像标签和音频对象标签
```

```
var musicPlay = false;            //判断音乐是否在播放状态
var mouseClicked = false;         //判断是否单击了屏幕,将会开启下一页
var p1_lantern;
var rotateAngle = 0;

/** 程序入口函数 */
function Init(){
    /** 1. 获取 canvas 绘图上下文 */
    mycanvas = document.getElementById("c1"); //获取 canvas 标签元素
    ctx = mycanvas.getContext("2d");          //绘图上下文准备
    /** 2. 加载外部图片和声音素材 */
    page1_bg.src = "images/page1_bg.jpg";     //载入图片素材
    page2_bg.src = "images/page2_bg.jpg";
    music = document.getElementById("music");
    audio = document.getElementById("audio");
    p1_lantern = document.getElementById("p1_lantern");
    fu_img.src = "images/fu.png";
    /** 3. 当所有素材加载准备完成后,开启动画循环 */
    fu_img.onload = function(){
        //HTML5 时间控制函数,由系统来决定回调函数的时机
        requestAnimationFrame(AnimationLoop);
    }
/** 与唱片图标的交互 */
audio.addEventListener("ended",function(event){
    music.setAttribute("class","");           //音乐停止,唱片图标停止旋转动画
},false);
music.onclick = function(event){
    if(musicPlay){
        audio.play();
        //音乐重播,唱片图标开始旋转
        music.setAttribute("class","play");
        musicPlay = false;
    }else{
        audio.pause();
        musicPlay = true;
        music.setAttribute("class","");
        }
    }
}


/** 动画循环函数 */
```

```
function AnimationLoop(){
    /**1. 清除画布*/
    ctx.clearRect(0,0,mycanvas.width,mycanvas.height);
    /**2. 重绘*/
    Draw();
    /**3. 更新*/
    rotateAngle++;
    if(rotateAngle > 360 || rotateAngle < 0){
        rotateAngle = 0;
    }
    /**4. 循环开启*/
    requestAnimationFrame(AnimationLoop);
}


/** 主绘制函数*/
function Draw(){
    if(mouseClicked){
        DrawPage2();
    }else{
        DrawPage1();                    //绘制页面1
    }
}


/** 绘制页面1*/
function DrawPage1(){
    ctx.drawImage(page1_bg,0,0,mycanvas.width,mycanvas.height);
}


/** 绘制页面1*/
function DrawPage2(){
    var fu_x = (mycanvas.width-fu_img.width)/2, //算出"福"字在屏幕上合适的位置
        fu_y = mycanvas.height-fu_img.height-78;
    p1_lantern.setAttribute("class","page fadeOut"); //设置第一页显示内容消
    失,即class修改属性为page.fadeOut,具体可参看css中设置
    ctx.drawImage(page2_bg,0,0,mycanvas.width,mycanvas.height); //绘制第二页背景
    /** 实现"福"字的转动*/
    ctx.save(); //为了保证变换不影响其他绘制,使用了状态的保存和恢复(ctx.
    restore为状态恢复)
    ctx.translate(fu_x,fu_y);           //位置设置
    ctx.translate(fu_img.width/2,fu_img.height/2);
                                //从这行开始用三行代码实现了图形绕中心点旋转画
```

201

```
        ctx.rotate(rotateAngle * Math.PI/180);
        ctx.translate(-fu_img.width/2,-fu_img.height/2);
        ctx.drawImage(fu_img,0,0);
        ctx.restore(); //状态的恢复
}


/** 鼠标单击事件监听函数 */
function HandleMouseDown(event){
        audio.play();
        mouseClicked = true;
}

window.addEventListener("load",Init,false);                        //添加页面加载事件监听
window.addEventListener("mousedown",HandleMouseDown,false); //添加鼠标单击事件监听
```

习　　题

1. 根据本章提到的 Android 和 iOS 应用界面要素分析,尝试对这两种应用界面设计做出对比分析,看看它们相同的设计要素是什么,不同的设计要素有什么。

2. 学校图书馆需要创建一个图书管理小程序,需要同学们利用原型设计,给出一套设计方案。建议同学们组队完成,原型设计工具可任意选择,但要给出具有交互功能的原型展示电子版。

3. 本章实现的 H5 春节贺卡内容比较简单,只涉及了两个页面的变换和背景音乐的交互,你是否可以尝试增加更多页面,并将交互对象丰富化?

思政园地

创新才能成就未来

历史经验表明,科技创新总是能够深刻改变世界发展格局,深刻影响国家地位。回顾过去,我国曾以"四大发明"为代表的科技成果领先世界,近代以后我国屡次与科技革命失之交臂,其结果是付出"落后挨打"的惨痛代价,经过新中国成立特别是改革开放以来不懈的努力,我国科技整体能力持续提升,一些重要领域方向跻身世界先进行列,农业科技、生物医药科技、国防军事科技、信息科技等重要领域取得大量创新成果,极大地增强了我国的综合国力。科技创新能力已经越来越成为综合国力竞争的决定性因素。

在移动交互设计中,苹果公司是一家为数不多以设计驱动的公司,它从技术、产品、服务、体验、系统等多个层面,构建了设计驱动的创新生态系统和激进的企业创新文化。iPhone 在交互设计思路上充分模拟了正常人操作物体的固有习惯和思维方式,用户操作日常生活中的物体时一般都是采用推、拉、滚、扭、按压、拨动等基本动

作,这些操作方式已经深深地印在用户的脑海中。苹果公司借助人性化的用户界面促成落后技术的升级创新与转化应用,通过包容性设计理念将多点触控技术、语音识别、实体交互等诸多人机交互新方式应用于产品设计和用户使用体验中。

在我国国产手机市场中,华为当仁不让成为国产手机老大。纵观整个手机行业,市场上的龙头都是依靠自主研发成功的。摩托罗拉、诺基亚、苹果、三星、华为无一例外。

- 1G 时期,摩托罗拉凭借独有的通信技术垄断手机市场。
- 2G 时期,诺基亚依靠蜂窝通信技术、塞班系统拿下了全球 40% 的份额。
- 智能手机时代,苹果凭借 iOS 系统、A 系列芯片,成为手机行业的领导者。
- 三星依靠最全的手机制造产业链、最优秀的屏幕成为出货量第一的手机品牌。
- 华为成为"国产之光",同样依靠自研的麒麟芯片、鸿蒙操作系统。

作为一家科技企业,华为用实际行动践行科技自立自强、创新驱动发展,在日趋复杂严峻的国内外形势下,华为保持了高昂的创新势头,取得了一系列自主创新成果,2020 年发布的华为 Mate 50 系列便是最新力作。华为 Mate 50 身上的一个个"之最"和"首次",何尝不是勇闯创新"无人区",加强原创性、引领性科技攻关的生动写照。依托科技创新提升产业核心竞争力,把科技的命脉掌握在自己手中,也正是华为科技创新的最好注脚。

第7章　游戏交互设计

应用软件、网站、游戏作为交互设计三大主要分类,其交互设计的基本原则都是相通的,但游戏与其他两种类型不同,游戏的交互过程并没有一个非常具象的目标,而更多的是体验乐趣,那么交互设计如何打造一个淋漓尽致的游戏呢? 在本章中我们将首先了解不同游戏分类下交互设计的原则,通过典型案例分析交互设计的方法,最后通过实践案例感受游戏中的交互及 AI 设计。

7.1　游戏交互设计原则

7.1.1　游戏交互的特点

如果说,交互设计往往是在设计用户和某一对象之间的互动行为,从而为使用者带来更好的体验,那么游戏设计正是设计使用者(即玩家)与游戏世界(虚拟世界)之间的交互。图 7-1 生动地展示了软件交互与游戏交互的区别。

功能　　　　　　　　　　　　情感

现实世界　　　　　　　　　　虚拟世界

图 7-1　软件交互与游戏交互的区别

产品让用户在真实的世界中获得更好的体验,而游戏让玩家在虚拟的世界中获得更好的体验。虚拟世界并不是玩家不可逃离的环境,因此游戏交互往往需要为玩家带来不同于现实的更丰富的体验感受。如果产品交互是解决用户生活中的痛点,那么游戏设计就是要为玩家带来不一样的“爽”点。当然,其他娱乐活动也有与虚拟世界沟通的特点,如书籍、电影、音乐等作为媒介,但这样的交流往往是单方面的。游戏能够让玩家参与到虚拟世界中,以自己的行为和虚拟世界进行实时互动。正是基于游戏的实时参与性,因此游戏设计才会更加注重交互设计,以向玩家提供更好的游戏体验。

　　"游戏能够带来体验,但是游戏并不是体验本身"(可参见 Jesse Schell 所著的《游戏设计艺术》对游戏特质的概括)。以电子游戏为例,其由画面表现、游戏规则、游戏世界、实现技术等方面组成。我们设计一款游戏,会需要美术设计、游戏策划、开发技术等各个方面的工作,但是这样组成的一个游戏是否就是玩家所要的体验呢? 体验是一种抽象的感受,并不是实际的产品。用烹饪举例,我们拿到了面粉、鸡蛋、浆果,也有烤箱、模具,这样做出来的蛋糕叫做食物,而这个食物所产生的"色""香""味",才是呈现给玩家的"体验",至于"色""香""味"好不好,就是体验质量的问题了。回到游戏本身,当我们把游戏的各个元素组合起来时,能够做出一个叫"游戏"的产品,但是体验好坏,是需要和玩家进行交互之后才能知道的。游戏通过自己的输出渠道将虚拟世界呈现给玩家,玩家接收到信息之后,经过大脑的处理,将其反馈入游戏,对游戏世界产生影响,再输出给玩家。在这样的循环往复中,游戏的体验产生了,图 7-2 展示了游戏和玩家体验的关系。因此我们可以说,广义上的游戏交互正是设计玩家和游戏之间的往返交互行为,并让这种行为能够产生更好的感受。

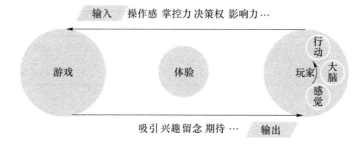

图 7-2　游戏和玩家体验的关系

　　产品设计往往基于用户的实际需求产生设计价值,但游戏并没有现实需求痛点,因此如果要吸引玩家,就需要有自己的内生价值,即游戏追求的目标是什么? 如何让玩家沉浸其中去追求这个目标? 这是游戏的价值观思考,因此合格的游戏必须有两个组成元素,即追求目标和追求途径。

　　每个游戏都有一个终极的追求目标,这个目标是否能够为玩家带来更多的意义认同,决定了这段追求历程的价值所在,是游戏的价值体现。有了追求目标后,还要设计合理的追求方式,可能会根据不同的目标设立多种方式,或根据目标难度进行分级,而多种途径的交叉组合,也能够带来游戏世界的丰富多彩。当然追求途径不会是一路顺风的,这也是游戏和产品的不同之一。产品交互会更加注重给用户带来正面体验,而游戏会更加注重心流体验,这就要求正面和负面的情绪交替出现,特别是对负面情绪的设计,是游戏交互的一个重点。

　　基于游戏本身的特点,在虚拟世界中注重情感的体验,游戏交互也承担着更为多层的设计目标,要和现实中的玩家进行无障碍的交流,就需要交互设计师进行一定的设计,如积极的操作反馈、清晰的信息传达和情景化交互等,下面几小节内容即游戏交互设计中的重要方面。

7.1.2　目标引导

　　引导玩家进入游戏,这里有两个目标:一是展示游戏世界的环境、规则;二是让玩家懂得如何操作、生存。在玩家和游戏的反复交互中,玩家逐步加深了对游戏的认识,也慢慢地更加熟练了操作游戏技能,在一定的游戏规则内开始了对游戏世界的自我探索。我们不能直接将"乐趣"二字作为某个游戏的目标来吸引玩家,而应该将其细化为各种任务目标,并让人觉得有吸引力。目标引导大概可以体现在以下几方面:

① 让玩家明确知道游戏"获胜"的方式,比如玩更长的时间、得更高的分数、战胜对方等;

② 告知世界观,引导玩家了解并认同成长目标和使命,并产生可持续较长时间的动力;

③ 持续给予细分任务的目标,帮助玩家专注于当前的游戏,这也是诸多游戏中任务系统的使命。

一般常见的用于体现目标引导的交互设计可参照表 7-1。

表 7-1 常见的目标引导交互设计方式

表达方式	特点说明
纯文字提示	简单,但缺乏吸引力,易被忽略
新手教程	引导新手很有效,但容易刻板
播放动画剧本	研发成本高,但很有代入感
用生动形式暗示目标	交互设计的高级表现形态
让玩家自己产生目标	较难,但影响深刻

图 7-3 所示的游戏《保卫萝卜》则采用了生动的形式暗示目标。路的尽头有个萝卜,时不时还哆嗦两下,怪物不停地从起点出现,炮塔自动在攻击怪物,炮塔上方有个小箭头不停地向上闪动,这些生动的形式暗示玩家游戏的目标是"消灭怪物、升级炮塔、保卫萝卜"。

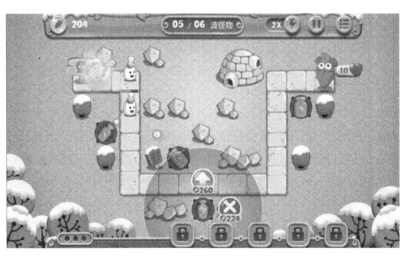

图 7-3 《保卫萝卜》游戏画面

又如图 7-4 所示的游戏《神仙道》,其"天下第一仙道会"是一个为期四周的全民竞技赛,通过报名,散仙可以与他服甚至是全国的《神仙道》玩家进行竞争,争夺天下第一的殊荣。玩家从新手村开始冒险,一路斩妖除魔,召集众多强大的伙伴,一步一步走向强者的巅峰,玩家可以很容易地看到由两侧向内逐级淘汰的赛制,目标清晰,玩家会产生"群雄争霸"的激动心情。

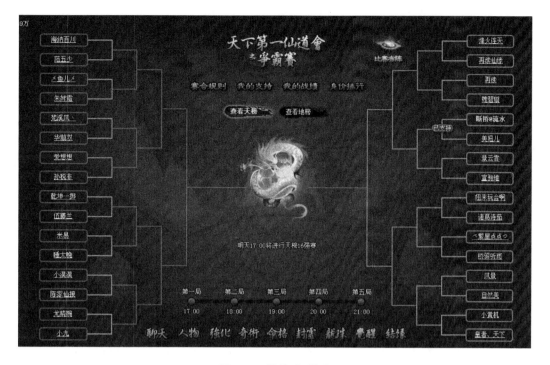

图 7-4　《神仙道》游戏

7.1.3　情景化设计

情景化设计能增加玩家在游戏中的真实代入感,如真实的游戏环境和真实的游戏情感。仿真的物理世界、拟物的操作界面等会减少玩家对这个数字化世界的隔阂感,而真实的游戏情感是我们努力追求的方案之一。现实世界的追求、团结、友情、爱情,在游戏世界中依然可以有着强烈的表现,因此如何让玩家感受或产生这样的情感,也是一种设计内容。

在交互设计上的技巧有:

① 拟物化元素设计。情景化设计不仅可以让游戏看上去更有趣,还可以帮助玩家进入一个假想的空间。这种空间通常需要一些拟物化的元素来帮助形成"假想的世界"。

② 将游戏玩法、功能与情景和谐生动地结合起来。这样可以帮助玩家形成代入感,更易投入游戏。

③ 减少或弱化影响沉浸感、真实感的内容。图 7-5 展示了《欢乐斗地主》游戏的情景化设计,游戏采用了模拟现实的画面,在打牌的过程中,上方的功能面板自动收起,以便玩家专注于这个"逼真"环境。打出的牌采用了一种比较易于阅读,但又不影响真实感的透视视觉。

图 7-5　《欢乐斗地主》游戏的情景化设计

7.1.4　过程化控制

一般而言,软件或网站不会给用户带来使用时限或者压力,完成一个任务后,完全由用户自主进行下一个任务。但游戏恰好相反,压力和压力的释放正是乐趣的一大来源,营造流畅感和操控感,可以使玩家更专注地沉浸在解决游戏的压力中,持续地、循环地体验乐趣。

在交互设计上可以从以下几个方面考虑。

① 减少打断次数。例如,大多数游戏都有经济系统,可以进行商品交易,出卖物品时如果设计成二次确认告知,不如直接卖出去并获得金币,同时允许立刻原价赎回。

② 减弱中断感受。短局时的游戏通常会期待玩家快速进行下一局游戏,那么就不要弹出又大又复杂的结算面板造成很强的中断感受,而应该减少结算信息的复杂度和面积,加强与界面的融合度。

③ 使用更大、更直观的控件。玩家决策和交互时易于找到相应操作位置,并且简单直观,不必小心翼翼。

④ 让操作更便捷。尤其是一些动作类游戏,最好可以同时支持界面单击操作和快捷键操作。

⑤ 及时响应。对于玩家的操作,应做出及时的反馈,以便玩家时刻了解操作效果。

7.1.5　强调情绪共鸣

与一般软件不同,游戏的乐趣还体现在正负情绪的交替中,强化情感激发点的效果可以加大情绪的起伏,从而为玩家带来更强烈的感受。在交互设计上强调情绪共鸣的设计技巧有:

① 强化过程情绪激发效果。例如:在游戏中打怪时,怪物脑浆迸裂产生的强烈刺激感;玩家角色血量少的时候或者被击中的时候,界面变红给人强烈的紧张感;《欢乐斗地主》中王炸后音乐节奏加快形成兴奋感;等等。

② 强化结果情绪激发效果。例如:《植物大战僵尸》中玩家过关后获得新卡片时,会全屏展示卡片;《仙剑奇侠传》中角色战胜怪物后,摄像机会环绕角色一周再出效果。

③ 强调"我的参与"。例如:《剑网三》给新手展示游戏场景时,让角色坐在鹰上面俯瞰风景,比只是纯风景展示要震撼得多;结算时面板中强调我的结果比平均展示所有人的结果要更加有效。

7.1.6　灵活反馈

用户在使用应用软件或网站时,遇到问题或完成某任务后,系统常常会主动弹出对话框或跳转页面告知结果。对于游戏而言,这种告知显得尤其重要,但是如果鲁莽地中断告知,也会削弱游戏沉浸感。因此,在交互设计上需要注意:

① 反馈要及时、完整、划重点。在紧张的游戏过程中,及时的反馈能帮助玩家迅速了解当前状况和决策,使整个过程顺畅而沉浸。但是,反馈速度过快到超过某一阈值时,可能导致玩家反应不过来,因此要控制好速度。

② 反馈要生动。信息提示不要总是使用对话框和文字的方式,比如说,只要在不影响游

戏流畅的情况下,实现金币奖励反馈可以用"从天上掉落一堆金币"的动画特效来表现,远比弹出一个对话框告知要震撼得多。

③ 反馈不要打断流畅感。例如:二次确认信息不如允许游戏反悔;能忽略的东西就不要用模态控件在界面中心弹出。

④ 不重要、频现、无须操作的反馈信息用超轻的提示方式来反馈,如仅出现不会打断游戏过程的文字。

⑤ 及时变化的信息出现在当前焦点的附近。

综上,游戏交互设计需在遵循基本设计原则的基础上,为游戏的特性量身设计,将带给玩家更多乐趣。而软件或网站的设计也可借鉴游戏的这些特点,说不定会获得意外的乐趣。

7.2　XR 交互设计

7.2.1　XR 交互设计关键技术

XR(eXtended Reality)是一个全新的技术概念集合。它包含虚拟现实(VR)、增强现实(AR)以及混合现实(MR)等概念,并将它们共同应用于不同的场景或行业,将虚拟世界和现实世界以多种组合方式进行融汇,从而为创作实现更多可能。图 7-6 展示了以上概念的关系说明。

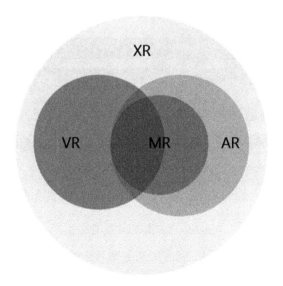

图 7-6　XR 及各组成关系说明

VR(Virtual Reality)是指利用计算机模拟三维空间,通过感官模拟一种沉浸感和临场感,如同进入一个虚拟的仿真世界。AR(Augmented Reality)则是在真实空间中标记特定对象,把虚拟信息(物体、图像、视频、声音等)映射在现实环境中。MR(Mediated Reality)可看作VR 和 AR 结合后产生的新可视化环境,也被理解为 AR 能力的增强,和 AR 技术栈高度复合,国内一般统一把它们作为虚拟/增强现实领域一起分析。VR、AR、MR 的区别如图 7-7 所示。

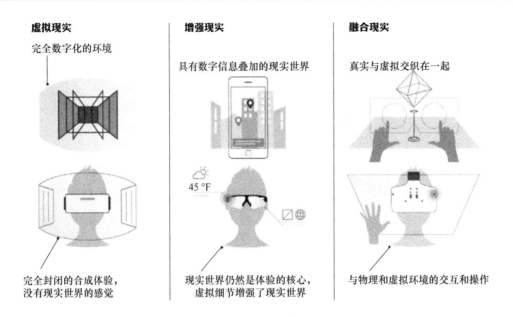

图 7-7　VR、AR、MR 的区别

当前 XR 相关技术和产品还在发展期,中国信息通信研究院在《虚拟(增强)现实白皮书》中给出的范畴比较全面,在此引用了其技术体系。如图 7-8 所示,其在顶层定义了"五横两纵"技术架构,其中"五横"指近眼显示、感知交互、网络传输、渲染处理与内容制作五大技术领域,"两纵"指支撑虚拟现实发展的关键器件/设备与内容开发工具/平台。

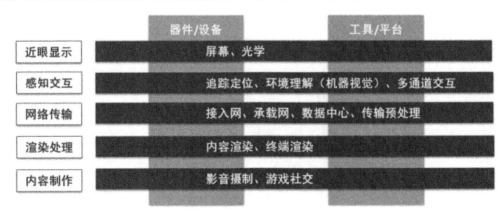

图 7-8　"五横两纵"技术架构

横向技术维度可细分为三层体系,第一层为五类技术领域,每个领域都可再细分子领域和技术点。图 7-9 展示了关键技术体系中五类技术领域和细分领域的关系。

随着沉浸技术的发展及显示终端硬件的不断迭代,以及物联网、人工智能、机器学习及360°影像的日趋成熟,加上 5G 技术与云数据的基础设施不断完善,XR 应用场景也正在不断扩大行业边界。它强调用户体验设计,以用户需求为主,在用户体验的基础上,更强调研究用户的行为逻辑,人们面对产品、环境时的思维变化、心理感受、行为动作。这就意味着,它更偏向于人机交互的技术,它主要研究系统与人的关系,具体来说就是研究各类机器甚至是具有计算机化的系统和软件与人的关系。

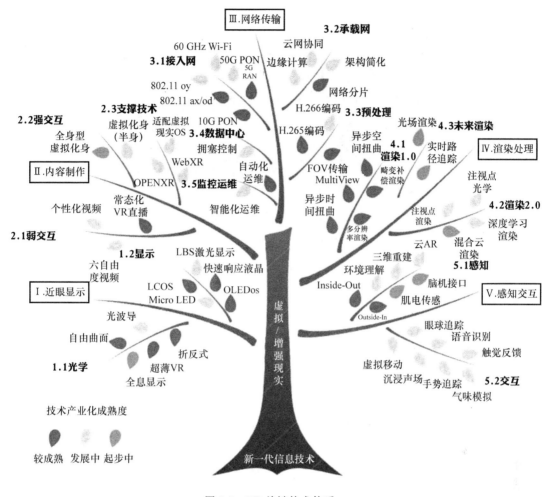

图 7-9　XR 关键技术体系

7.2.2　XR 交互设计原则

"Affordance"是被设计与心理学尤其是交互设计领域频繁使用的一个词,在一些版本中被翻译为"示能"。Donald Norman 指出了对于"Affordance"错误的使用和狭隘的释义,在探讨交互设计时引入了一个符号学中的概念"Signifier"(译为"意符"),来表达"提示或暗示用户如何操作",简言之,意符是传达给用户一个物体应该如何被使用的信号,它的指向性比较明显一些。

这个概念对于 XR 交互设计来说也是非常有借鉴意义的。首先,XR 游戏和传统游戏的最大区别就是"看起来能互动的物体,就应该能互动"!在传统游戏中,用户隔着一个屏幕与虚拟世界互动,并且往往是通过键盘、鼠标或触摸屏来进行一些简单的点按操作,因此,比如传统游戏里的一张桌子,艺术家可以放很多摆件在上面,仅是装饰作用,不需要能用来互动。但在 XR 游戏中,就完全不是这样了。用户完全沉浸在这个世界里,他们会不自觉地用双手和这个虚拟世界里的一切互动。如果一个杯子放在桌子上,他们会尝试将它拿起来,并抛出去;如果有一个关闭的收音机,他们会尝试拉长天线,调大音量。图 7-10 所示的游戏则充分利用了这

211

点特性。因此,在 XR 游戏的交互设计中,玩家会更容易沉浸到虚拟世界里,会期待物体的交互如同现实世界的原型。

图 7-10　虚拟现实游戏《半衰期:爱莉克斯》

但照搬现实世界对开发者来说就太有难度了,而且也没有必要! 这个时候,以 Affordance 的角度来思考问题就非常重要了。当我们设计一个游戏场景时,我们要对于放置的物体非常慎重,因为一个物体存在某种明显的 Affordance,那么它就必须要被满足,否则用户会很失望。同时,一般只需要满足最主要的一两种 Affordance 就够了。

针对 XR 游戏里应用 Affordance 和 Signifier,有研究者提出了一些设计原则,如图 7-11 所示,总结如下。

图 7-11　OwlChemy Lab 的《Job Simulator》游戏交互设计思想

① 优先选择有单一的、强烈的 Affordance 的物体。如果物品的 Affordance 很单一,那么就会有很明确的引导作用。例如图 7-12 所示的游戏中,XR 中加载关卡的交互行为——将卡带放入卡槽,由于使用功能单一,因此大部分用户都能迅速学会如何使用。

② 尽可能满足用户测试中涌现的 Affordance 需求。很多时候我们无法预测用户的想法,因此我们需要通过用户测试来发现设计中的漏洞。例如,在《MR 全息博物馆》中,所有人看到游过来的小鱼群都想去抓,有时候甚至忽略了其他元素,因此后期该应用为所有的小鱼都添加了抓取功能。

③ 在设计一个用户没见过的东西时,确保有足够的 Signifier。如图 7-13 所示,人们在为 Oculus Quest 设计用手势识别控制 UI 时,在手指前端加入了一个小球作为 Signifier,来引导用户做出 pinch 的手势。

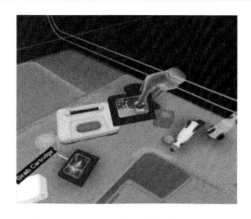

图 7-12 XR 游戏常用的加载交互设计

图 7-13 为 Oculus Quest 设计的手势识别

④ 兴趣点连续原则(Continuous POI Flow)。POI 即 Point of Interest,也就是"兴趣点"。XR 游戏和传统 3D 游戏的区别就是"失去了对摄像机的控制",用户可以看向任意方向,因此我们极容易失去用户的注意力。以传统思维来设计故事或游戏玩法时,我们非常容易让兴趣点突然转换,如敌人突然从房间另一边走出来,或者需要用户寻找一个特定的物体。而若在XR 游戏中采用一样的方案,用户将跟不上或找不到这个新的兴趣点。为了避免这种情况,需要确保以下 3 点。

- 兴趣点最好只有一个。如 *Vader Immortal:Episode Ⅱ* 中的开场只有被激光剑照亮的 darth vader,之后才将环境缓缓展现出来,用户的注意力就被牢牢抓住了。
- 兴趣点的移动必须缓慢、连续、不中断。
- 当遇到兴趣点临时中断时(如场景加载),尝试将新的兴趣点直接放在用户面前,通过空间音效、粒子特效、对比色来凸显这个兴趣点,并给用户足够长的时间来找回这个新的兴趣点。

⑤ 主动反馈。由于 XR 是基于空间的交互,缺乏力反馈,因此用户会觉得虚拟物体缺乏"存在感"。可以采用主动反馈的方法以增加"灵动"的交互。

- 场景环境更主动。Leap Motion 的博客经常提到 Reactiveness 或 Reactive(可译为"响应式"),即内容应该更加主动地迎合用户的输入。Leap Motion 的 Interaction Engine 可以很容易地做出环境元素和手之间有趣的互动。
- UI 可以更主动,如"Cat Explorer"里小球会主动"弹"到用户指尖,并被吸附,如图 7-14 所示。

图 7-14 "Cat Explorer"中小球主动"弹"到用户指尖

⑥ 充分利用听觉反馈。在 XR 交互中,听觉的反馈不亚于视觉,它不会占用过多的注意力和宝贵的 FOV(视场角),但不管用户面朝哪个方向都能听到,而且能有准确的方向感和距离感。

⑦ 在不确定的操作结果上做出反馈。当人们进行不确定的操作时,往往会主动停下来等待反馈,接收到反馈后才会继续下一个操作。HoloLens 一代设计了 Air tap 手势,图 7-15 所示的"对着前方做捏取动作",由于手势识别范围有限,成功率没有达到 100%,普通用户直接做出捏取的动作很多时候都识别不到。因此 Air tap 的手势分为两步,首先要将食指竖起来做一个准备动作(ready state),如果这个准备动作被系统识别了,UI 会做出相应的反馈,即光标会由圆点变为圆圈,这时用户就可以放心地做出捏取动作(pressed state),手势识别概率就非常高了。微软要求开发者设计的 App 中都要为 ready 状态设置反馈,以获得最佳的用户体验。

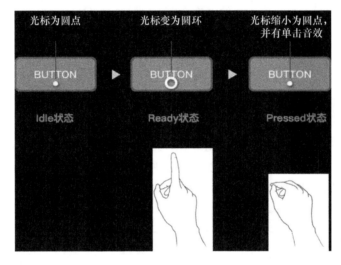

图 7-15　Air tap 手势反馈

7.2.3　XR 交互设计中的 UI 设计

① 传统的 UI 轮盘式菜单设计在 VR 交互中并不友好,建议可以改为图 7-16 所示的效果。菜单下方的小点类似于手机 App 上的滑块,按左右会同时滑动更新 6 个选项,这种分页的效果操作简单,并且会让用户感觉更加舒适。

② 在 UI 导航按钮设计中,应当让关键功能按钮位置相对固定,同时应在导航按钮和相应展开的面板之间创建提示,以提示用户发生改变的内容,如图 7-17 所示。

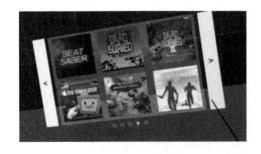

图 7-16　VR 菜单设计

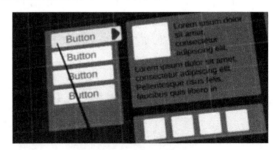

图 7-17　VR 导航设计

③ 全部 UI 应最好能一直处于用户的视野中,如图 7-18 所示。不建议缩小 UI 尺寸,因为会导致字体过小;也不建议 UI 整体后移,因为 UI 位置太靠后将与三维场景交叉,可尝试重新调整排版。

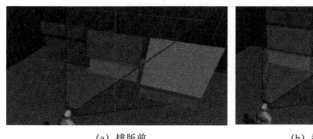

(a) 排版前　　　　　　　　　　　　　　(b) 排版后

图 7-18　UI 排版

④ 在 VR 中 UI 若被放到一个大平面内,会导致 UI 两侧离玩家的距离比中间大很多,从而导致两侧的 UI 扭曲,因此我们可以调整为圆柱投影,如图 7-19 所示,让所有 UI 离玩家的距离都一样,这样玩家体验会更加舒适。

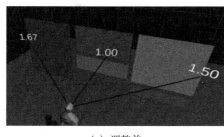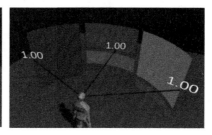

(a) 调整前　　　　　　　　　　　　　　(b) 调整后

图 7-19　UI 圆柱投影

⑤ 目前的 XR 设备中手机或平板电脑需要长时间手持,眼镜或头显虽然能解放双手,但视场角较小,如果没有充分考虑交互内容的展示距离与角度,就需要频繁移动头和脖子,会造成较严重的疲劳感,因此在 UI 设计中要充分考虑距离和角度,一定要保持在用户舒适的范围内。图 7-20 展示了在 VR 中 UI 设计的舒适交互距离和范围。UI 到玩家的距离应控制在 2～5 m 范围内,同时不应跟三维场景中的物体有太多交叉。人眼重合视域为 124°(单眼舒适视域为 60°左右),垂直观察舒适区约为 60°,在此范围内,视场角越大,用户对场景的沉浸感越强,对于舒适范围可以参考 VR 的视觉范围:舒适的水平视角宽 77°～102°、上仰 20°～60°、下俯 12°～40°,在水平 102°～180°为"好奇区域",需要合理设计。最重要的信息在直线 0.5 m 视域内,0.5～10 m 3D 体验最好,20 m 后体验极差。

⑥ 注意颜色的选用。颜色首先要符合场景,需能服务场景和需求,特别是关键提示(如开始、终止、报错等)。在 AR 场景中,鲜明的颜色指引更能引起用户的关注;同时由于 AR 依托于现实世界成像,环境不唯一,可能纷乱复杂,可能较为简单,因此在颜色的选择上要区别考虑,可通过增加阴影、加粗、加亮、加文字反色背景等方式来缓解。

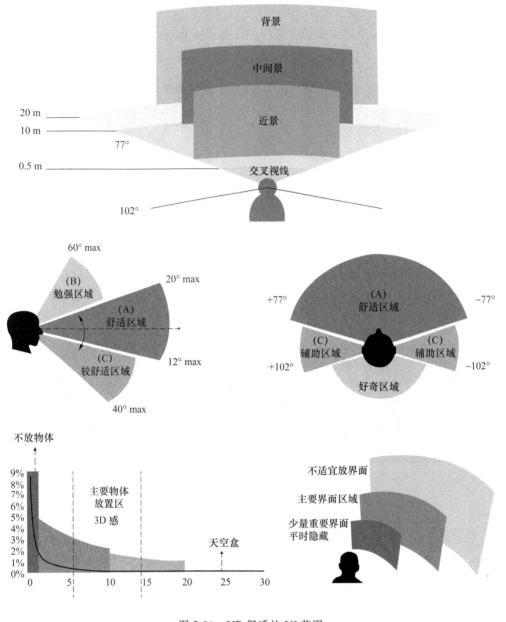

图 7-20　VR 舒适的 UI 范围

7.3　游戏交互设计案例分析

7.3.1　游戏交互设计流程

　　游戏交互设计流程如图 7-21 所示：首先分析目标玩家需求，根据需求定位系统在项目框架中的优先级和位置，推导具体内容和反馈，确定游戏策划方案后开始进行原型设计，完成设计并反向迭代测试。界面设计是抽象系统的视听具现化,游戏相比产品 App 更富有情绪化的感知,因此可以从美术效果开始反推,甚至可以为了表现效果牺牲部分便捷度和逻辑性。

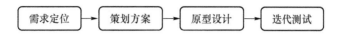

图 7-21　游戏交互设计流程

① 剖析玩家需求。玩家使用一个系统时,表面需求为"达成目标",隐形需求为"释放情绪"。游戏界面设计应同时回应目标和情绪两个玩家预期。

② 设计时需明确系统与外部有哪些交互,比如输入的道具是否从外部购得,输出的结果是否被其他系统调用。设计时模拟玩家交互行为,设定完成目标的步骤。

③ 当我们确定了设计需求后,需要将其梳理成文案即"策划方案",并开始绘制原型图。游戏原型设计是指一系列使用各种手段(纸币或软件等)来模拟与平衡游戏机制的方法,它可以轻松地评估和迭代游戏体验。

④ 使用原型验证游戏设计的过程就是一个迭代测试的过程,在这个过程中人们会不断地加入新的想法和要素,剔除无趣的内容。

7.3.2　游戏界面功能区域设计

界面和用户控制是游戏交互原型设计的重点,它通过可视化的方式展示游戏核心机制。本小节借鉴了《终结者 2》手机游戏界面设计来分析游戏界面设计的思路。

在手机游戏中,一般为横屏全屏显示操作。如图 7-22(彩色图片请扫二维码)所示,红色热区颜色越深,越容易被点击,因此适合放置重要的操作。根据这个特点,我们将需要放置的元素一个个地置入界面,先从功能区域开始,再插入特殊功能区,添加辅助信息层、特效层和HUD 层。

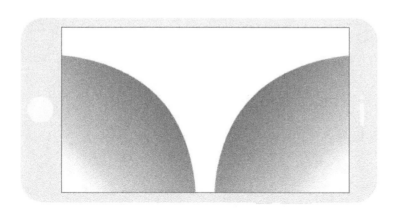

图 7-22　横屏手机操作舒适区域

彩图 7-22

大部分射击类手机游戏都采用了图 7-23 所示的功能区域设计,这个习惯是从游戏机手柄上沿袭而来的。屏幕的左上角和右上角是可以比较舒服点击的区域,但是只适合"快速响应",

不适合"精细点击"。对于射击类游戏，交互主要包括移动功能和射击功能，因此划分两个主区"移动区"和"射击区"，但除了这两大功能，其实还存在很多次级操作，如换弹药、调整身姿、狙击开镜等，这些作为重要的操作组成部分，也应当进入红色区域，所以特别划分了几个"特殊功能区"。

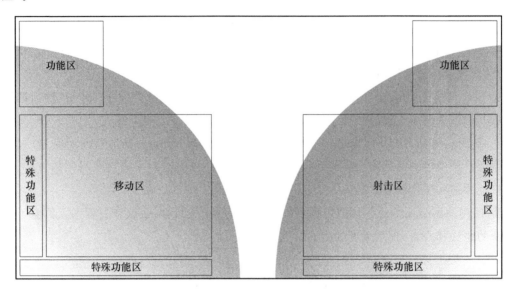

图 7-23　主要功能区域划分

除了"操作"，显示"信息"也非常重要，可以让玩家快速了解当前游戏情况，建议通过多样式的反馈来实现。图 7-24（彩色图片请扫二维码）中黄色区域为"辅助信息显示区"。准星用于调整行动方向、观察周围和瞄准射击，非常重要，一般放置在界面正中心。除此之外，有几个需要操作时间的状态也将显示在这个位置，如表 7-2 所示。

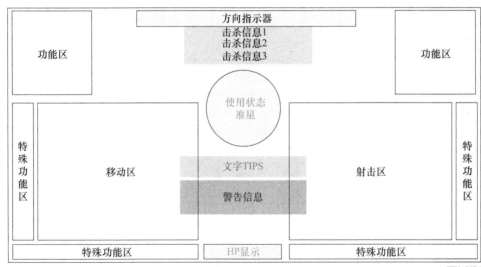

图 7-24　状态及信息显示区

彩图 7-24

表 7-2　状态表

使用状态	限　制
装弹时	强制无法射击
使用药品	强制无法移动
救人	强制无法移动、无法转向

辅助信息中还应有一些文字的提示,这些文字包括击杀信息、拾取物品信息、状态信息、网络状态信息、游戏播报信息(如毒圈收缩、随机轰炸等)。

7.3.3　角色交互控制

"吃鸡"类游戏大致的游戏脉络可参考图 7-25。

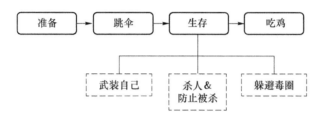

图 7-25　"吃鸡"类游戏大致的游戏脉络

游戏的核心是"生存",涉及角色的控制行为可参考表 7-3。

表 7-3　角色控制行为

移动	默认行走,超出触控区域开始跑步
射击	瞄准、射击
切换动作	跳、蹲、趴

角色的移动其实是基于控制视角的,控制视角默认的方向与角色正向朝向一致,在 3D 游戏中,角色移动在 X 轴和 Z 轴上,视角水平面在 X 轴,视角垂直面在 Y 轴。在角色移动的过程中,控制视角方向可能会与移动方向不一致。我们在"移动区域"实现对角色的移动,在"射击区域"实现对视角的控制和射击。我们为移动创建一个触控区域,如图 7-26(彩色图片请扫二维码)中虚绿色范围所示,在触控区域范围内,手指向左与向右、向后分别执行左右平移、后退操作,在橙色范围内执行前进动作,超出触控区域后,可以变为跑步姿态。

为了使角色运动更灵活逼真,加入了"跳""蹲""趴"3 个动作,并在左边额外增加了一个射击按钮。界面功能区设计如图 7-27 所示。

由于射击按钮和控制视角区域重合,因此如何实现使用右手大拇指同时操控射击和视角瞄准是一个重点和难点。我们来看看目前手机 FPS 游戏(第一人称射击类游戏)常见的几种操作方式:

① 全部右手操作,先定位后射击,游戏设计如图 7-28 所示。

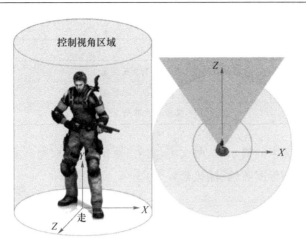

彩图 7-26

图 7-26　角色移动坐标及范围

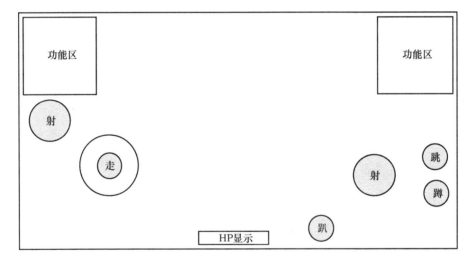

图 7-27　角色动作控制功能区设计图

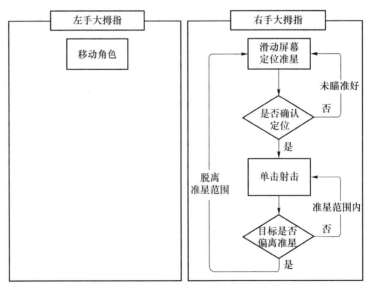

图 7-28　先定位后射击

② 全部右手操作,同时定位和射击,滑动屏幕定位,按压持续射击,游戏设计如图 7-29 所示。

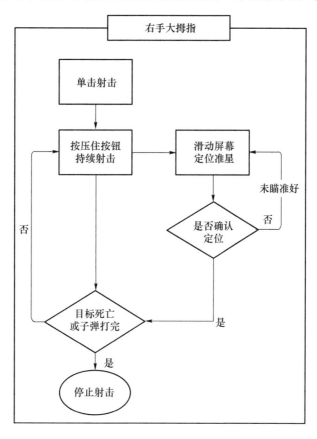

图 7-29 同时定位和射击

③ 左手射击,右手瞄准定位,游戏设计如图 7-30 所示。

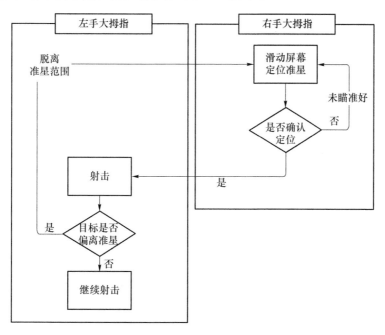

图 7-30 左手射击,右手瞄准定位

7.3.4　辅助功能设计

除了射击和移动,还有很多其他的辅助操作,比如打开包裹,使用血包、手雷等;打开聊天、语音开关等;武器管理和地图查看;等等。每一个功能都包含着很多次级功能,尤其是武器管理,需要能快速响应玩家换枪换弹操作,因此在设计中需要仔细分析出功能逻辑关系。本小节将不详细分析,我们可参看一个设计样例,如图 7-31 所示。

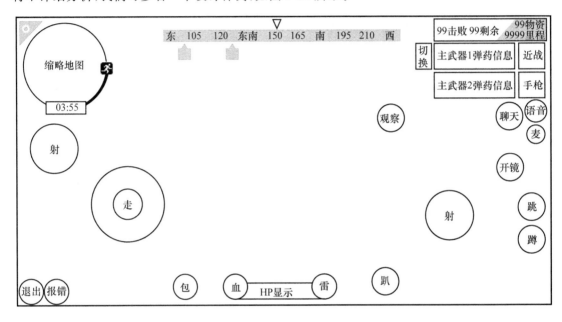

图 7-31　辅助功能设计

7.4　游戏人工智能

7.4.1　人工智能和游戏

游戏中有很丰富的人机交互场景,例如从简单的鼠标、键盘到触摸屏,再到动作捕捉、语音和生物信息(如心率)等。经过常年的技术积累和市场发展,游戏变得越来越接近真实,而游戏的交互性也变得更加自由。像《寂静岭》、*The Last of Us* 等游戏,游戏情节代入感强烈,能让玩家产生强烈的情感共鸣。通过人工智能技术来研究游戏和玩家之间的交互将会让我们对人类行为和情感有更多了解,也能够发展出更像人类情感的 AI;此外,这些技术的发展也能让游戏的交互变得更加有趣。

现在的游戏虽然并称为第九艺术,但其市场已经超过了其他的艺术形态,并且已经渗入了我们社会的方方面面(艺术、教育、健康、文化等),形式多样的内容和数据给人工智能算法提供了很好的研究和测试环境。其实,游戏自诞生的一刻,便拥有着挑战人类智商的能力,因为游戏的规则比较简单,但是状态空间和可选策略却十分巨大,导致游戏变得十分复杂而有趣,正是如此,游戏成了检验人工智能的理想选择。尤其是机器学习的自主系统需要大量的训练数据和仿真环境,通过游戏引擎将会以较小的代价获得大量用于深度学习和人工智能研究的数据。长远来说,人工智能的终极目标是希望在社交智能、情感交互、(可计算的)创造性和通用智能几个方面都达到甚至超过人类的水平,而这些人工智能关注的子领域都能在游戏中找到合适的场景,如常用的训练 AI 游戏的过程就需要信号处理、机器学习、树搜索等方面的技术,而在人机交互过程中又需要语音识别、NLP(自然语言处理)、知识图谱等技术。

人工智能为游戏研发的深度和广度带来了极大的提高,进一步推动了游戏产业的发展;人工智能搭配大数据、云计算等技术,可以对游戏场景、配乐、玩家装扮、玩家行为等进行分析,在大数据背景下设计的游戏将会更满足玩家需求;使用人工智能技术可以更好地理解玩家和游戏,改进游戏体验,让游戏设计过程更加专业化,角色行为更加智能化,数值体验更加平衡化;同时,人工智能技术能快速生成游戏地图、场景和道具等,从而降低开发成本,提升开发效率,减少计算机资源消耗或网络数据传输量。

因此,游戏领域的包容度和技术发展给了人工智能发展更多的可能,反过来,人工智能又能为游戏行业带来翻天覆地的变化,而这种变化,将会赋予整个游戏行业更多的活力和机会。

7.4.2 游戏中常见的 AI 技术

几乎每一款游戏都应用 AI,只不过有的 AI 很简单,以至于用户不会注意到 AI 的存在。比如说《超级马里奥》里的乌龟等怪物,只会傻头傻脑地朝着一个方向移动,碰到墙壁就掉头。稍微高级一点的 AI 引入了随机的因素,从而让玩家不好预判,当然,也会采取多数量、多类型的怪物,使得玩家在初次接触游戏时不那么容易摸清敌人的行为方式,从而使得游戏有了丰富的变化和体验。但是,这些本质上仍是一段固定的程序脚本。

1. 有限状态机与行为树

显然,将行为的模式复杂化就成了必然的选择,以有限状态机和行为树为核心的游戏 AI 模式出现了。在这两个概念被提出之前,传统的判断逻辑都是如果 A 条件满足,就执行 a 行为,如果 A 条件不满足但是 B 条件满足,就执行 b 行为。随着条件和行为的增多,这种 if…else 判断会非常长,可读性降低,尤其在大型游戏程序中,为了开发和修改便利,对这些 if…else 进行了包装,形成了两种不同的套路。

所谓状态机,就是以计算机 AI 的"当前状态"为主体,通过编写不同状态之间的转换条件从而控制计算机 AI 的行为。图 7-32 所示为游戏角色状态机。角色当前状态为"巡逻状态",如果发现敌人则转移到"追击状态",如果敌人进入攻击范围则转为"攻击状态",不同的状态需要定义不动的行为策略。

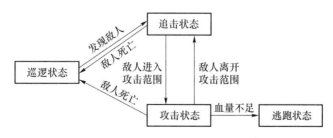

图 7-32 状态机示意图

一个角色的状态可能不止上述 3 种,当状态变得复杂时,如果不能够很好地规划这些状态之间的关系,状态将变得混乱无章。如何能高度模块化设计,使得代码可以通过配置来完成新的逻辑? 为此,行为树正好满足这些需求。行为树去掉了状态之间的跳转逻辑,它将状态变成了行为,以行为逻辑为框架,以具体行动作为节点的一种树状图。

图 7-33 所示为行为树示意图。图 7-33 中"选择"是一个条件节点,"巡逻"和"攻击"都是决策节点,"移动"是一个可任意复用的行为节点。行为树的规则就是复用这些行为节点,然后给这些行为节点添加不同的父节点来组合出新的策略。每个行为节点都有一个返回状态,用于告诉父节点当前的行为执行之后的结果是成功还是失败,父节点根据这些反馈来决定下一环节如何决策。

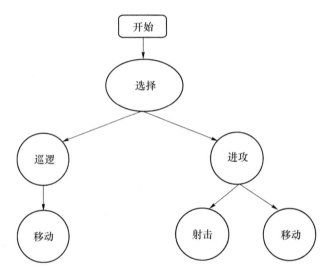

图 7-33　行为树示意图

这两种设计、编程模式各有优劣,但本质都是游戏设计者在编写 AI 代码时已经提前预设好各种策略、行为的组合。虽然这种游戏 AI 的编写方式已经可以做到非常复杂和强大,但毕竟都是由设计者提前设计好的,而设计者不可能做到面面俱到,总会有一些特殊、诡异的场景没有放到状态机、行为树中,从而形成"漏洞"。

图 7-34　《围住神经猫》游戏

2. 寻路算法

游戏中有一个常见的场景是在地图上单击某个位置,然后玩家控制的角色就自动移动过去,如果旁边有障碍物,角色会自动绕行,看起来非常智能。这种方法常用于游戏中的 NPC(非玩家角色)或 BOT(由计算机控制的玩家角色)的移动计算,也会用于 ROS 机器人根据给定的目标位置和全局地图进行总体路径规划。图 7-34 展示的经典小游戏《围住神经猫》则采用了寻路算法中的 A* 算法(A Star)来根据玩家的操作求出必胜路径。

A* 算法也称为启发式搜索算法,是基于 BFS 算法(广度优先算法)的搜索算法。它将地图虚拟化,并将其划分为一个一个的小方块,这样可以用二维数组来表示地图。如图 7-35(彩色图片请扫二维码)所示,黄色 S 代表起点,绿色 D 代表终点,黑色代表障碍物,M_1 与 M_2 是与 S 相邻的点。

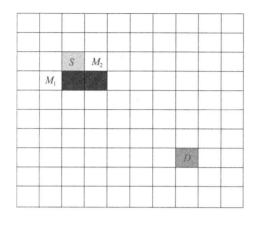

图 7-35　二维数组地图　　　　　　　　　　　　彩图 7-35

在 S→D 的路径上选择其中的一个方格子,哪个才能使得 S→D 的路径最短呢? 相信大家一眼就能看出是 M_2。原因就是在这两个相邻的点中,M_2 点离 D 点更近。明白了这一点,其实就明白了 A* 算法的核心思想。这个 M 点既要和起始点的距离有关,也要和结束点的距离有关。换句话说,就是要求这两段距离的和是最小的,于是这个 M 点就是下一个扩展点。中间点 M 的选取需要由两个值来确定,我们用 $G(M)$ 表示起点 S 到 M 点的距离,用 $H(M)$ 表示 M 点到终点 D 的距离,因此列出公式 $F(M)=G(M)+H(M)$,由于 $G(M)$ 是已知的,那么 $H(M)$ 这个估算函数要怎么表示呢? 表示距离的常见公式有:曼哈顿距离和欧氏距离。不管采用哪种估算函数,实际情况都是对剩余距离的估算值,因为可能存在路径障碍和复杂地形情况,这种方法也因此被称为试探法。A* 算法的实现还包括 Open 列表(记录所有被考虑用来寻找最短路径的格子)和 Closed 列表(记录不会再被考虑的格子),具体实现方法这里不展开介绍了。

3. 遗传算法

现在国内外很多游戏开发公司都运用遗传算法和神经网络对游戏 AI 进行编程。通过此种算法编出的游戏 AI 将变得更加灵活,并具有较强的智能性。遗传算法是模拟达尔文生物进化论的自然选择和遗传学机理的生物进化过程的计算模型,是一种通过模拟自然进化过程搜索最优解的方法。

生物在生存过程中需要生长、生殖及死亡几个阶段,遗传算法模仿了生长和生殖阶段,生殖阶段保证了生物体能够不断地延续下去,而在生长阶段中生物体在自然环境不断变化的前提下,会由于环境的因素而产生一些突变。突变是无向的,它让一些生物体能够更好地适应环境,另一些生物体却因为不能够适应环境而死亡。突变同样也发生在生殖阶段。图 7-36 所示为遗传算法流程。

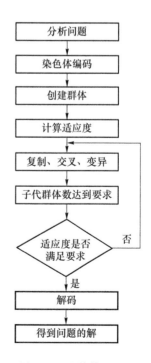

图 7-36　遗传算法流程

　　用遗传算法解决问题时,每一个染色体都代表了一个解决问题的方案,该方案相当于我们生物学上讲的某一个生物体,它可能适应环境,也可能不适应环境。遗传算法解决问题的方法就是把能够适应环境的个体找出来,遗传算法需要找出种群中适应度较高的个体进行生殖并产生后代,当后代达到原种群数量时进行适应度测试,当子代种群中某个个体能够达到要求时,遗传算法就找到了一个问题的解决方案;否则,子代种群继续上一个步骤,即生殖。如此循环直到程序找出达到要求的个体。

　　我们以经典的《吃豆人》游戏为原型,采用遗传算法获得这个吃豆生存游戏中得分最高的吃豆策略。如图 7-37 所示,《吃豆人》游戏的规则为:在 10×10 的格子空间内,边界是墙,在格子里随机撒下 50 颗豆子,然后随机放置一个吃豆人,这个吃豆人的视野和活动能力都是有限的,他只能看到自己当前格子和自己前后左右 4 个格子的情况;吃豆人的下一步决策有 3 种情况,即空、有豆、墙;规定吃豆人的收益和损失,即吃到豆子得 10 分,移动到格子里没有豆子减1 分,撞墙减 5 分;限制吃豆人最多做 200 次动作,有 50 个豆子,理论上最高得分为不扣分情况下把豆子全部吃掉,最高分应该是 500 分。

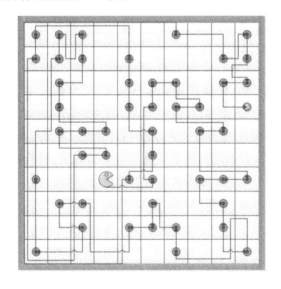

图 7-37　《吃豆人》游戏示意图

　　吃豆人能做的动作为 7 种(上移、下移、左移、右移、不动、随机移动、吃豆)。吃豆人每次能选择的是 5 个格子(上、下、左、右、不动),每个格子都有 3 种状态(吃、不吃、墙),因此总状态是 3^5 种,即 243 种,去除一些地图中不存在的状态(如三面墙、左右墙),总状态为 128 种。综上,总的策略组合有 7^{128} 种。如果用穷举法,把每个生成策略组合都去试试看,就是一个典型的计算量很大的计算任务,但是遗传算法可以从另一个思路解决这个问题。

　　这个研究的实验步骤如下。

　　① 随机生成 200 个策略,即生成了 200 个采用不同策略吃豆的角色。

　　② 让每种策略都进行 1 000 场吃豆挑战赛。每场比赛让吃豆人行动 200 次,在 1 000 场挑战赛中,每场比赛的 50 颗豆子都是随机撒下的。最后评估在这 1 000 场挑战赛中,平均每走200 步,得到的分数是多少。

　　③ 根据得分的高低从 200 个策略中随机选出 2 个策略,得分越高被选中的概率越高。然

后用所选中的 2 个策略,生成一个新的策略,新的策略每一列有一半概率使用第一个策略的对应列,一半概率使用第二个策略的对应列。在生成新策略的过程中,会有小概率产生策略的变异。

④ 用第 3 步的方法不断生成新策略,直到生成了 200 个为止。

⑤ 返回第 2 步,用新生成的策略进行比赛,再按照分数生成再下一代的策略。

按照上面的方法循环 1 000 次,就是生成 1 000 代吃豆人。第一代吃豆人的策略是随机生成的,在大规模的高频比赛中,他们按照自己的策略来执行行动,因为场次多、频率高,所以得分可以反映出他持有的策略是否有竞争力。实验引入了进化的行为,把每个吃豆人策略列表中的每条策略都看成基因,重组生成下一代的过程像染色体的分裂和组合,第一代成绩较高的吃豆人,有更高的概率留下后代,后代也遗传了上一代的策略。得分低的也有概率生成后代,只是没有得分高的概率高。在生成下一代的过程中,下一代的策略还有非常低的概率产生遗传变异,有的策略会随机变成其他数。

通过数据可以看出,第一代策略随机生成吃豆人的得分情况非常差,最高评分为 -95 分,最低评分为 -300 分。因为策略是随机生成的,所以总会出现撞墙、没有豆子吃这种扣分情况。但是这种情况在第 19 代就有了本质改观,从第 19 代的子代开始平均分就已经超过 0 了,此后得分逐渐上升,但上升的速度越来越慢,第 48 代开始超过 100 分,第 175 代超过 200 分,第 604 代超过 300 分,从第 650 代之后,得分超过了 400 分,在第 1 000 代时,上升到了 470 分。

进化是一个复杂的过程,通过计算机在算法上做简单规定就能模拟出来,而且还能在 7^{128} 种的可能性中,短时间找出最优解。用遗传算法进化出来的这个最优解,往往是人类思维无法理解的,它还照顾到很多思维的死角。

4. 其他机器学习方法在 AI 中的应用

在机器学习中,要想提升模型的泛化能力,一种常用的技巧是数据增强(data argumentation),即在有监督学习范式下,通过加入基于现有训练数据集,经过特定转换的模拟数据集,从而扩大训练数据集包含的多样性,进而提升训练得出模型的泛化能力。在强化学习范式下,通过在训练环境中引入随机因素,例如训练扫地机器人时,每次的环境都有所不同,也可以提升模型的泛化能力。而如果将扫地机器人执行的任务看成一次游戏,那么机器学习中的数据增强,就相当于游戏设计中的“过程生成”,两者都是通过随机数据让玩家能够透过现象看到本质。

对抗生成网络(GAN,如图 7-38 所示)是近些年来深度学习中进展最快的领域之一。如果将生成新的超级马里奥的任务交给 GAN,它会怎样完成?一篇 ACM(美国计算机协会)论文给出了回答。该论文采用深度卷积对抗神经网络,使用已有游戏地图的一部分作为训练数据,通过生成器,产生新的游戏地图,再通过判别器,判断生成的游戏地图是不是和真实地图类似。之后在最初的图片中进行修改,据此迭代,不断改进生成器。

如图 7-39 所示,第 1 幅图是原地图,后面 4 幅图则是基于第 1 幅图随机变化生成的几种可能地图,并将随机选择一个进行下一轮迭代,因此生成的游戏地图具有相近的难度。相比传统的方法,基于 GAN 的关卡生成,能够在玩家玩游戏的过程中,根据玩家的操作,动态地改变下一关游戏的难度,这是传统的基于搜索的方法无法实现的,除此之外,还能按照特定的目标设计关卡。

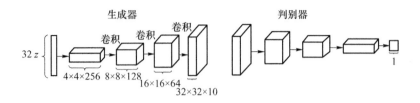

图 7-38　深度卷积对抗生成网络结构示意图

母图

图 7-39　深度卷积对抗神经网络生成新地图

　　另一类生成游戏关卡的方式是强化学习,如图 7-40 所示。如果要用强化学习生成《推箱子》游戏的地图,算法需要一个估值函数,计算不同游戏图片距离理想的关卡有多远。和 GAN 类似,强化学习范式同样是从随机的关卡开始的,不断改进,通过迭代完善设计,不同的是,由于估值函数的存在,每一次的改变不是随机的,而是有方向的。

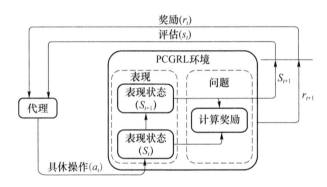

图 7-40　强化学习生成游戏的路程图

　　以《推箱子》游戏举例,玩家通过上下左右操纵小人行动,推动箱子到指定的位置,则算通关。图 7-41(彩色图片请扫二维码)所示是《推箱子》游戏地图的二维矩阵表示。每轮迭代修改的都是左图的矩阵。设计游戏关卡的智能体(agent),需要在给定箱子和目标的距离时,让小人走的步数尽可能多,从而提升游戏的难度。

　　判断每张地图需要多少步才能走完,则需要智能体通过搜索完成。如果搜索时,智能体只能记住这一步所走的格子和改变的那个格子状态,那么称为"狭窄表征";如果能记住运行方向上的每个格子以及自己改变了哪些格子的状态,称为"Turtle 表征";而如果能记住当前格子周围所有格子的状态,称为"宽表征"。如图 7-42(彩色图片请扫二维码)所示,在相同初始条件下,最左列是初始的随机游戏地图,后三列分别为不同表征下生成的游戏关卡。如果将18 步内能完成的关卡定义为简单难度,那么在不同的表征下,产生的简单关卡的比例分别是86.7%、88.3%以及 67.5%,由此可以说明不同的表征方式会设计出游戏的不同难度。

　　目前电子游戏中比较流行的高级人工智能形式之一来自 The Creative Assembly 开发的《异形:隔离》(Alien:Isolation)中的异形,它展示了人工智能如何为玩家创造一个引人入胜

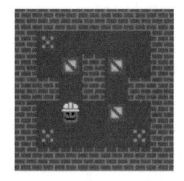

图 7-41 《推箱子》游戏地图的二维矩阵表示

彩图 7-41

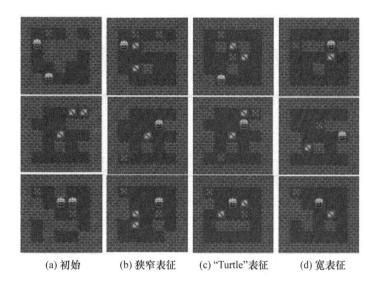

(a) 初始　　　(b) 狭窄表征　　　(c) "Turtle"表征　　　(d) 宽表征

图 7-42 不同表征方式生成的游戏关卡难度不同

的、不可预测的环境。该展示提出了两种控制角色运动和行为的人工智能力量：AI 导演和 AI 异形。AI 导演是一个被动控制器，负责创造一个愉快的玩家体验。为了做到这一点，AI 导演一直都知道玩家和异形在哪里。但是，AI 导演并不与游戏中的异形分享这些情报。AI 导演密切关注所谓的"威胁量表"，它本质上只是度量预期玩家压力水平的一种指标，由多种因素决定，例如异形接近玩家的距离、异形在玩家附近的时间、异形在玩家面前的时间、异形在运动跟踪器设备上可见的时间等。这个"威胁量表"告知异形的工作系统，它本质上只是异形的任务追踪器。如果威胁指标达到某个级别，任务"搜索新位置区域"的优先级将会增加，直到异形离开玩家进入一个单独区域。AI 异形是控制异形行动的系统，它永远不会提供有关玩家位置的信息。它从 AI 导演那得到的唯一信息是应该搜索的大致区域。它有一个传感器系统，可以感知周围环境中的音频和视觉线索；它有的另一个工具是搜索系统。随着游戏的进展，异形似乎对玩家有更多的了解，当它学习玩家游戏风格的某些特征时，它所做的动作似乎变得更加复杂。

机器学习技术的发展给历史悠久的游戏 AI 打开了一个全新的大门，很多玩家十分憧憬游戏中能有 AI 的加入，从而改善自己的游戏体验。但就目前而言，将机器学习技术应用到游戏 AI 里还有许多问题需要解决，游戏 AI 的设计不仅是把机器学习技术照搬照用这么简单，但是必须肯定的是,随着未来计算机硬件的发展和机器学习技术的完善,游戏 AI 会迎来一波革命式的发展,给各类对抗性质的游戏带来翻天覆地的变化。

7.4.3 简单的游戏 AI 项目体验

上一小节介绍了多种 AI 技术,不同的 AI 技术使用的开发工具不同。本小节先给大家介绍两个主流的游戏 AI 实现方法,再给大家演示一个基于 Unity3D 的自动寻路案例。我们可以看出,随着游戏引擎技术不断的完善,基于引擎的方法实现游戏 AI 越来越简洁高效。本小节介绍的方法虽然都是面向 Unity 的,但类似的方法可以应用于其他游戏引擎。

1. AI 插件

Behavior Designer 是基于 Unity3D 游戏引擎的行为树插件,是实现简单 AI 最好的工具之一,它是一个收费软件。这个插件支持可视化编辑和调试,提供了强大的 API,可以轻松创建 tasks(任务),配合 uScript 和 PlayMaker 插件,可以不费吹灰之力创建强大的 AI 系统。

图 7-43 所示为 Behavior Designer 运行状态下的截图。根节点 Entry task 是默认添加的,后续可以创建 Sequence(序列)节点,或者 Selector(选择器)节点、UntilSuccess(局部反复执行逻辑)等,树的末端是 Action(行为)节点,通过多个节点的组合,可以创建很深的层次结构。在编辑器下,正在运行的节点会高亮显示。如果节点返回成功,就会在节点的图标上出现对号;如果节点返回失败,就会在节点的图标上显示错误符号。Behavior Designer 非常直观地展示了当前行为树的运行状态,在每一个行为节点上还可以添加断点,进行调试,所以在游戏开发中深受开发者喜爱。同时 Behavior Designer 还提供了 3 个扩展包:

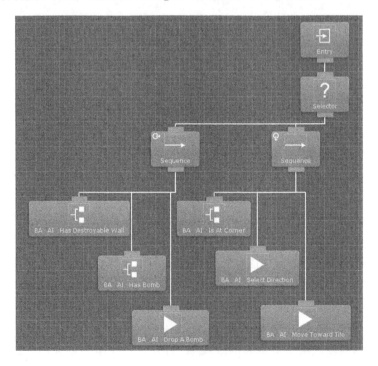

图 7-43　Behavior Designer 设计界面

- Movement Pack(移动扩展包,包含 17 种不同的移动行为);
- Formations Pack(队列扩展包,包含 14 种团队的移动行为);
- Tactical Pack(战术扩展包,包含 13 种不同的攻击战术)。

以上 3 个扩展包针对群体的策略,包含多角色的巡逻、移动、攻击等。在这些群体策略中可以按照一定的阵形来移动,或者按照一定的阵形执行攻击行为,从而拥有一套完整的作战系统。Opsive 网站中有非常详细的视频教程,对游戏 AI 感兴趣的读者可以观看。

2. TensorFlow

TensorFlow 是谷歌开源的人工智能学习系统。TensorFlow 就是将复杂的数据结构传输到人工智能学习系统中进行分析处理的系统。它在语音识别和图像识别中都有着广泛的应用。TensorFlow 在推出后,就受到了各界的广泛关注,在所有的机器学习框架中也是名列前茅的。

Unity+TensorFlow 其实可以算是 Unity 针对机器学习提供的一些支持。Unity 目前开源了 mg-agents 项目,可以从 GitHub 官网下载该项目的代码。它主要让程序开发者在 Unity 搭建的环境下编写自己的代码,将需要训练的数据导入 TensorFlow 中,通过 TensorFlow 来训练,然后将训练的数据重新导入 Unity 中。感兴趣的读者可以从 GitHub 官网上找一些例子来研究和学习。

3. Unity NavMeshAgent

Unity3D 也称为 Unity,是由 Unity Technologies 公司开发的一个让玩家轻松创建诸如三维视频游戏、建筑可视化、实时三维动画等类型互动内容的多平台的综合型游戏开发工具。它可以运行在 Windows 和 MacOS X 下,可一键发布至 Windows、Mac、Wii、iPhone、WebGL、Windows Phone8 和 Android 平台,支持 Mac 和 Windows 平台的网页浏览。Unity 集成了 MonoDeveloper 编译平台,支持 C♯、JavaScript 和 Boo 这 3 种脚本语言,而其中 C♯ 是现如今主要的开发语言。

同时,Unity 在不同的研究应用领域都有各色强大的插件,Unity AI 一直致力为机器学习 AI、计算机视觉、机器人等领域打造工具,这些工具能帮助各个行业尤其是工业和汽车业,在数字孪生和虚拟交互的情景下,有更高效的实时 3D 环境。

本案例将采用 Unity 引擎,实现一个三维迷宫场景的自动寻路功能。其中采用了 Unity 知名的自动寻路组件"NavMeshAgent"和状态机功能,以便大家对于上几节内容有更好的理解,同时我们也可以看出,采用引擎可以很容易地开发出智能交互应用。

 知识加油站

Unity 中与自动寻路相关的组件有两个:NavMeshAgent(导航网格代理)、OffMeshLink(分离网格链接)。这两个组件的作用与使用范围是不同的。NavMeshAgent 组件是 Unity 提供的寻路系统的核心组件。

使用 NavMeshAgent 组件,我们首先需要烘焙地形,产生 NavMesh(导航网格),导航网格决定我们角色活动的范围。该组件需要附着在寻路的角色身上,角色的移动需要依靠代理,每一个附着着这个组件的角色在寻路的过程中都是利用代理进行的,因此被称为导航网格代理。

关于安装 Unity 及创建 Unity 工程的过程,这里就不赘述了,只介绍核心的操作步骤。(无 Unity 使用经验的同学可以通过以下网站自行了解学习:c. biancheng. net/unity3d/。)

案例设计

本案例为在 Unity3D 工程中创建一个简单的迷宫三维场景,场景内有墙作为障碍,用鼠标单击场景位置可以创建目标对象(球),第三人称角色将自动寻找目标,行走或奔跑至目标对象位置。

案例实施

① 在新建的 Unity 工程中创建迷宫三维场景,如图 7-44 所示。如果迷宫场景是在 Unity 中用 3D 对象创建的,则自动添加了碰撞盒,如果是导入的三维模型(如 FBX 或 OBJ 模型),则需要为模型添加碰撞盒组件(如 Box Collider)。注意调整 Main Camera 的主摄像机观察位置为整个场景的上帝视角(斜向下观察视角)。

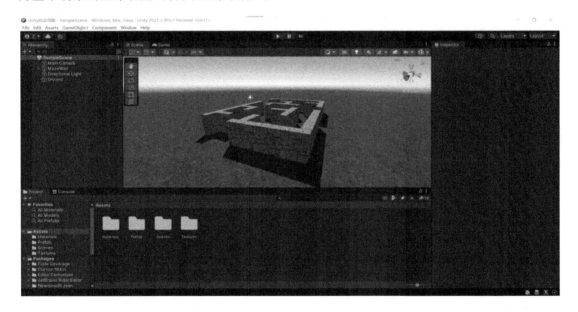

图 7-44 在 Unity 中创建迷宫场景

② 导入第三人称角色及动画资源包,如图 7-45 所示。动画角色可以在 Unity 官网获得丰富的资源,大家可以从 Unity 界面菜单"Window→Asset Store"进入。在资源面板,鼠标右击创建"Animator Controller",命名为"RPGController",即可进入 Animator Controller 创建面板。在面板中鼠标右击"Create State→Empty"创建一个新状态(new state)。选择该状态,在 Inspector 面板中修改名称,添加"Motion"为相应的动画文件。用同样的方法创建 3 个动画状态"Idle""Walk""Run",分别代表角色的静止状态(默认状态)、行走状态和跑步状态。如图 7-46(彩色图片请扫二维码)所示,图中橙色的状态为默认状态,只有一个状态为默认状态,当然可以通过鼠标右击菜单中的"Set as Layer Default State"来更换其他状态为默认状态。选择某个状态,在鼠标右键菜单中选择"Make Transition",在状态之间建立连接关系(可参考

图 7-46 连线）。在 Animator 面板左侧的"Parameters"中添加两个 Bool 类型的变量"IsRun"和"IsWalk"，初始化值均为 false，也就是默认不被勾选状态。选择状态 idle→run 连线，在右侧"Inspector"面板"Conditions"中添加条件"IsRun＝true"（如图 7-47 所示）；设置 run→idle 连线条件"IsRun＝false"，同理设置 idle↔walk 间的连线条件。

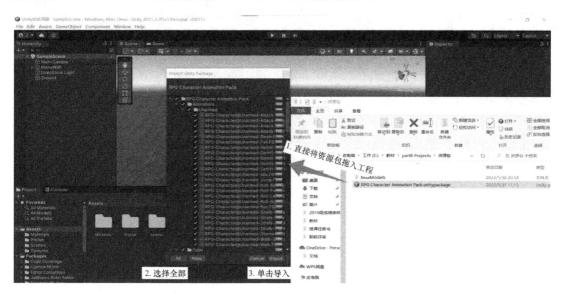

图 7-45　在 Unity 中导入角色动画资源包

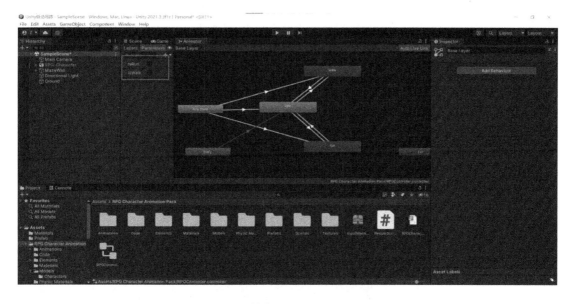

图 7-46　创建 Animator Controller

彩图 7-46

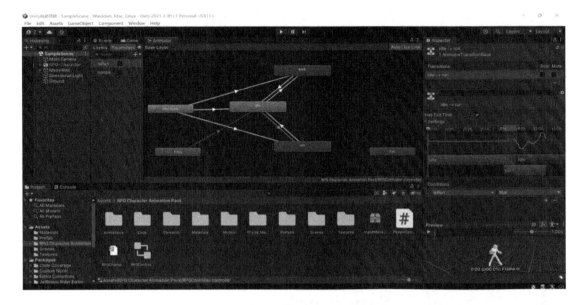

图 7-47　创建状态间的条件关系

③ 场景烘焙。NavMeshAgent 组件是根据网格来计算寻路路线的,所以烘焙的过程相当于在保存场景中的网格信息。第一,我们选中场景中不需要与玩家发生交互的物体,或者是角色需要避开的障碍物,如墙等,将其设置为 Static,如图 7-48(彩色图片请扫二维码)中红色标注所示。第二,执行菜单"Window→AI→Navigation",打开右边的 Navigation 面板。在"Object"面板中勾选"Navigation Static",同时选择"Navigation Area"为"Walkable"（如图 7-49 所示）。打开"Bake"面板,单击右下角的烘焙场景,如图 7-50(彩色图片请扫二维码)所示,烘焙后地面可行走区域将变成深色。仔细观察场景会看到墙边缘有未被烘焙区域,即未来角色不可到达区域,可以调整"Agent Radius"值,重新单击"Bake"烘焙地面网格。相关烘焙参数调整可参考表 7-4。

彩图 7-48

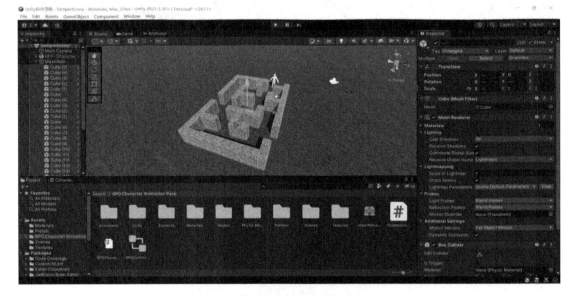

图 7-48　设置迷宫场景中的墙为 Static

图 7-49　打开"Navigation"面板

彩图 7-50

图 7-50　Navigation "Bake"

表 7-4　烘焙参数

参数名称	说　明
Agent Radius Agent Height	表示能通过路径的范围大小和高度。Agent Radius 设置得越小,能通过的路径就越宽;Agent Height 设置得越小,能通过的路径高度就越低
Step Height	设置添加了 NavMeshAgent 的对象向上能到达的路径高度。例如上楼、上坡等带有向上走的行为。Step Height 的值不能大于 Agent Height
Max Slope	设置场景的斜坡最大角度。Max Slope 与 Step Height 的值互相有所约束
Drop Height	设置在自动寻路时允许跳下的最大高度
Jump Distance	设置自动寻路时允许跳跃的最远距离

④ 将脚本组件"PeopleScript. cs"添加到 RPG-Character 上。由于代码中要求对象标签符合指定要求,故选择地面对象,在 Inspector 面板中"Tag"下添加标签"Ground",选择墙对象,添加标签"Wall"。注意定义标签的大小写应与代码中一致,若无标签,首先需要选择"Add Tag…",之后再次选择对象,添加标签,如图 7-51 所示。为 RPG-Character 添加"NavMeshAgent"组件,可从菜单"Component→Navigation"下找到。

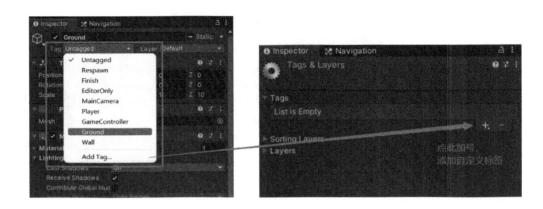

图 7-51 添加标签

⑤ 在场景中任意位置创建"3D Object-Sphere",给此对象添加标签"Ball"。将球对象 ball 从场景列表中拖拽至工程自定义的新建文件夹"Prefab"下,形成预置对象(如图 7-52 步骤① 所示)。选择角色 RPG-Character,将预置对象 ball 从资源文件夹下拖拽至其脚本组件 "People Script"下的"Prefab Ball"内(如图 7-52 步骤②所示)。在 Unity 中运行,可以看到玩 家呈现准备动画状态。单击场景中任意位置,在鼠标单击的位置生成一颗小球,玩家会自动躲 避障碍并且选择最近路线移动至球附近,会根据距离远近判断是"走"过去,还是"跑"过去。玩 家至目标点后将围绕目标点继续保持运动状态。图 7-53 所示为最终效果图。

图 7-52 创建并使用预置的目标对象 ball

图 7-53 迷宫场景自动寻路运行效果图

知识加油站

附 PeopleScript.cs 全部代码。

```csharp
using UnityEngine;
using System.Collections;

public class PeopleScript: MonoBehaviour {
    //动画组件
    private Animator mAnim;
    //移动速度
    public float MoveSpeed = 2.5F;
    //寻路组件
    private UnityEngine.AI.NavMeshAgent mAgent;
    //寻路目标标记
    private GameObject Ball;
    //寻路标记预制件
    public GameObject PrefabBall;

    // Use this for initialization
    void Start () {
        //获取动画组件
        mAnim = GetComponent < Animator >();
        //获取寻路组件
        mAgent = GetComponent < UnityEngine.AI.NavMeshAgent >();
    }

    // Update is called once per frame
    void Update () {
        //按下鼠标左键
        if(Input.GetMouseButton(0))
        {
            //获取鼠标位置
            Vector3 mPos = Input.mousePosition;
            //利用射线法取得目标位置
            Ray mRay = Camera.main.ScreenPointToRay(mPos);
            RaycastHit mHit;
            if(Physics.Raycast(mRay,out mHit))
            {
                //这里对应于场景中的地面、墙体 2 种结构
```

```
            if(mHit.collider.tag == "Ground" || mHit.collider.tag == "Wall")
            {
                //获得目标位置
                Vector3 mTarget = mHit.point;
                //使用完全面向目标的旋转
                transform.LookAt(mTarget);
                //使用平滑转身转向目标
                SmoothRotate(mTarget);
                //计算距离
                float mDistance = Vector3.Distance(mTarget,this.transform.
                position);
                //当距离大于2时奔跑到目标位置,否则步行到目标位置
                if(mDistance > 6.0f){
                    mAnim.SetBool("IsRun",true);
                }else{
                    mAnim.SetBool("IsWalk",true);
                }

                //根据不同的结构生成不同高度的寻路目标标记
                if(mHit.collider.tag == "Ground"){
                    //标记寻路目标
                    Ball = (GameObject)Instantiate(PrefabBall,new Vector3
                    (mTarget.x,0.5F,mTarget.z),  Quaternion.identity);
                    Ball.gameObject.tag = "Ball";
                }else{
                    //标记寻路目标
                    Ball = (GameObject)Instantiate(PrefabBall,new Vector3
                    (mTarget.x,3.0F,mTarget.z),  Quaternion.identity);
                    Ball.gameObject.tag = "Ball";
                }
                //设置寻路目标
                mAgent.SetDestination(mTarget);
            }
        }
    }
}


//触发器碰撞检测函数
void OnTriggerEnter(Collider mCollider)
{
```

```
//为预置球添加触发器检测,当触发器的标签为"Ball"时则符合检测条件
    if(mCollider.tag == "Ball")
    {
        //获取目标标记
        GameObject mBall = mCollider.gameObject;
        //销毁目标标记
        Destroy(mBall);
        //将角色状态设为 Idle
        mAnim.SetBool("IsRun",false);
        mAnim.SetBool("IsWalk",false);
    }
}


//平滑转身函数定义
void SmoothRotate(Vector3 target)
{
    //构造目标朝向
    Quaternion targetRotation = Quaternion.LookRotation(target, Vector3.up);
    //对目标朝向进行插值
    Quaternion mRotation = Quaternion.Lerp(transform.rotation, targetRotation,
    15F * Time.deltaTime);
    //修改当前对象的旋转朝向
    transform.rotation = mRotation;
}
}
```

通过该项目,我们可以看出基于 Unity 的 NavMeshAgent 自动寻路组件可以方便快捷地实现一般三维场景的障碍躲避功能,NavMeshAgent 实际上应用了 A* 算法实现的最优路径选择,但当场景较为宏大和复杂时,烘焙网格地图将会保存很多数据,在运行时会造成内存上的开销,并且如何实现运行时烘焙导航网格和如何实现垂直方向上的导航网格都是难点,所以选择和研究基于算法的 AI 自动寻路可能会更灵活。

习　　题

1. 以某一款自己熟悉的游戏为素材,分析该游戏交互设计的优点和缺点。

2. 为一款赛车主题游戏设计游戏交互界面。现在游戏市场上已有多款经典赛车游戏,你都了解哪些? 可以分析这类赛车游戏交互界面的通用设计模块有哪些,自己尝试创新设计方案,是否能设计出具有自主特色的游戏交互界面?

游戏交互将深刻影响数实融合发展

数字经济与实体经济融合共创、数字世界与物理世界融合共生的社会大趋势正汹涌而来。数字化和智能化进程不断深入,其与实体的叠加催生出一大批生产生活新场景。从《黑客帝国》到《头号玩家》与《失控玩家》所刻画的数实融合世界,离我们越来越近。2020年的全真互联网、2021年的元宇宙等新概念都在尝试描述这一激动人心的奇点临近时刻。全新的虚实交互与传统交互形式并行而立、共生共长、日益交融。数字世界和物理世界的融合趋势逐渐深入,引发了人类传统交互形式和内容的重大变化。

电子游戏是人类迄今为止在呈现并承载数字世界与物理世界融合共生的技术系统方面相对最为成熟的场景之一,而作为计算机科学特别是人工智能研究的副产品,电子游戏自诞生之初就带着科技创新属性,特别是近年来经历了移动互联网用户大爆炸后,在应对海量多元交互需求的磨练中所表现出的技术成熟度,为游戏技术成为人们穿梭于数字世界和物理世界所需要的能够在化学元素和数字代码之间进行自由转换和信息编码的工具,奠定了坚实的基础和条件。以游戏技术集群中的游戏引擎为例:谷歌无人车 Waymo 在虚拟场景里已经进行了约 241.4 亿 km 的仿真测试,基本达到了技术成熟的行业共识;微软的"模拟飞行"等环境已经普遍成为飞行员的有效训练工具;腾讯与中国南方航空集团有限公司深度技术合作开发的航空航天领域卡脖子技术——全动飞行模拟机(FFS)得到行业认可。这些虚拟环境的背后,是以游戏引擎为核心建构的数字环境在发挥关键作用。虚幻引擎的出现可能即将改变整个电影工业的产业链。借助虚幻引擎拍摄电影,"后期前置"——所见即所得的特效制作正在重组设计整个电影制作流程,一批观众耳熟能详的科幻电影被制作出来并获得巨大反响,如《登月第一人》《游侠索罗:星际大战外传》《曼达洛人》《星际迷航:发现号》等。虚拟 VR LED 墙、全息甲板等基于虚幻引擎创造出来的全新拍摄方式,使非实时可视化的现场沟通与集体创作成为现实,在很大程度上降低了前期拍摄与后期制作间信息不对等产生的分歧与失误,正在引发影视特效行业的颠覆性变革。

经过了数十年从单机游戏到大型网络游戏、AR游戏的历练,游戏技术已经在虚实交互领域取得了很多经验和成果。同时,教育、交通、城市管理、健康、居家、娱乐、商业等各个领域都在不断加快数字新场景开发,而长期致力于构建数字世界的游戏技术,正在发挥其独特作用,将很有可能成为未来社会的核心部门与下一代技术系统的核心组成。

第 8 章 智能交互设计实战

8.1 运行环境搭建

8.1.1 编程语言选择

本章后面几个案例选用 Python 作为实现人工智能算法的编程语言,Python 语言具有以下优点。

① 简单易学。

② 开源免费。

③ 跨平台。

④ 具有丰富的库,可以方便地操作数据和文件。

8.1.2 安装 Python

首先从官网直接下载安装包,打开网址 https://www.python.org/downloads/windows/,显示如图 8-1 所示。

从图 8-1 中可以看出,当前 Python 的最新版本是 3.8。如果操作系统的位数是 64 位,则下载"Windows x86-64 executable installer"版本;如果操作系统的位数是 32 位,则下载"Windows x86 executable installer"版本。

这里以 64 位系统为例,下载好的安装包如图 8-2 所示。

以"Windows"系统环境下的安装为例,双击安装包进行安装,勾选"Add Python 3.8 to PATH"添加路径,如图 8-3 所示。

单击图 8-3 中的"Customize installation"自定义安装,显示界面如图 8-4 所示。

单击图 8-4 中的"Next"按钮,显示界面如图 8-5 所示。

在图 8-5 中选择合适的安装路径,然后单击"Install"进行安装,显示界面如图 8-6 所示。

安装成功后如图 8-7 所示,最后单击"Close"结束操作。

此时可以测试 Python 是否安装成功。

图 8-1　Python 官网

图 8-2　Python 安装包

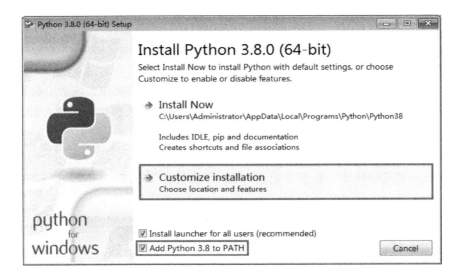

图 8-3　Python 安装界面 1

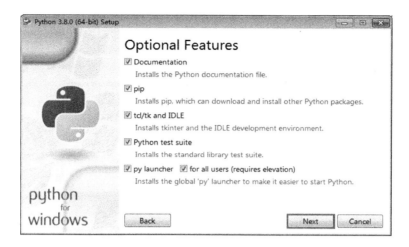

图 8-4 Python 安装界面 2

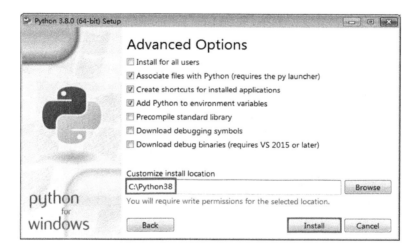

图 8-5 选择安装路径

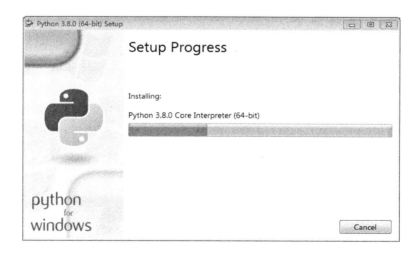

图 8-6 正在安装界面

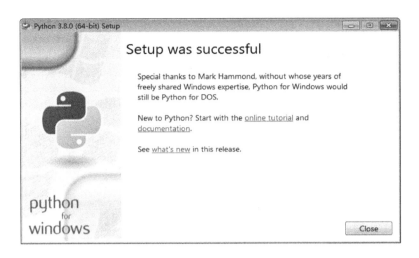

图 8-7　安装成功界面

在 Windows 控制台的命令行提示符下,输入"python"命令后回车。如果安装成功,可以看到 Python 的版本信息,并进入编程模式,如图 8-8 所示。

图 8-8　测试 Python 是否安装成功

8.1.3　PyCharm 编辑器

"工欲善其事,必先利其器",本书中编写 Python 的编辑器是 PyCharm。PyCharm 可以跨平台,在 macOS 和 Window 系统中都可以使用。

PyCharm 是 Jetbrains 家族中的一个明星产品,Jetbrains 开发了许多好用的编辑器,包括 Java 编辑器(IntelliJ IDEA)、JavaScript 编辑器(WebStorm)、PHP 编辑器(PHPStorm)、Ruby 编辑器(RubyMine)、C 和 C++编辑器(CLion)、.Net 编辑器(Resharper)等。

PyCharm 在官网上分为两个版本,一个是功能强大的专业版(professional),另一个是轻量级的社区版(community)。

下面介绍 PyCharm 的安装步骤。

首先打开 Jetbrains 官网:https://www.jetbrains.com。显示界面如图 8-9 所示。

在 PyCharm 官网中,单击"Tools",选择"PyCharm",显示界面如图 8-10 所示。

单击图 8-10 中的"DOWNLOAD"按钮,进入下载界面,如图 8-11 所示。

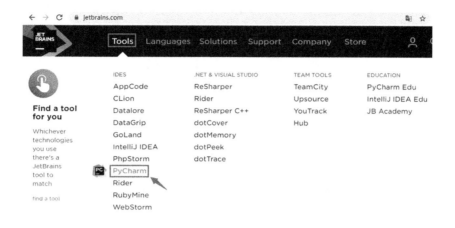

图 8-9　Jetbrains 官网

图 8-10　PyCharm 下载界面

图 8-11　选择 PyCharm 版本

根据自己的需要下载"专业版"或"社区版"。其中"专业版"试用一个月,"社区版"永久免费。这里以下载"专业版"为例,下载完成后,得到的安装包如图 8-12 所示。

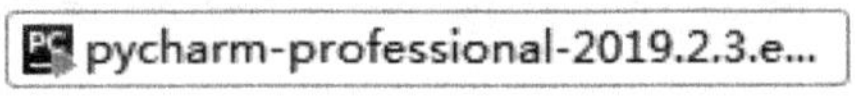

图 8-12　PyCharm 安装包

双击安装包进行安装,开始界面如图 8-13 所示。

图 8-13　PyCharm 开始安装界面

单击图 8-13 中的"Next"按钮,进入下面的界面,如图 8-14 所示。

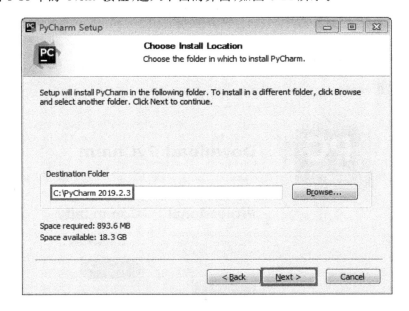

图 8-14　选择安装路径

在图 8-14 中,选择合适的安装路径,然后单击"Next"按钮,显示界面如图 8-15 所示。

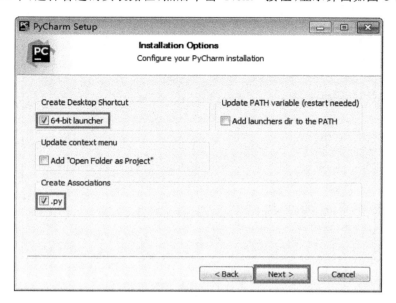

图 8-15　安装选项界面

如果是 64 位操作系统,需要在"Create Desktop Shortcut(创建桌面快捷方式)"中勾选"64-bit launcher"。

在"Create Associations(创建关联)"中勾选".py",用来关联.py 文件,使计算机中扩展名为.py 的文件,都默认使用 PyCharm 软件打开。

单击图 8-15 中的"Next"按钮,进入界面如图 8-16 所示。

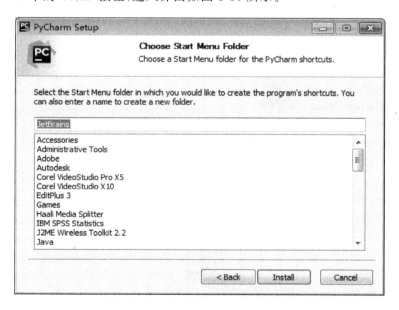

图 8-16　选择开始菜单文件夹

默认安装即可,直接单击图 8-16 中的"Install"按钮,进入界面如图 8-17 所示。

安装完成后,界面如图 8-18 所示。

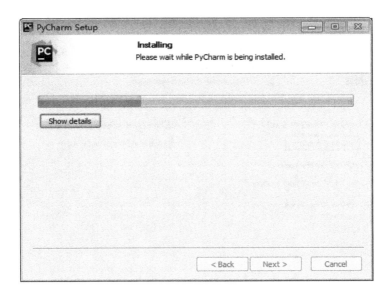

图 8-17 正在安装

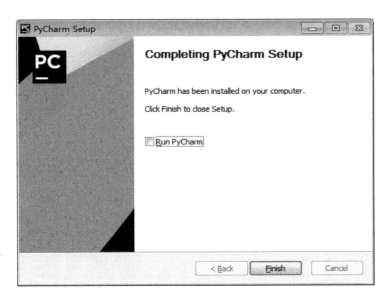

图 8-18 PyCharm 安装完成

此时单击图 8-18 中的"Finish"按钮即可,在计算机桌面上会显示图 8-19 所示的 PyCharm 软件快捷方式。

图 8-19 PyCharm 图标

至此,编写 Python 代码的环境搭建完毕。

8.2　使用 *k*-means 算法对鸢尾花数据集进行聚类

8.2.1　实验目的和类型

（1）实验目的
① 熟练使用 sklearn 模块中自带的数据集。
② 熟悉 *k*-means 聚类算法。
③ 熟练使用 matplotlib 模块绘制图像。
（2）实验类型
设计性实验。

8.2.2　实验内容

使用 *k*-means 聚类算法，对鸢尾花数据集进行聚类。

8.2.3　实验环境

① Windows 系统。
② Python 3.8。
③ 编辑器 PyCharm。

8.2.4　实验步骤

① sklearn 库自带的鸢尾花数据集包含 3 类，共 150 条记录，每类各 50 条记录，每条记录都有 4 项特征：花萼长度、花萼宽度、花瓣长度、花瓣宽度。为了在二维坐标系中显示聚类结果，只选用"花瓣长度"和"花瓣宽度"两个特征进行聚类。

```
1.   #导入自带的鸢尾花数据集
2.   from sklearn.datasets import load_iris
3.
4.   #获取鸢尾花数据
5.   iris = load_iris()
6.
7.   #为了显示方便，选用两个特征进行聚类：花瓣长度、花瓣宽度
8.   X = iris.data[:, 2:4]
```

② 导入 *k*-means 聚类算法，对鸢尾花数据集进行聚类。

```
1.   #导入 k-means 聚类算法
2.   from sklearn.cluster import KMeans
3.
```

```
4.  # 将数据分为 3 类
5.  k1 = KMeans(n_clusters = 3)
6.
7.  # 对 X 进行聚类,predictY 为预测标签
8.  predictY = k1.fit_predict(X)
```

③ 导入绘图库,绘制数据点和分类结果。

```
1.  # 导入绘图库
2.  import matplotlib.pyplot as plt
3.
4.  for i in range(len(X)):
5.      if (predictY[i] == 0):
6.          plt.scatter(X[i, 0], X[i, 1], c = 'y', marker = '1', s = 100)
7.      elif (predictY[i] == 1):
8.          plt.scatter(X[i, 0], X[i, 1], c = 'b', marker = '|', s = 100)
9.      elif (predictY[i] == 2):
10.         plt.scatter(X[i, 0], X[i, 1], c = 'g', marker = 'x', s = 100)
11.
12. # 获取中心点
13. center = k1.cluster_centers_
14.
15. # 标记中心点
16. plt.scatter(center[:, 0], center[:, 1], c = 'r', marker = '*', s = 300)
17. plt.show()
```

④ 根据真实标签,计算分类准确率。

```
1.  # 导入数值计算库
2.  import numpy as np
3.
4.  # 初始化全 0 数组
5.  labels = np.zeros_like(predictY)
6.
7.  # 计算众数函数
8.  from scipy.stats import mode
9.
10. # 真实标签
11. realY = iris.target
12.
13. for i in range(3):
14.     # 得到第 i 类的 True Flase 类型的 index 矩阵
15.     # 真实值数组中值为 i 的位置为 True,否则为 Flase
```

```
16.        mask = (realY == i)
17.
18.        # 返回预测结果 Y 中对应位置的值,即 mask 中为 True 的位置
19.        predict = predictY[mask]
20.
21.        # mode()返回传入数组/矩阵中最常出现的成员,即众数,以及其出现的次数
22.        modeAndCount = mode(predict)
23.
24.        # 真实值为第 i 类的样本,在预测结果中的众数
25.        mostMember = modeAndCount[0]
26.
27.        # 将 mask 位置的值用众数代替,作为真实的 label
28.        labels[mask] = mostMember
29.
30. # 计算准确率
31. from sklearn.metrics import accuracy_score
32.
33. # 将真实值 labels 与预测结果进行比较
34. print("accuracy:", accuracy_score(labels, predictY))
```

8.2.5 实验注意事项

① 对于聚类算法,类别数量的选取很重要。可以使用肘部法则等方法,设置类别数量。
② 可以根据鸢尾花数据集的其他特征进行聚类,查看分类效果。

8.2.6 实验结果

程序运行结果如图 8-20 所示。

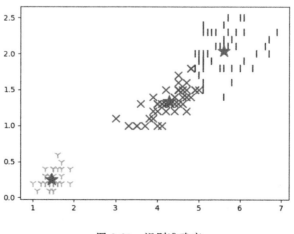

图 8-20　识别准确率

从上面的结果可以看出,所有样本被清晰地分成3类。通过与真实类别进行比较,聚类结果的准确率为96%。

8.2.7 本实验案例的全部代码

```python
1.  #导入自带的鸢尾花数据集
2.  from sklearn.datasets import load_iris
3.
4.  #获取鸢尾花数据
5.  iris = load_iris()
6.
7.  #为了显示方便,选用两个特征进行聚类:花瓣长度、花瓣宽度
8.  X = iris.data[:, 2:4]
9.
10. #导入 k-means 聚类算法
11. from sklearn.cluster import KMeans
12.
13. #将数据分为 3 类
14. k1 = KMeans(n_clusters = 3)
15.
16. #对 X 进行聚类,predictY 为预测标签
17. predictY = k1.fit_predict(X)
18.
19. #导入绘图库
20. import matplotlib.pyplot as plt
21.
22. for i in range(len(X)):
23.     if (predictY[i] == 0):
24.         plt.scatter(X[i, 0], X[i, 1], c = 'y', marker = '1', s = 100)
25.     elif (predictY[i] == 1):
26.         plt.scatter(X[i, 0], X[i, 1], c = 'b', marker = '|', s = 100)
27.     elif (predictY[i] == 2):
28.         plt.scatter(X[i, 0], X[i, 1], c = 'g', marker = 'x', s = 100)
29.
30. #获取中心点
31. center = k1.cluster_centers_
32.
33. #标记中心点
```

```
34.  plt.scatter(center[:, 0], center[:, 1], c = 'r', marker = '*', s = 300)
35.  plt.show()
36.
37.  # 导入数值计算库
38.  import numpy as np
39.
40.  # 初始化全 0 数组
41.  labels = np.zeros_like(predictY)
42.
43.  # 计算众数函数
44.  from scipy.stats import mode
45.
46.  # 真实标签
47.  realY = iris.target
48.
49.  for i in range(3):
50.      # 得到第 i 类的 True Flase 类型的 index 矩阵
51.      # 真实值数组中值为 i 的位置为 True,否则为 Flase
52.      mask = (realY == i)
53.
54.      # 返回预测结果 Y 中对应位置的值,即 mask 中为 True 的位置
55.      predict = predictY[mask]
56.
57.      # mode()返回传入数组/矩阵中最常出现的成员,即众数,以及其出现的次数
58.      modeAndCount = mode(predict)
59.
60.      # 真实值为第 i 类的样本,在预测结果中的众数
61.      mostMember = modeAndCount[0]
62.
63.      # 将 mask 位置的值用众数代替,作为真实的 label
64.      labels[mask] = mostMember
65.
66.  # 计算准确率
67.  from sklearn.metrics import accuracy_score
68.
69.  # 将真实值 labels 与预测结果进行比较
70.  print("accuracy:", accuracy_score(labels, predictY))
```

8.3 使用感知器算法进行分类

8.3.1 实验目的和类型

（1）实验目的
① 熟悉 numpy 模块的使用。
② 了解 matplotlib 绘图工具的使用。
③ 进一步认识感知器算法。
（2）实验类型
设计性实验。

8.3.2 实验内容

使用感知器的原始形式算法，完成对二维线性可分数据的分类。

8.3.3 实验环境

① Windows 系统。
② Python 3.8。
③ 编辑器 PyCharm。

8.3.4 实验步骤

① 导入 numpy 包，设计待分类的二维数据坐标和类别。

```
1.  import numpy as np
2.
3.  #样本特征
4.  x = np.array([[1, 1],
5.               [1, 2],
6.               [1, 3],
7.               [4, 0.5],
8.               [2, 1],
9.               [2, 1.5],
10.              [2, 3.5],
11.              [2.5, 0.5],
12.              [3, 1],
13.              [3, 3],
```

```
14.                [4, 2],
15.                [4, 3],
16.                [5, 2]])
17. #样本标签
18. y = np.array([1, 1, -1, 1, 1, 1, -1, 1, 1, -1, -1, -1, -1])
```

② 使用 matplotlib 模块,绘制数据点。

```
1.  #画出所有样本点
2.  plt.grid()
3.
4.  for i in range(len(x)):
5.      if (y[i] == 1):
6.          # plt.scatter()函数的常用参数:横纵坐标、颜色、图形、大小
7.          # 正例用红色圆圈表示
8.          plt.scatter(x[i, 0], x[i, 1], c='r', marker='o', s=100)
9.      else:
10.         # 反例用绿色星号表示
11.         plt.scatter(x[i, 0], x[i, 1], c='g', marker='*', s=150)
```

③ 初始化划分数据的直线方程"b+w0x1+w1x2＝0"的参数为0,设置学习率,使用感知器算法进行训练。

```
1.  #初始化超平面:b + w0x1 + w1x2 = 0 的参数为 0
2.  w = np.array([0, 0])
3.  b = 0
4.  #学习率
5.  rate = 0.5
6.  flag = True
7.  while flag:
8.      flag = False
9.
10.     # 生成 0 到 len(x)个数
11.     index = np.arange(len(x))
12.     # 随机打乱 index 数组
13.     np.random.shuffle(index)
14.
15.     # 将 x 以 index 索引重新组合
16.     randx = x[index]
17.     # 将 y 以 index 索引重新组合
18.     randy = y[index]
19.
20.     # 将打乱后的数据逐个取出
```

```
21.     for i in range(len(x)):
22.         # 样本特征
23.         xi = randx[i]
24.         # 样本标签
25.         yi = randy[i]
26.
27.         # dot()函数:返回两个数组的点积
28.         if yi * (w.dot(xi) + b) <= 0:
29.             w = w + rate * yi * xi
30.             b = b + rate * yi
31.             # 存在错分的点
32.             flag = True
33.
34.         # 使用新的平面,重新测试样本点
35.         if flag == True:
36.             break
```

④ 使用训练好的直线方程对数据进行划分。

```
1.  # 直线方程为 b + w0x1 + w1x2 = 0
2.  # 根据横坐标的最大值和最小值,计算划出直线的横坐标范围
3.  maxX = np.max(x[:, 0]) + 1
4.  minX = np.min(x[:, 0]) - 1
5.
6.  # 按照求得的直线方程 b + w0x1 + w1x2 = 0
7.  # 计算对应的纵坐标 x2 = -(b + w0x1)/w1
8.  maxY = -(b + w[0] * maxX) / w[1]
9.  minY = -(b + w[0] * minX) / w[1]
10.
11. plt.plot([minX, maxX], [minY, maxY])
12. plt.show()
```

8.3.5 实验注意事项

① 使用感知器的原始形式算法,对数据进行分类时,必须保证待划分的二维数据是线性可分的。

② 可以修改待分类的数据点,试验分类效果。

8.3.6 实验结果

程序运行结果如图 8-21 所示。

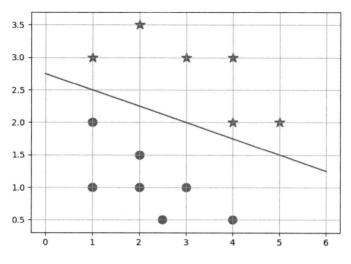

图 8-21　运行结果

从结果可以看出,感知器的原始形式算法将样本完全正确地分成了两部分。每次运行时,由于随机选取的错分样本不同,会生成不同的划分直线方程,但都能正确地对样本进行分类。

8.3.7　本实验案例的全部代码

```
1.  import numpy as np
2.
3.  #样本特征
4.  x = np.array([[1, 1],
5.              [1, 2],
6.              [1, 3],
7.              [4, 0.5],
8.              [2, 1],
9.              [2, 1.5],
10.             [2, 3.5],
11.             [2.5, 0.5],
12.             [3, 1],
13.             [3, 3],
14.             [4, 2],
15.             [4, 3],
16.             [5, 2]])
17. #样本标签
18. y = np.array([1, 1, -1, 1, 1, 1, -1, 1, 1, -1, -1, -1, -1])
19.
```

```
20. import matplotlib.pyplot as plt
21.
22. #画出所有样本点
23. plt.grid()
24.
25. for i in range(len(x)):
26.     if (y[i] == 1):
27.         # plt.scatter()函数的常用参数:横纵坐标、颜色、图形、大小
28.         # 正例用红色圆圈表示
29.         plt.scatter(x[i, 0], x[i, 1], c = 'r', marker = 'o', s = 100)
30.     else:
31.         # 反例用绿色星号表示
32.         plt.scatter(x[i, 0], x[i, 1], c = 'g', marker = '*', s = 150)
33.
34.
35. #初始化超平面:b + w0x1 + w1x2 = 0 的参数为 0
36. w = np.array([0, 0])
37. b = 0
38. #学习率
39. rate = 0.5
40. flag = True
41. while flag:
42.     flag = False
43.
44.     # 生成 0 到 len(x)个数
45.     index = np.arange(len(x))
46.     # 随机打乱 index 数组
47.     np.random.shuffle(index)
48.
49.     # 将 x 以 index 索引重新组合
50.     randx = x[index]
51.     # 将 y 以 index 索引重新组合
52.     randy = y[index]
53.
54.     # 将打乱后的数据逐个取出
55.     for i in range(len(x)):
56.         # 样本特征
57.         xi = randx[i]
58.         # 样本标签
```

```
59.        yi = randy[i]
60.
61.            # dot()函数:返回两个数组的点积
62.        if yi * (w.dot(xi) + b) <= 0:
63.            w = w + rate * yi * xi
64.            b = b + rate * yi
65.            # 存在错分的点
66.            flag = True
67.
68.            # 使用新的平面,重新测试样本点
69.        if flag == True:
70.            break
71.
72. # 直线方程为 b + w0x1 + w1x2 = 0
73. # 根据横坐标的最大值和最小值,计算划出直线的横坐标范围
74. maxX = np.max(x[:, 0]) + 1
75. minX = np.min(x[:, 0]) - 1
76.
77. # 按照求得的直线方程 b + w0x1 + w1x2 = 0
78. # 计算对应的纵坐标 x2 = - (b + w0x1)/w1
79. maxY = - (b + w[0] * maxX) / w[1]
80. minY = - (b + w[0] * minX) / w[1]
81.
82. plt.plot([minX, maxX], [minY, maxY])
83. plt.show()
```

8.4　搭建神经网络模型识别手写数字

8.4.1　实验目的和类型

（1）实验目的

① 熟练使用 tensorflow 模块搭建神经网络。

② 熟练使用 sklearn 模块中的自带功能划分数据集。

③ 了解 matplotlib 绘图工具的使用。

（2）实验类型

设计性实验。

8.4.2 实验内容

使用 tensorflow 模块搭建神经网络,对 sklearn 模块中自带的手写数字数据集进行训练,测试其识别效果。

8.4.3 实验环境

① Windows 系统。
② Python 3.8。
③ 编辑器 PyCharm。

8.4.4 实验步骤

① 导入创建神经网络需要的 tensorflow 模块。

```
1.  #导入 tensorflow 模块
2.  import tensorflow as tf
```

② 使用 tensorflow 模块中的接口搭建神经网络。

```
1.  #创建神经网络的网络结构
2.  model = tf.keras.models.Sequential()
3.
4.  #设置网络结构
5.  #由于需要识别的手写字母图片大小为 8×8,所以设置输入节点个数为 64
6.  #一个中间层,暂时定为 50 个节点
7.  model.add(tf.keras.layers.Dense(50,input_shape = (64,)))
8.
9.  #选取 relu()函数为激活函数
10. model.add(tf.keras.layers.Activation("relu"))
11.
12. #手写数字的可能结果只能是 0~9,所以设置输出节点个数为 10
13. model.add(tf.keras.layers.Dense(10))
14.
15. #选取 softmax()函数为输出层的激活函数
16. model.add(tf.keras.layers.Activation("softmax"))
```

③ 输出搭建的网络模型中的各层信息。

```
1.  model.summary()
```

④ 编译模型,设置优化函数、损失函数和衡量指标等信息。

260

```
1.  model.compile(optimizer = 'sgd', loss = "categorical_crossentropy", metrics =
    ['accuracy'])
```

⑤ 使用 sklearn 自带的手写数字数据集。

```
1.  #导入 sklearn 自带的手写数字数据集
2.  from sklearn.datasets import load_digits
3.
4.  #加载数据集
5.  digits = load_digits()
```

⑥ 将真实测试结果的数据结构设计成独热编码形式。

```
1.  import numpy as np
2.  #独热编码真实的结果数据
3.  digits_y = np.eye(10)[digits.target]
```

⑦ 将手写数字数据集划分为训练集和测试集。

```
1.  #导入划分训练集和测试集的函数
2.  from sklearn.model_selection import train_test_split
3.
4.  #拆分数据集,80%的数据用来训练,20%的数据用于预测评估
5.  X_train, X_test, Y_train, Y_test = train_test_split(digits.data, digits_y, test_
    size = 0.2, random_state = 1)
```

⑧ 设计训练参数,对模型进行训练。

```
1.  #训练模型,批量大小为10,迭代次数为200
2.  model.fit(X_train, Y_train, batch_size = 10, epochs = 200, validation_data = (X_
    test, Y_test))
```

⑨ 在测试集中,随机选取 10 张图片,使用训练好的模型进行识别,查看识别效果。

```
1.  #导入绘图库
2.  import matplotlib.pyplot as plt
3.
4.  print(" * " * 100)
5.  #随机选取 10 张图片进行识别
6.  import random
7.  for i in range(1,11):
8.
9.      rec = random.randint(0,len(X_test) - 1)
10.
11.     # 设置绘制网格
12.     plt.subplot(1, 10, i)
```

```
13.
14.      # 显示图片
15.      plt.imshow(X_test[rec].reshape(8,8))
16.
17.      # 控制输出方式
18.      np.set_printoptions(suppress = True)
19.      res = model.predict(X_test[rec].reshape(1,64))
20.      res = res[0].tolist()
21.
22.      # 输出概率最大值所在的下标
23.      print(res.index(max(res)),end = " ")
24.
25. print()
26. plt.show()
```

8.4.5　实验注意事项

① 实验中的各种参数可以自行修改,并检验效果。

② 可以选取其他手写数字数据集,测试模型的识别效果。

8.4.6　实验结果

需要搭建的网络模型的各层参数情况如图 8-22 所示。

```
Model: "sequential"

Layer (type)                  Output Shape            Param #
=================================================================
dense (Dense)                 (None, 50)              3250

activation (Activation)       (None, 50)              0

dense_1 (Dense)               (None, 10)              510

activation_1 (Activation)     (None, 10)              0

=================================================================
Total params: 3,760
Trainable params: 3,760
Non-trainable params: 0
_____

Train on 1437 samples, validate on 360 samples
```

图 8-22　网络模型的各层参数

在搭建神经网络的过程中,每次迭代后的训练效果如图 8-23、图 8-24 所示。

```
Epoch 1/200

  10/1437 [..............................] - ETA: 1:03 - loss: 13.5755 - acc: 0.2000
 200/1437 [===>..........................] - ETA: 3s - loss: 3.7977 - acc: 0.3400
 530/1437 [=========>....................] - ETA: 0s - loss: 2.0174 - acc: 0.5736
 870/1437 [===============>..............] - ETA: 0s - loss: 1.4490 - acc: 0.6690
1190/1437 [=====================>........] - ETA: 0s - loss: 1.2088 - acc: 0.7092
1280/1437 [=======================>......] - ETA: 0s - loss: 1.1528 - acc: 0.7203
1410/1437 [==========================>...] - ETA: 0s - loss: 1.0714 - acc: 0.7383
1437/1437 [==============================] - 1s 585us/sample - loss: 1.0629 - acc: 0.7404 - val_loss: 0.3247 - val_acc: 0.8778
Epoch 2/200

  10/1437 [..............................] - ETA: 0s - loss: 0.1387 - acc: 1.0000
 410/1437 [=======>......................] - ETA: 0s - loss: 0.3478 - acc: 0.8902
 800/1437 [===============>..............] - ETA: 0s - loss: 0.2701 - acc: 0.9112
1180/1437 [=======================>......] - ETA: 0s - loss: 0.2553 - acc: 0.9169
1437/1437 [==============================] - 0s 145us/sample - loss: 0.2560 - acc: 0.9165 - val_loss: 0.2880 - val_acc: 0.9028
Epoch 3/200

  10/1437 [..............................] - ETA: 0s - loss: 0.5186 - acc: 0.9000
 550/1437 [==========>...................] - ETA: 0s - loss: 0.1403 - acc: 0.9636
 960/1437 [==================>...........] - ETA: 0s - loss: 0.1554 - acc: 0.9531
1420/1437 [============================>.] - ETA: 0s - loss: 0.1672 - acc: 0.9500
1437/1437 [==============================] - 0s 129us/sample - loss: 0.1745 - acc: 0.9492 - val_loss: 0.1854 - val_acc: 0.9389
Epoch 4/200

  10/1437 [..............................] - ETA: 0s - loss: 0.0725 - acc: 1.0000
 600/1437 [===========>..................] - ETA: 0s - loss: 0.1213 - acc: 0.9667
1080/1437 [=====================>........] - ETA: 0s - loss: 0.1280 - acc: 0.9648
1437/1437 [==============================] - 0s 138us/sample - loss: 0.1312 - acc: 0.9603 - val_loss: 0.1345 - val_acc: 0.9500
Epoch 5/200

  10/1437 [..............................] - ETA: 0s - loss: 0.0091 - acc: 1.0000
 440/1437 [========>.....................] - ETA: 0s - loss: 0.0925 - acc: 0.9750
 970/1437 [===================>..........] - ETA: 0s - loss: 0.0874 - acc: 0.9773
1360/1437 [===========================>..] - ETA: 0s - loss: 0.0913 - acc: 0.9735
1437/1437 [==============================] - 0s 138us/sample - loss: 0.0914 - acc: 0.9736 - val_loss: 0.1442 - val_acc: 0.9500
Epoch 6/200

  10/1437 [..............................] - ETA: 0s - loss: 0.0089 - acc: 1.0000
 430/1437 [========>.....................] - ETA: 0s - loss: 0.0443 - acc: 0.9930
1010/1437 [====================>.........] - ETA: 0s - loss: 0.0708 - acc: 0.9822
1360/1437 [===========================>..] - ETA: 0s - loss: 0.0764 - acc: 0.9801
1437/1437 [==============================] - 0s 175us/sample - loss: 0.0759 - acc: 0.9791 - val_loss: 0.1165 - val_acc: 0.9750
Epoch 7/200

  10/1437 [..............................] - ETA: 0s - loss: 0.0099 - acc: 1.0000
```

图 8-23　训练过程 1

由图 8-24 可以看出,搭建好的神经网络对测试数据的识别准确率为 98％左右。

从测试数据集中,随机选取 10 张图片,查看识别效果,如图 8-25、图 8-26 所示。

由识别结果可以看出,由于第 2 张图片书写不规范,模型将 6 识别成了 1,其余 9 张均识别正确。

```
Epoch 194/200

  10/1437 [..............................] - ETA: 0s - loss: 0.0010 - acc: 1.0000
 500/1437 [======>.......................] - ETA: 0s - loss: 6.2615e-04 - acc: 1.0000
1060/1437 [================>..............] - ETA: 0s - loss: 6.5962e-04 - acc: 1.0000
1437/1437 [==============================] - 0s 118us/sample - loss: 6.6240e-04 - acc: 1.0000 - val_loss: 0.0764 - val_acc: 0.9806
Epoch 195/200

  10/1437 [..............................] - ETA: 0s - loss: 2.5106e-04 - acc: 1.0000
 480/1437 [======>.......................] - ETA: 0s - loss: 7.2332e-04 - acc: 1.0000
 850/1437 [=============>................] - ETA: 0s - loss: 6.8362e-04 - acc: 1.0000
1280/1437 [====================>.........] - ETA: 0s - loss: 6.7230e-04 - acc: 1.0000
1437/1437 [==============================] - 0s 137us/sample - loss: 6.5680e-04 - acc: 1.0000 - val_loss: 0.0764 - val_acc: 0.9806
Epoch 196/200

  10/1437 [..............................] - ETA: 0s - loss: 8.4688e-04 - acc: 1.0000
 560/1437 [========>.....................] - ETA: 0s - loss: 6.2959e-04 - acc: 1.0000
 950/1437 [==============>...............] - ETA: 0s - loss: 6.1077e-04 - acc: 1.0000
1360/1437 [=====================>........] - ETA: 0s - loss: 6.5729e-04 - acc: 1.0000
1437/1437 [==============================] - 0s 136us/sample - loss: 6.5310e-04 - acc: 1.0000 - val_loss: 0.0762 - val_acc: 0.9806
Epoch 197/200

  10/1437 [..............................] - ETA: 0s - loss: 9.5422e-05 - acc: 1.0000
 590/1437 [========>.....................] - ETA: 0s - loss: 6.1788e-04 - acc: 1.0000
1180/1437 [=================>............] - ETA: 0s - loss: 6.2319e-04 - acc: 1.0000
1437/1437 [==============================] - 0s 123us/sample - loss: 6.4852e-04 - acc: 1.0000 - val_loss: 0.0762 - val_acc: 0.9806
Epoch 198/200

  10/1437 [..............................] - ETA: 0s - loss: 3.9831e-04 - acc: 1.0000
 450/1437 [======>.......................] - ETA: 0s - loss: 5.7140e-04 - acc: 1.0000
1020/1437 [===============>..............] - ETA: 0s - loss: 6.2801e-04 - acc: 1.0000
1437/1437 [==============================] - 0s 119us/sample - loss: 6.4452e-04 - acc: 1.0000 - val_loss: 0.0761 - val_acc: 0.9806
Epoch 199/200

  10/1437 [..............................] - ETA: 0s - loss: 1.5870e-04 - acc: 1.0000
 460/1437 [======>.......................] - ETA: 0s - loss: 6.4611e-04 - acc: 1.0000
 770/1437 [============>.................] - ETA: 0s - loss: 6.6367e-04 - acc: 1.0000
1200/1437 [=================>............] - ETA: 0s - loss: 6.2900e-04 - acc: 1.0000
1437/1437 [==============================] - 0s 142us/sample - loss: 6.4091e-04 - acc: 1.0000 - val_loss: 0.0756 - val_acc: 0.9806
Epoch 200/200

  10/1437 [..............................] - ETA: 0s - loss: 7.3327e-05 - acc: 1.0000
 570/1437 [========>.....................] - ETA: 0s - loss: 6.6682e-04 - acc: 1.0000
 990/1437 [===============>..............] - ETA: 0s - loss: 6.8295e-04 - acc: 1.0000
1420/1437 [=====================>........] - ETA: 0s - loss: 6.4565e-04 - acc: 1.0000
1437/1437 [==============================] - 0s 131us/sample - loss: 6.3947e-04 - acc: 1.0000 - val_loss: 0.0762 - val_acc: 0.9806
```

图 8-24　训练过程 2

图 8-25　待识别的图片

```
Epoch 200/200

  10/1437 [..............................] - ETA: 0s - loss: 7.3327e-05 - acc: 1.0000
 570/1437 [========>.....................] - ETA: 0s - loss: 6.6682e-04 - acc: 1.0000
 990/1437 [===============>..............] - ETA: 0s - loss: 6.8295e-04 - acc: 1.0000
1420/1437 [=====================>........] - ETA: 0s - loss: 6.4565e-04 - acc: 1.0000
1437/1437 [==============================] - 0s 131us/sample - loss: 6.3947e-04 - acc: 1.0000 - val_loss: 0.0762 - val_acc: 0.9806
*********************************************************************************
0 1 4 3 1 6 4 3 5 2
```

图 8-26　识别结果

8.4.7　本实验案例的全部代码

```
1.   #导入 tensorflow 模块
2.   import tensorflow as tf
3.
4.   #创建神经网络的网络结构
5.   model = tf.keras.models.Sequential()
6.
7.   #设置网络结构
8.   #由于需要识别的手写数字图片大小为 8×8,所以设置输入节点个数为 64
9.   #一个中间层,暂时定为 50 个节点
10.  model.add(tf.keras.layers.Dense(50,input_shape = (64,)))
11.
12.  #选取 relu()函数为激活函数
13.  model.add(tf.keras.layers.Activation("relu"))
14.
15.  #手写数字的可能结果只能是 0~9,所以设置输出节点个数为 10
16.  model.add(tf.keras.layers.Dense(10))
17.
18.  #选取 softmax()函数为输出层的激活函数
19.  model.add(tf.keras.layers.Activation("softmax"))
20.
21.  #输出设计的 64×50×10 网络模型中的各层信息
22.  model.summary()
23.
24.  #编译模型:设置优化函数、损失函数和衡量指标
25.  model.compile(optimizer = 'sgd',loss = "categorical_crossentropy",metrics =
     ['accuracy'])
26.
27.  #导入 sklearn 自带的手写数字数据集
28.  from sklearn.datasets import load_digits
29.
30.  #加载数据集
31.  digits = load_digits()
32.
33.  import numpy as np
34.
```

```
35. #独热编码真实的结果数据
36. digits_y = np.eye(10)[digits.target]
37.
38. #导入划分训练集和测试集的函数
39. from sklearn.model_selection import train_test_split
40.
41. #拆分数据集,80%的数据用来训练,20%的数据用于预测评估
42. X_train,X_test,Y_train,Y_test = train_test_split(digits.data,digits_y,test_
    size = 0.2,random_state = 1)
43.
44. #训练模型,批量大小为10,迭代次数为200
45. model.fit(X_train,Y_train,batch_size = 10,epochs = 200,validation_data = (X_
    test,Y_test))
46.
47. #导入绘图库
48. import matplotlib.pyplot as plt
49.
50. print("*"*100)
51. #随机选取10张图片进行识别
52. import random
53. for i in range(1,11):
54.
55.     rec = random.randint(0,len(X_test)-1)
56.
57.     # 设置绘制网格
58.     plt.subplot(1, 10, i)
59.
60.     # 显示图片
61.     plt.imshow(X_test[rec].reshape(8,8))
62.
63.     # 控制输出方式
64.     np.set_printoptions(suppress = True)
65.     res = model.predict(X_test[rec].reshape(1,64))
66.     res = res[0].tolist()
67.
68.     # 输出概率最大值所在的下标
69.     print(res.index(max(res)),end = " ")
70.
71. print()
72. plt.show()
```

8.5　爬取动态网页中的图片

8.5.1　实验目的和类型

（1）实验目的

① 熟练使用浏览器查看动态网页返回的信息。

② 能够从网页返回的信息中提取需要的数据。

③ 熟练使用 requests 模块爬取网上的资源。

④ 熟练使用 cv2 模块对图片进行处理，并保存图片。

（2）实验类型

设计性实验。

8.5.2　实验内容

分析网页信息，获取网页中的资源地址，使用 requests 模块爬取网页上的图片，使用 cv2 模块对图片进行预处理后，将其保存。

8.5.3　实验环境

① Windows 系统。

② Python 3.8。

③ 编辑器 PyCharm。

8.5.4　实验步骤

① 打开百度网址 https://www.baidu.com/，选择"图片"菜单，进入搜索图片网址 https://image.baidu.com，如图 8-27 所示。

图 8-27　百度网站

② 搜索内容,如"猫",如图 8-28 所示。页面会显示很多与"猫"相关的图片,如图 8-29 所示,通过右侧的滚动条可以看出,此时显示的图片很少,随着滚动条的下移,页面会自动添加图片。

图 8-28　百度图片网站

图 8-29　"猫"的图片

③ 分析网址。

a. 按快捷键"F12",打开浏览器的"开发者工具"。选择"XHR"(XMLHttpRequest)选项。按"F5"刷新界面。拖动页面右侧的滚动轴。此时,会看到抓取到很多数据包,如图 8-30 所示。

图 8-30　查看数据包

b. 选择一个数据包,查看请求数据包时,Headers 中的请求地址如图 8-31 所示。

图 8-31　数据包的请求地址

c. 在"Headers"中,查看请求数据包时对应的参数如图 8-32 所示。

图 8-32　数据包的请求参数

④ 仿照请求数据包时的发送数据,在代码中,设计网址和请求参数。

```
1.  url = 'https://image.baidu.com/search/acjson? '
2.  param = {
3.  'tn':'resultjson_com',
4.  'logid':'12579512951731243048',
5.  'ipn':'rj',
6.  'ct':'201326592',
```

```
 7.   'is':'',
 8.   'fp':'result',
 9.   'queryWord':'猫',
10.   'cl':'2',
11.   'lm':'-1',
12.   'ie':'utf-8',
13.   'oe':'utf-8',
14.   'adpicid':'',
15.   'st':'-1',
16.   'z':'',
17.   'ic':'0',
18.   'hd':'',
19.   'latest':'',
20.   'copyright':'',
21.   'word':'猫',
22.   's':'',
23.   'se':'',
24.   'tab':'',
25.   'width':'',
26.   'height':'',
27.   'face':'0',
28.   'istype':'2',
29.   'qc':'',
30.   'nc':'1',
31.   'fr':'',
32.   'expermode':'',
33.   'force':'',
34.   'pn':'60',
35.   'rn':'30',
36.   'gsm':'3c',
37.   '1616480774547':''
38.   }
```

⑤ 设计发送 HTTP 请求时的 HEAD 信息,使用 requests 模块发送网页请求。

```
1.   import requests
2.
3.   headersParameters = {  # 发送 HTTP 请求时的 HEAD 信息
4.          'Connection':'Keep-Alive',
5.          'Accept':'text/html, application/xhtml + xml, * / *',
6.          'Accept-Language':
7.              'en-US,en;q = 0.8,zh-Hans-CN;q = 0.5,zh-Hans;q = 0.3',
```

```
8.              'Accept-Encoding': 'gzip, deflate',
9.              'User-Agent':
10.             'Mozilla/6.1 (Windows NT 6.3; WOW64; Trident/7.0; rv:11.0) like Gecko'
11.        }
12.
13.  response = requests.get(url = url, headers = headersParameters, params = param)
```

⑥ 查看获取到的返回信息。运行下面的程序,观察返回结果。可以看出,图片的链接地址为"data"中的"thumbURL"值,如图 8-33 所示。

```
1.  response = response.text
2.  # print(response)
3.  import json
4.  #把字符串转换成 json 数据
5.  dataJS = json.loads(response)
6.  # print(dataJS)
7.  import pprint #pretty-print 的缩写,功能:打印得漂亮些
8.  pprint.pprint(dataJS)
```

图 8-33　请求的返回结果

⑦ 获取返回数据中所有"thumbURL"值对应的图片地址。

```
1.  #获取图片链接
2.  imgURLs = list()
3.  d = dataJS["data"]  # 提取 data 里的数据
4.  for i in range(len(d) - 1):# 去掉最后一个空值
5.      data = d[i].get("thumbURL", "not exist")  # 防止报错 key error
6.      imgURLs.append(data)
```

⑧ 根据图片地址,使用 cv2 模块下载图片。

```
1.   num = 0
2.   for each in imgURLs：
3.       print('正在下载第' + str(num + 1) +'张图片,图片地址:' + str(each))
4.       cap = cv2. VideoCapture(each)♯获取指定路径下的信息
5.       ret = cap. isOpened()
6.       if (ret)：
7.           ret, img = cap. read()
8.           if ret：
9.               ♯ 将图片转换为 150×150 大小
10.              img = cv2. resize(img, (150, 150), interpolation = cv2. INTER_AREA)
11.              ♯ rjust:原字符串右对齐,并使用字符填充至指定长度
12.              cv2. imwrite('. /'   + str(num + 1). rjust(3,'0') + ". jpg", img)
13.      cap. release()
14.      num += 1
```

8.5.5　实验注意事项

① 分析网页中的图片下载地址时,图片地址所对应的数据可能会随着网站的更新维护而改变。

② 下载图片时,为了后续使用方便,建议命名规范。

8.5.6　实验结果

对完整的程序进行完善,规范输入和输出信息,程序运行结果如图 8-34 所示。

请输入搜索关键词: 猫
想下载多少张图片： 300
请建立一个存储图片的文件夹,输入文件夹名称: cat
找到关键词:猫的图片,即将开始下载图片...
正在下载第1张图片,图片地址 https://ss1.bdstatic.com/70cFvXSh_Q1YnxGkpoWK1HF6hhy/it/u=3556738399,3830606536&fm=26&gp=0.jpg
正在下载第2张图片,图片地址 https://ss1.bdstatic.com/70cFuXSh_Q1YnxGkpoWK1HF6hhy/it/u=2129630671,1306849630&fm=26&gp=0.jpg
正在下载第3张图片,图片地址 https://ss1.bdstatic.com/70cFuXSh_Q1YnxGkpoWK1HF6hhy/it/u=1815748282,1755984517&fm=26&gp=0.jpg
正在下载第4张图片,图片地址 https://ss1.bdstatic.com/70cFvXSh_Q1YnxGkpoWK1HF6hhy/it/u=1811281320,4080086453&fm=11&gp=0.jpg
正在下载第5张图片,图片地址 https://ss0.bdstatic.com/70cFvHSh_Q1YnxGkpoWK1HF6hhy/it/u=3385347486,1300372270&fm=26&gp=0.jpg
正在下载第6张图片,图片地址 https://ss2.bdstatic.com/70cFvnSh_Q1YnxGkpoWK1HF6hhy/it/u=2915964278,2776909606&fm=11&gp=0.jpg
正在下载第7张图片,图片地址 https://ss2.bdstatic.com/70cFvnSh_Q1YnxGkpoWK1HF6hhy/it/u=2788041364,2681660756&fm=26&gp=0.jpg
正在下载第8张图片,图片地址 https://ss1.bdstatic.com/70cFuHSh_Q1YnxGkpoWK1HF6hhy/it/u=3201633708,1018379423&fm=26&gp=0.jpg
正在下载第9张图片,图片地址 https://ss0.bdstatic.com/70cFuHSh_Q1YnxGkpoWK1HF6hhy/it/u=1204718022,699807334&fm=26&gp=0.jpg
正在下载第10张图片,图片地址 https://ss3.bdstatic.com/70cFv8Sh_Q1YnxGkpoWK1HF6hhy/it/u=1623939819,4288877014&fm=26&gp=0.jpg
正在下载第11张图片,图片地址 https://ss1.bdstatic.com/70cFuXSh_Q1YnxGkpoWK1HF6hhy/it/u=1982280625,1054239580&fm=26&gp=0.jpg
正在下载第12张图片,图片地址 https://ss3.bdstatic.com/70cFv8Sh_Q1YnxGkpoWK1HF6hhy/it/u=2753022517,1488169772&fm=26&gp=0.jpg
正在下载第13张图片,图片地址 https://ss0.bdstatic.com/70cFuHSh_Q1YnxGkpoWK1HF6hhy/it/u=2761232475,2838991463&fm=26&gp=0.jpg
正在下载第14张图片,图片地址 https://ss1.bdstatic.com/70cFvXSh_Q1YnxGkpoWK1HF6hhy/it/u=2822951462,2636061993&fm=26&gp=0.jpg

图 8-34　程序运行结果

程序运行结束后,可以看出当前代码所在目录的"cat"文件夹获取到了网页中的图片,如图 8-35 所示。

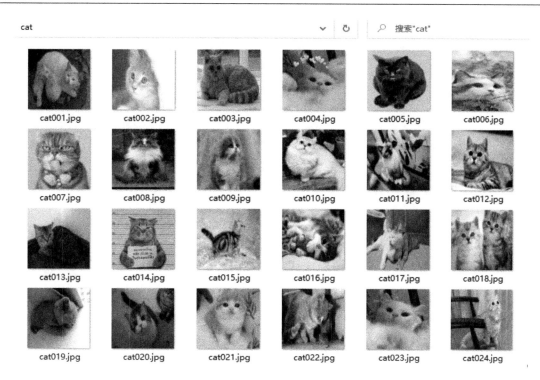

图 8-35 下载的图片

8.5.7 本实验案例的全部代码

```
1.   import requests
2.   import cv2
3.   import os
4.
5.   def getURLs(word,pn):
6.       gsm = hex(pn)[2:]    # 将十进制数 pn 转换成十六进制数并取后两位
7.
8.       url = 'https://image.baidu.com/search/acjson? '
9.       param = {
10.      'tn':'resultjson_com',
11.      'logid':'12579512951731243048',
12.      'ipn':'rj',
13.      'ct':'201326592',
14.      'is':'',
15.      'fp':'result',
16.      'queryWord': word,
17.      'cl':'2',
18.      'lm':'- 1',
```

```
19.        'ie':'utf-8',
20.        'oe':'utf-8',
21.        'adpicid':'',
22.        'st':'-1',
23.        'z':'',
24.        'ic':'0',
25.        'hd':'',
26.        'latest':'',
27.        'copyright':'',
28.        'word': word,
29.        's':'',
30.        'se':'',
31.        'tab':'',
32.        'width':'',
33.        'height':'',
34.        'face':'0',
35.        'istype':'2',
36.        'qc':'',
37.        'nc':'1',
38.        'fr':'',
39.        'expermode':'',
40.        'force':'',
41.        'pn': pn, #每批30张图片,控制从第几张开始
42.        'rn':'30',
43.        'gsm': gsm, #gsm是pn十六进制数的前两个字母
44.        '1616480774547':''
45.    }
46.
47.    headersParameters = { #发送HTTP请求时的HEAD信息
48.        'Connection': 'Keep-Alive',
49.        'Accept': 'text/html, application/xhtml + xml, * / *',
50.        'Accept-Language':
51.            'en-US,en;q = 0.8,zh-Hans-CN;q = 0.5,zh-Hans;q = 0.3',
52.        'Accept-Encoding': 'gzip, deflate',
53.        'User-Agent':
54.        'Mozilla/6.1 (Windows NT 6.3; WOW64; Trident/7.0; rv:11.0) like Gecko'
55.    }
56.    # 访问 URL
57.    response = requests.get(url = url, headers = headersParameters, params = param)
58.    response = response.text
```

```
59.        # print(response)
60.        import json
61.        # 把字符串转换成 json 数据
62.        dataJS = json.loads(response)
63.
64.        # 获取图片链接
65.        imgURLs = list()
66.        d = dataJS["data"]    # 提取 data 里的数据
67.        for i in range(len(d) - 1):# 去掉最后一个空值
68.            data = d[i].get("thumbURL", "not exist")    # 防止报错 key error
69.            imgURLs.append(data)
70.        return imgURLs
71.
72. def dowmloadPicture(URLs, word):
73.        num = 0
74.        print('找到关键词:' + word + '的图片,即将开始下载图片…')
75.        for each in URLs:
76.            print('正在下载第' + str(num + 1) + '张图片,图片地址:' + str(each))
77.            cap = cv2.VideoCapture(each)# 获取指定路径下的信息
78.            ret = cap.isOpened()
79.            if (ret):
80.                ret, img = cap.read()
81.                if ret:
82.                    # 将图片转换为 150×150 大小
83.                    img = cv2.resize(img, (150, 150), interpolation = cv2.INTER_AREA)
84.                    # rjust:原字符串右对齐,并使用字符填充至指定长度
85.                    cv2.imwrite('./' + file + '/' + file + str(num + 1).rjust(3,'0') +
                    ".jpg", img)
86.                cap.release()
87.                num += 1
88.
89.
90. if __name__ == '__main__':    # 主函数入口
91.
92.        word = input("请输入搜索关键词：")
93.        n = int(input("想下载多少张图片："))
94.        imgURLs = list()
95.        for pn in range(30,n + 1,30):
96.            imgURLs = imgURLs + getURLs(word, pn)
97.
98.
```

```
99.    file = input('请建立一个存储图片的文件夹,输入文件夹名称:')
100.   y = os.path.exists(file)
101.   while y:
102.       print('该文件已存在,请重新输入')
103.       file = input('请建立一个存储图片的文件夹,输入文件夹名称:')
104.       y = os.path.exists(file)
105.
106.   os.mkdir(file)
107.
108.   dowmloadPicture(imgURLs, word)
```

8.6　搭建卷积神经网络对图片进行识别

8.6.1　实验目的和类型

（1）实验目的

① 能够对爬取下来的图片进行筛选。

② 熟练使用 os 和 cv2 模块读取本地图片。

③ 熟练使用 tensorflow 模块搭建卷积神经网络。

④ 熟悉 matplotlib 绘图工具的使用。

（2）实验类型

设计性实验。

8.6.2　实验内容

使用前面的案例,爬取与"猫""狗"相关的图片,对图片进行筛选、分类,将图片分成训练集和测试集。使用 tensorflow 模块搭建神经网络,完成对"猫""狗"图片的识别。

8.6.3　实验环境

① Windows 系统。

② Python 3.8。

③ 编辑器 PyCharm。

8.6.4　实验步骤

① 使用上一个实验中的案例,爬取百度图片中与"猫""狗"相关的图片,爬取下来的原始图片样例如图 8-36、图 8-37 所示。

图 8-36　"猫"的图片示例

图 8-37　"狗"的图片示例

　　② 对爬取下来的原始图片进行筛选(去掉错误的图片样例)、分类,将图片分成训练集和测试集。

　　③ 加载训练集,将存储在 train 文件夹下的"猫""狗"的图片存入变量 train_image,并在变量 train_label 的对应位置记录 0(表示"猫")或 1(表示"狗")。

```
1.  import os
2.  import cv2
3.
4.  # 训练集的图片（输入）
5.  train_image = []
6.
7.  # 训练集的标签（输出）
8.  train_label = []
9.
10. # 在训练集中,爬取下来的"猫"的图片存放地址
11. files = os.listdir('./train/cat/')
12.
13. for file in files:
14.     # "猫"图片存放的路径
15.     path = os.path.join('./train/cat/', file)
16.
17.     # 读取每张图片
18.     train_image.append(cv2.imread(path))
19.
20.     # "猫"的标签用"0"表示
21.     train_label.append(0)
22.
23. # 在训练集中,爬取下来的"狗"的图片存放地址
24. files = os.listdir('./train/dog/')
25.
26. for file in files:
27.     # "狗"图片存放的路径
28.     path = os.path.join('./train/dog/', file)
29.
30.     # 读取每张照片
31.     train_image.append(cv2.imread(path))
32.
33.     # "狗"的标签用"1"表示
34.     train_label.append(1)
```

④ 加载测试集,将存储在 test 文件夹下的"猫""狗"的图片存入变量 test_image,并在变量 test_label 的对应位置记录 0(表示"猫")或 1(表示"狗")。

```
1.  # 测试集的图片（输入）
2.  test_image = []
```

```
3.
4.    #测试集的标签（输出）
5.    test_label = []
6.
7.    #在测试集中,爬取下来的"猫"的图片存放地址
8.    files = os.listdir('./test/cat/')
9.
10.   for file in files:
11.       #"猫"图片存放路径
12.       path = os.path.join('./test/cat/', file)
13.
14.       # 读取每张图片
15.       test_image.append(cv2.imread(path))
16.
17.       #"猫"的标签用"0"表示
18.       test_label.append(0)
19.
20.   #在训练集中,爬取下来的"狗"的图片存放地址
21.   files = os.listdir('./test/dog/')
22.
23.   for file in files:
24.       #"狗"图片存放的路径
25.       path = os.path.join('./test/dog/', file)
26.
27.       # 读取每张图片
28.       test_image.append(cv2.imread(path))
29.
30.       #"狗"的标签用"1"表示
31.       test_label.append(1)
```

⑤ 当训练集和测试集图片加载完毕后,随机选取图片样本,使用 matplotlib 模块进行显示,查看类别。以随机显示训练样本为例,参考代码如下。

```
1.    import matplotlib.pyplot as plt
2.    import numpy as np
3.
4.    random = np.random.randint(0, len(train_image))
5.    if (train_label[random] == 0):   # 猫
6.        print("猫")
7.    else:
```

```
8.     print("狗")
9.
10. plt.imshow(train_image[random])
11. plt.show()
```

⑥ 为了方便运算,将训练样本和测试样本的输入、输出数据转换成数组格式,并进行归一化。

```
1.  x_train = np.array(train_image)
2.  x_test = np.array(test_image)
3.
4.  y_train = np.array(train_label)
5.  y_test = np.array(test_label)
6.
7.  #类型转换成小数
8.  x_train = x_train.astype('float32')
9.  x_test = x_test.astype('float32')
10.
11. #归一化,将所有数据值范围定为 0～1 之间
12. x_train / = 255.0
13. x_test / = 255.0
14.
15. #训练集有 10 000 张图片
16. y_train = y_train.reshape(10000, 1)
17. #测试集有 2 000 张图片
18. y_test = y_test.reshape(2000, 1)
```

⑦ 使用 tensorflow 模块中的接口搭建卷积神经网络。

```
1.  from tensorflow.keras.models import Sequential
2.  from tensorflow.keras.layers import Conv2D, MaxPooling2D, Dropout, Flatten, Dense
3.
4.  model = Sequential()
5.
6.  #第 1 次卷积:128 个 5×5 的卷积核,使用 relu()激活函数,输入图片规格为 150×
    150 的彩色照片
7.  model.add(Conv2D(128, kernel_size = (5, 5), activation = 'relu', input_shape =
    (150, 150, 3)))
8.  #第 1 次池化
9.  model.add(MaxPooling2D(pool_size = (2, 2)))
10.
```

```
11. #第 2 次卷积:64 个 5×5 的卷积核,使用 relu()激活函数
12. model.add(Conv2D(64, kernel_size = (5, 5), activation ='relu'))
13. #第 2 次池化
14. model.add(MaxPooling2D(pool_size = (2, 2)))
15.
16. #第 3 次卷积:64 个 5×5 的卷积核,使用 relu()激活函数
17. model.add(Conv2D(64, kernel_size = (5, 5), activation ='relu'))
18. #第 3 次池化
19. model.add(MaxPooling2D(pool_size = (2, 2)))
20.
21. #为了防止过拟合,随机丢弃一些
22. model.add(Dropout(0.1))
23.
24. #第 4 次卷积:32 个 5×5 的卷积核,使用 relu()激活函数
25. model.add(Conv2D(32, kernel_size = (5, 5), activation ='relu'))
26. #第 4 次池化
27. model.add(MaxPooling2D(pool_size = (2, 2)))
28.
29. #为了防止过拟合,随机丢弃一些
30. model.add(Dropout(0.1))
31.
32. #打平
33. model.add(Flatten())
34.
35. #设置输出为 64 个节点,采用 relu()激活函数
36. model.add(Dense(64, activation ='relu'))
37.
38. #为了防止过拟合,随机丢弃一些
39. model.add(Dropout(0.3))
40.
41. #设置输出为 1 个节点,采用 sigmoid()激活函数, 0:猫 或 1:狗
42. model.add(Dense(1, activation ='sigmoid'))
43.
44. #输出模型参数
45. model.summary()
```

⑧ 编译模型,设置优化函数、损失函数和衡量指标等信息。

```
1. #编译模型
2. model.compile(loss ='binary_crossentropy', optimizer ='rmsprop', metrics =
   ['accuracy'])
```

⑨ 设计训练参数,训练模型。

```
1.    #训练
2.    model.fit(x_train, y_train, batch_size = 128, epochs = 100, verbose = 1,
      validation_data = (x_test, y_test), shuffle = True)
```

⑩ 获取网页中"猫""狗"的图片地址链接,使用建好的网络模型对图片进行识别,查看效果。

```
1.    #识别的图片地址
2.    recPicUrl = "https://gimg2.baidu.com/image_search/src = http%3A%2F%
      2Fimg.boqiicdn.com%2FData%2FBK%2FP%2Fimg57991418291533.jpg&refer =
      http%3A%2F%2Fimg.boqiicdn.com&app = 2002&size = f9999,10000&q = a80&n =
      0&g = 0n&fmt = jpeg? sec = 1620885078&t = bc398f14320930498f4e043dd91645b0"
3.
4.    cap = cv2.VideoCapture(recPicUrl)
5.    if cap.isOpened():
6.
7.        #获取链接中的图片
8.        ret, img = cap.read()
9.        if ret:
10.           #图片大小转换成150×150
11.           img = cv2.resize(img, (150, 150), interpolation = cv2.INTER_CUBIC)
12.
13.           #150×150的彩色图片
14.           inputImg = img.reshape(1, 150, 150, 3)
15.
16.           #使用加载的模型对这个图片进行预测
17.           res = str(model.predict_classes(inputImg / 255.0, 1, verbose = 0)[0])
18.
19.           #将图片和识别结果显示到一张图片上
20.           BLACK = [0, 0, 0]
21.           if res == "[0]":
22.               res = "cat"
23.           if res == "[1]":
24.               res = "dog"
25.
26.           #显示图片
27.           extendImg = cv2.copyMakeBorder(img, 0, 0, 0, img.shape[0], cv2.BORDER_
              CONSTANT, value = BLACK)
28.           #显示识别结果
29.           cv2.putText(extendImg, str(res), (155, 80), cv2.FONT_HERSHEY_
              COMPLEX_SMALL, 2, (0, 255, 0), 2)
```

```
30.
31.    plt.imshow(extendImg)
32.    plt.show()
```

8.6.5 实验注意事项

① 可以修改卷积神经网络的层数、每层的节点数、卷积核大小等参数信息,并检验识别效果。

② 在数据样本标准的情况下,参与训练和测试的"猫""狗"图片数量更多时,可以获得较好的识别效果。

8.6.6 实验结果

需要搭建的网络模型的各层参数情况如图 8-38 所示。

```
Model: "sequential"

_____
Layer (type)                 Output Shape              Param #
=================================================================
conv2d (Conv2D)              (None, 146, 146, 128)     9728

max_pooling2d (MaxPooling2D) (None, 73, 73, 128)       0

conv2d_1 (Conv2D)            (None, 69, 69, 64)        204864

max_pooling2d_1 (MaxPooling2 (None, 34, 34, 64)        0

conv2d_2 (Conv2D)            (None, 30, 30, 64)        102464

max_pooling2d_2 (MaxPooling2 (None, 15, 15, 64)        0

dropout (Dropout)            (None, 15, 15, 64)        0

conv2d_3 (Conv2D)            (None, 11, 11, 32)        51232

max_pooling2d_3 (MaxPooling2 (None, 5, 5, 32)          0

dropout_1 (Dropout)          (None, 5, 5, 32)          0

flatten (Flatten)            (None, 800)               0

dense (Dense)                (None, 64)                51264

dropout_2 (Dropout)          (None, 64)                0

dense_1 (Dense)              (None, 1)                 65
=================================================================
Total params: 419,617
Trainable params: 419,617
Non-trainable params: 0
```

图 8-38 网络模型的各层参数

使用训练好的模型,对网页中"猫"的图片进行识别,程序运行结果如图 8-39 所示。

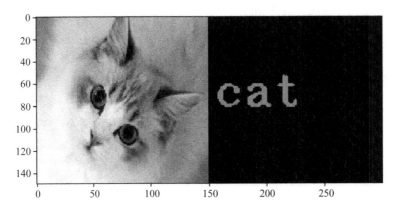

图 8-39 "猫"图片的识别结果

将程序中变量 recPicUrl 的值设置成网页中"狗"图片的地址。

1. recPicUrl = "https://img2.baidu.com/it/u = 3498974966,2571985829&fm =
253&fmt = auto&app = 120&f = JPEG?w = 1000&h = 710"

使用训练好的模型,对该图片进行识别,程序运行结果如图 8-40 所示。

图 8-40 "狗"图片的识别结果

8.6.7 本实验案例的全部代码

```
1.  import os
2.  import cv2
3.
4.  #训练集的图片（输入）
5.  train_image = []
6.
7.  #训练集的标签（输出）
8.  train_label = []
```

```
9.
10.    #在训练集中,爬取下来的"猫"的图片存放地址
11.    files = os.listdir('./train/cat/')
12.

13.    for file in files:
14.        #"猫"图片存放的路径
15.        path = os.path.join('./train/cat/', file)
16.

17.        # 读取每张图片
18.        train_image.append(cv2.imread(path))
19.

20.        #"猫"的标签用"0"表示
21.        train_label.append(0)
22.

23.    #在训练集中,爬取下来的"狗"的图片存放地址
24.    files = os.listdir('./train/dog/')
25.

26.    for file in files:
27.        #"狗"图片存放的路径
28.        path = os.path.join('./train/dog/', file)
29.

30.        # 读取每张图片
31.        train_image.append(cv2.imread(path))
32.

33.        #"狗"的标签用"1"表示
34.        train_label.append(1)
35.

36.    #测试集的图片（输入）
37.    test_image = []
38.

39.    #测试集的标签（输出）
40.    test_label = []
41.

42.    #在测试集中,爬取下来的"猫"的图片存放地址
43.    files = os.listdir('./test/cat/')
44.

45.    for file in files:
46.        #"猫"图片存放的路径
47.        path = os.path.join('./test/cat/', file)
48.
```

```
49.        # 读取每张图片
50.        test_image.append(cv2.imread(path))
51.
52.        # "猫"的标签用"0"表示
53.        test_label.append(0)
54.
55. # 在训练集中,爬取下来的"狗"的照片存放地址
56. files = os.listdir('./test/dog/')
57.
58. for file in files:
59.        # "狗"图片存放的路径
60.        path = os.path.join('./test/dog/', file)
61.
62.        # 读取每张图片
63.        test_image.append(cv2.imread(path))
64.
65.        # "狗"的标签用"1"表示
66.        test_label.append(1)
67.
68. import matplotlib.pyplot as plt
69. import numpy as np
70.
71. random = np.random.randint(0, len(train_image))
72. if (train_label[random] == 0):   # 猫
73.        print("猫")
74. else:
75.        print("狗")
76.
77. plt.imshow(train_image[random])
78. plt.show()
79.
80. x_train = np.array(train_image)
81. x_test = np.array(test_image)
82.
83. y_train = np.array(train_label)
84. y_test = np.array(test_label)
85.
86. # 类型转换成小数
87. x_train = x_train.astype('float32')
88. x_test = x_test.astype('float32')
```

```
89.
90.  #归一化,将所有数据值范围定为 0~1 之间
91.  x_train / = 255.0
92.  x_test / = 255.0
93.
94.  #训练集有 10 000 张图片
95.  y_train = y_train.reshape(10000, 1)
96.  #测试集有 2 000 张图片
97.  y_test = y_test.reshape(2000, 1)
98.
99.  from tensorflow.keras.models import Sequential
100. from tensorflow.keras.layers import Conv2D, MaxPooling2D, Dropout, Flatten, Dense
101.
102. model = Sequential()
103.
104. #第 1 次卷积:128 个 5×5 的卷积核,使用 relu()激活函数,输入图片规格为 150×
     150 的彩色图片
105. model.add(Conv2D(128, kernel_size = (5, 5), activation = 'relu', input_shape =
     (150, 150, 3)))
106. #第 1 次池化
107. model.add(MaxPooling2D(pool_size = (2, 2)))
108.
109. #第 2 次卷积:64 个 5×5 的卷积核,使用 relu()激活函数
110. model.add(Conv2D(64, kernel_size = (5, 5), activation = 'relu'))
111. #第 2 次池化
112. model.add(MaxPooling2D(pool_size = (2, 2)))
113.
114. #第 3 次卷积:64 个 5×5 的卷积核,使用 relu()激活函数
115. model.add(Conv2D(64, kernel_size = (5, 5), activation = 'relu'))
116. #第 3 次池化
117. model.add(MaxPooling2D(pool_size = (2, 2)))
118.
119. #为了防止过拟合,随机丢弃一些
120. model.add(Dropout(0.1))
121.
122. #第 4 次卷积:32 个 5×5 的卷积核,使用 relu()激活函数
123. model.add(Conv2D(32, kernel_size = (5, 5), activation = 'relu'))
124. #第 4 次池化
125. model.add(MaxPooling2D(pool_size = (2, 2)))
126.
```

```
127. #为了防止过拟合,随机丢弃一些
128. model.add(Dropout(0.1))
129.
130. #打平
131. model.add(Flatten())
132.
133. #设置输出为 64 个节点,采用 relu()激活函数
134. model.add(Dense(64, activation ='relu'))
135.
136. #为了防止过拟合,随机丢弃一些
137. model.add(Dropout(0.3))
138.
139. #设置输出为 1 个节点,采用 sigmoid()激活函数, 0:猫 或 1:狗
140. model.add(Dense(1, activation ='sigmoid'))
141.
142. #输出模型参数
143. model.summary()
144.
145. #编译模型
146. model.compile(loss ='binary_crossentropy', optimizer ='rmsprop', metrics =
     ['accuracy'])
147.
148. #训练
149. model.fit(x_train, y_train, batch_size = 128, epochs = 100, verbose = 1,
     validation_data = (x_test, y_test), shuffle = True)
150.
151. #识别的图片地址
152. recPicUrl = "https://gimg2.baidu.com/image_search/src = http % 3A % 2F %
     2Fimg.boqiicdn.com % 2FData % 2FBK % 2FP % 2Fimg57991418291533.jpg&refer =
     http % 3A % 2F % 2Fimg.boqiicdn.com&app = 2002&size = f9999,10000&q = a80&n =
     0&g = 0n&fmt = jpeg? sec = 1620885078&t = bc398f14320930498f4e043dd91645b0"
153.
154. cap = cv2.VideoCapture(recPicUrl)
155. if cap.isOpened():
156.
157.     # 获取链接中的图片
158.     ret,img = cap.read()
159.     if ret:
160.         # 图片大小转换成 150 × 150
161.         img = cv2.resize(img, (150, 150), interpolation = cv2.INTER_CUBIC)
```

```
162.
163.        # 150×150 的彩色图片
164.        inputImg = img.reshape(1, 150, 150, 3)
165.
166.        # 使用加载的模型对这个图片进行预测
167.        res = str(model.predict_classes(inputImg / 255.0, 1, verbose = 0)[0])
168.
169.        # 将图片和识别结果显示到一张图片上
170.        BLACK = [0, 0, 0]
171.        if res == "[0]":
172.            res = "cat"
173.        if res == "[1]":
174.            res = "dog"
175.
176.        # 显示图片
177.        extendImg = cv2.copyMakeBorder(img, 0, 0, 0, img.shape[0], cv2.
            BORDER_CONSTANT, value = BLACK)
178.        # 显示识别结果
179.        cv2.putText(extendImg, str(res), (155, 80), cv2.FONT_HERSHEY_
            COMPLEX_SMALL, 2, (0, 255, 0), 2)
180.
181.        plt.imshow(extendImg)
182.
183. plt.show()
```

思政园地

智联世界 众智成城

2021 年 7 月，以"智联世界 众智成城"为主题的 2021 世界人工智能大会 (WAIC)在上海世博中心正式召开，大会围绕人工智能技术发展、产业落地等热门话题进行深入探讨。

大会明确了人机交互技术阐述的是如何让人和计算机之间交流互动的技术，主要是提升人机协同效率。回顾人机交互 70 年的发展历史，从最开始的打孔纸带到命令行式终端，到基于鼠标、键盘等的图形交互，再到像触控屏这样的自然交互，这些交互过程便是人机协同效率提升的过程。智能交互时代的特点是通过人工智能等技术让机器能够具有场景化知识，能够通过多模态、多轮次对话方式与人进行沟通交流，从而更好地理解人的意图，完成高价值的任务。

智能交互阶段存在大量的机遇和挑战。从技术角度来看，希望能够打造智能服务机器人，以更好地服务人类。一方面希望机器人能够足够聪明，能够理解人们的意图和具有必备的知识,真正为人们完成有价值的任务;另一方面希望机器人能理解人们的情感,能做到有同理心的交流与服务。从产业角度来看,在智能交互时代将会有大量的智能机器为人们提供服务,由智能机器提供的服务将会无所不在。同时这也对技术提出了挑战,需要夯实基础技术层,包括语音语义分析,情感智能分析,大规模语言模型,知识图谱构建和推理决策智能,跨语言、跨视觉的多模态表征学习等;在这些基础研究之上,还需要建立一系列核心能力,包括语言理解、语言内容生成、多轮人机交互与对话、多模态信息处理等。这样在核心能力层上才能建立一系列用户能感知到的应用,例如智能客服、智能营销导购、智能交互媒体、个性化智能助手以及各种各样的智能硬件等交互式智能平台。

人机交互的对话本质上是博弈与决策,语言只是一种表现形式。例如,我们需要AI学会怎么做金牌导购,从大量数据中学习导购的语言技巧和对话策略,以优化全局的购物体验结果为模型学习的目标。所以,我们在看待人机对话技术的时候,不应只看到语音识别和意图识别,而应以具体任务为导向,构建具有从感知智能到认知智能再到决策智能的一个融合系统。

参 考 文 献

[1] 海克.scikit-learn 机器学习[M].张浩然,译.2 版.北京:人民邮电出版社,2019.

[2] 雷明.机器学习:原理、算法与应用[M].北京:清华大学出版社,2019.

[3] 周志华.机器学习[M].北京:清华大学出版社,2016.

[4] HARRINGTON P.机器学习实战[M].李锐,李鹏,曲亚东,等译.北京:人民邮电出版社,2013.

[5] 李航.统计学习方法[M].2 版.北京:清华大学出版社,2019.

[6] 马瑟斯.Python 编程:从入门到实践[M].袁国忠,译.2 版.北京:人民邮电出版社,2020.

[7] 嵩天,礼欣,黄天羽.Python 语言程序设计基础[M].2 版.北京:高等教育出版社,2014.

[8] 赵卫东,董亮.Python 机器学习实战案例[M].北京:清华大学出版社,2020.

[9] 赵卫东.机器学习案例实战[M].北京:人民邮电出版社,2019.

[10] 阿培丁.机器学习导论[M].范明,译.北京:机械工业出版社,2016.

[11] 孟祥旭,李学庆,杨承磊,等.人机交互基础教程[M].3 版.北京:清华大学出版社,2016.

[12] 顾振宇.交互设计原理与方法[M].北京:清华大学出版社,2016.

[13] 马楠,徐歆恺,张欢.智能交互技术与应用[M].北京:机械工业出版社,2019.

[14] 栾英姿.人机交互智能安全[M].北京:清华大学出版社,2020.

[15] 黄希庭,郑涌.心理学导论[M].3 版.北京:人民教育出版社,2015.

[16] 史忠植.认知科学[M].合肥:中国科学技术大学出版社,2008.

[17] 董建明,傅利民,饶培伦,等.人机交互:以用户为中心的设计和评估[M].5 版.北京:清华大学出版社,2016.

[18] COOPER A,REIMANN R,DAVID C. About Face 3:The Essentials of Interaction Design[M].Indianapolis:John Wiley & Sons,2007.

[19] MOGGRIDGE B. Designing interactions[M]. Cambridge Massachusetts:The MIT Press,2006.

[20] O'SULLIVAN D, IGOE T. Physical Computing:Sensing and Controlling the Physical World with Computer[M]. Boston:Course Technology Press,2004.

[21] THACKARA J. In the Bubble:Designing in a Complex World [M]. Cambridge, Massachusetts:The MIT Press,2006.

[22] 郭莹洁.关于虚拟现实技术人机交互的研究[J].信息记录材料,2018,19(8):247-248.

[23] 汪正刚,任宏.人机交互和用户界面演变史及其未来展望[J].辽宁经济职业技术学院学

报,2017(1):64-66.

[24] 郑南宁.认知过程的信息处理和新型人工智能系统[J].中国基础科学,2008(8):11-20.

[25] 余淼.谈图形用户界面设计中的交互性信息传递[J].中国包装工业,2015(6):147.

[26] 程彬,陈靖,乌兰.智能人机交互产品的服务设计思路探讨[J].设计,2016(9):156-157.

[27] MCCARTHY J, WRIGHT P. Technology as experience [J]. ACM Magazine Interactions-Funology,2004,11(5):42-43.

[28] 唐小成.增强现实系统中的三维用户界面设计与实现[D].成都:电子科技大学,2008.

[29] 陈毅能.基于生理计算的多通道人机交互技术研究[D].北京:中国科学院大学,2016.

[30] 刘心雨.交互界面设计在虚拟现实中的研究与实现[D].北京:北京邮电大学,2018.

[31] TUCERYAN M, NAVAB N. Single point active alignment method (SPAAM) for optical see-through HMD calibration for AR[C]// Proceedings IEEE and ACM International Symposium on Augmented Reality. Munich, Germany: IEEE, 2000:149.

[32] FRAZER J, FRAZER P. Three-dimensional data input device[C] // Computers/ Graphics in the Building Process Conference. Washington: Proceedings of The National Academy of Sciences-PNAS,1982.

[33] GU Z Y,XU X Y,CHU C, et al. To write not select, a new text entry method using joystick[C] // Human-Computer Interaction: Interaction Technologies Volume 9170 of the Series Lecture Notes in Computer Science. Switzerland: Springer International Publishing, 2015:35-43.

[34] KOLAKOWSKA A. A review of emotion recognition methods based on keystroke dynamics and mouse movements[C] // 2013 6th International Conference on Human System Interactions(HSI). Sopot: IEEE,2013:548-555.

[35] 动作捕捉 Motion Capture (Mocap)[EB/OL]. (2016-09-16)[2022-12-10]. https:// www.jianshu.com/p/5b35493c386f.

[36] 人机交互主要设备课件[EB/OL]. [2022-12-10]. https://wenku.baidu.com/view/ 0bb56b76743231126edb6f1aff00bed5b9f373a8.html? _wkts_=1672973469949.

[37] 吴新宇.智能穿戴改变世界[EB/OL]. (2020-12-09)[2022-12-10]. https://max. book118.com/html/2020/1209/7101101145003026.shtm.

[38] 增强现实技术漫谈[EB/OL].(2019-05-06)[2022-12-10]. https://www.sohu.com/a/ 312201542_100007727.

[39] 增强现实(AR)智能眼镜的关键技术:标定、跟踪与交互[EB/OL].(2020-08-19)[2022- 12-10.]https://blog.csdn.net/qq_21743659/article/details/108095428.

[40] 吕默威.吃豆游戏中的遗传算法[EB/OL].(2018-09-10)[2022-12-10]. https://sq.sf. 163.com/blog/article/197481681108668416.